STATIQUE
DE LA GUERRE,
OU
PRINCIPES
DE STRATÉGIE ET DE TACTIQUE.

STATIQUE
DE LA GUERRE,

OU

PRINCIPES

DE STRATÉGIE ET DE TACTIQUE.

OUVRAGES DU MÊME AUTEUR,

CHEZ ANSELIN ET POCHARD.

Essai sur le perfectionnement des beaux-arts par les sciences exactes, 2 vol. in-8° avec quatre pl.; prix, 7 fr.

Examen critique de l'équilibre social européen, un vol. in-8° avec une planche; prix, 5 fr.

C. FARCY,

IMPRIMEUR DE LA SOCIÉTÉ ROYALE ACADÉMIQUE DES SCIENCES,

Paris, rue de la Tabletterie, n° 9.

STATIQUE
DE LA GUERRE,

OU

PRINCIPES
DE STRATÉGIE ET DE TACTIQUE,

DÉMONTRÉS PAR LA STATIQUE;

Suivis de Mémoires militaires inédits, et la plupart anecdotiques, relatifs à des généraux ou des événemens célèbres, *à Bonaparte, à Dumouriez, au plan de défense des Tuileries, le* 10 *août, au* 13 *vendémiaire, à l'expédition d'Egypte, aux incendies nocturnes en Espagne, à une nouvelle artillerie à vapeur, ainsi qu'à un grand nombre d'inventions militaires*;

OU NOUVELLE ÉDITION

DU MÉCANISME DE LA GUERRE,

CONSIDÉRABLEMENT AUGMENTÉE,

PAR LE BARON R** DE St.-C**,

Ancien Cl d'Etat-Major, et Lt-Cl au Corps Ral du génie de France; ancien Chef de Don au Mre de la guerre, et Répétiteur adjt pour la Fortification, à l'Ecole polytechnique, lors de sa création; Cher de St-Louis, de la Lég. d'honneur, etc.; Membre de la Société Rale académique des sciences de Paris, de celle de Lyon, etc.

A PARIS,

CHEZ ANSELIN ET POCHARD, LIBRAIRES,

RUE DAUPHINE, N° 9.

1826.

OBSERVATIONS PRÉLIMINAIRES.

Plusieurs motifs m'ont engagé à donner une nouvelle édition beaucoup plus développée du *Mécanisme de la guerre*, publié en 1808. Ces motifs sont:

1° L'approbation du système et du principe, par les premiers tacticiens - mathématiciens du siècle, et principalement par les généraux comtes Carnot et de Bulow. Le premier, surtout, m'a indiqué des améliorations essentielles dont j'ai profité avec reconnaissance.

2° L'approbation de l'institut de France, classe des sciences mathématiques (1).

3° La conformité de presque tous mes principes

---

(1) MM. Dupont de Nemours, et le comte de Bougainville, le marin célèbre, tous deux membres de l'Institut, m'ont appris en particulier, et à ma grande surprise, en 1810, que le *Mécanisme de la guerre* était balloté, pour le prix décennal (*mathématiques et sciences appliquées aux arts*), avec le grand ouvrage de M. Girard, ingénieur des ponts et chaussées, sur les *Travaux hydrauliques*. La supériorité et l'étendue du travail de M. Girard, aujourd'hui académicien, ne me laissent aucun doute qu'il ne l'eût alors emporté.

D'ailleurs, ce rêve des prix décennaux s'est évanoui;

fondamentaux avec ceux du général Jomini, qui ont acquis un crédit mérité en Europe. Nous proposions et démontrions, chacun de notre côté, les mêmes doctrines militaires, en 1806; lui par le raisonnement, moi par la statique; savoir : *ses grandes masses jetées sur les points décisifs* (Traité des grandes opérations militaires, tom. 1, p. 159), qui ne sont autre chose que *mes centres de gravité des corps militaires, tombant à propos sur les parties faibles* (Mécanisme de la guerre); théorie uniforme, décisive, justifiée par tous les exemples cités par le général Jomini dans les anciennes et nouvelles guerres; exemples bien plus développés que les miens : attendu que les faits forment son texte et qu'ils ne servent que de preuves à mes calculs.

4° L'intérêt que peuvent offrir quelques Mémoires anecdotiques et militaires, relatifs à des événemens célèbres dont j'ai été témoin oculaire; enfin, l'utilité dont peuvent être certaines inventions de guerre nouvelles, détaillées à la fin de ce traité, ainsi que la solution de plusieurs questions militaires importantes, décidées par Bonaparte,

---

mais le parallèle seul des deux ouvrages suffit pour prouver que l'Institut compensait l'exiguité de mon livre par l'idée fondamentale, que, dès lors, j'ai dû m'appliquer à suivre et à développer.

ou par le comité des fortifications, telles que les *Exécutions militaires et incendies nocturnes en Espagne*, *l'Armement de l'infanterie légère en carabines à vent et à vapeur* (1), *la meilleure forme des Caissons et des Outils de sapeurs*, *les Télégraphes de campagne*, *les Brûlots de campagne*, *etc.*

J'ai donc essayé ce travail, quoiqu'avec une juste méfiance du succès ; car il n'appartient qu'aux hommes de guerre du premier ordre, à ceux qui ont joint l'exemple au précepte de donner une théorie fondamentale sur la tactique ou la stratégie, et de faire autorité.

Mais, il est permis peut-être à l'homme studieux qui les admire et les observe, de rechercher par quelles causes ils ont obtenu leurs succès, d'en

---

(1) Membre du comité des fortifications pendant quinze ans; attaché, en outre, par commission spéciale, comme lieutenant-colonel du génie, au vice-connétable, major-général, j'ai été chargé par lui, et souvent par ordre de Bonaparte, d'un assez grand nombre de rapports secrets tenant à l'art militaire et à des applications du moment. Peut-être ai-je rendu quelques services, fait quelque bien et empêché quelque mal, surtout en Espagne : le lecteur en jugera. (Voyez la 2e partie, 7e *Mémoire*.)

Ce service de cabinet ministériel n'est pas brillant; mais il est utile, et les bons résultats sont tout pour l'officier ami du travail et sans ambition.

tirer les conséquences pour l'instruction générale, et de suivre les héros pas à pas dans un art, où, si le chef doit être un génie supérieur, l'armée qui exécute doit être un véritable mécanisme. Il était remarquable d'ailleurs qu'en Europe, où l'instruction est parvenue à un si haut point dans les Ecoles militaires, il n'existât aucune théorie admissible sur la tactique, aucune démonstration mathématique des principes généraux de la guerre, quand tous les détails de ce grand art pour *la fortification*, *l'artillerie*, *la marine surtout*, avaient déjà leurs principes analytiques posés.

Il résultait de cet oubli que les jeunes militaires qui sont accoutumés à l'exactitude géométrique, considéraient cependant l'*art de la guerre* comme un simple art d'inspiration ou de conjectures, puisqu'ils ne trouvaient dans les livres de tactique, même les plus récens, que des réflexions, des manœuvres, au lieu d'idées générales; toujours des systèmes versatiles, au lieu de théorêmes exacts, et enfin des raisonnemens perpétuels et souvent contradictoires, au lieu des démonstrations rigoureuses auxquelles les jeunes mathématiciens sont habitués.

La tactique générale, en un mot, la cause première, restait donc à étayer et démontrer dans ses premiers élémens mêmes (autant que les variantes le permettent), quand les moyens et les accessoires, savoir : l'*artillerie*, l'*art des siéges et celui de la marine* étaient déjà appuyés de toute l'autorité du calcul.

J'ai tenté cet essai, sans espoir d'y avoir complétement réussi ; mais au moins, crois-je avoir posé les seules bases sur lesquelles les principaux problèmes de la tactique puissent être établis rigoureusement, savoir, par les lois de la *statique* et de la *mécanique*, et avoir donné à d'autres militaires plus instruits les moyens de les développer avec fruit.

En effet, toute armée se compose, comme les corps mécaniques, d'élémens agissans, pesans, frappans, et réagissans, soit isolément, soit en masse, de manière à surmonter la force qui lui est opposée. Or, tel est le but de la mécanique dans toutes ses opérations, soit qu'elle enlève un poids, soit qu'elle chasse un corps. Tel est donc aussi le but que peut se proposer le calculateur, en cherchant d'abord à expliquer des succès de guerre, souvent mal à propos attribués au bonheur et au hasard ; en cherchant ensuite à poser par là des principes un peu plus certains, et tirant enfin des conséquences presque incontestables, parce qu'elles émanent alors de vérités mathématiques, dans un art trop souvent regardé comme conjectural.

On ne peut disconvenir pourtant qu'une foule

de données difficiles à évaluer ne viennent altérer fortement cette base. Les caractères des peuples, la vigueur du soldat, sa force relative, sa vivacité même, ses alimens, son armure, les maladies auxquelles il est le plus sujet, les subsistances, la nature et les dispositions du pays, théâtre de la guerre, etc., sont autant d'élémens presque incalculables, et qui, cependant, ont la plus grande influence sur les chances de la victoire.

Aussi ne propose-t-on ces calculs mécaniques que comme des approximations, et pour des armées courant des chances égales, avec des élémens égaux, sur un champ de même nature, quelque variation qu'elles puissent éprouver ensuite par les causes ci-dessus. Cette parité admise, on ne pourra nier du moins qu'on aura par là, en terrain horizontal, et même en certains terrains variés, des données assez sûres, dont on pourra déduire, au surplus, la part des accidens, et obtenir enfin des lois approximatives sur le meilleur parti à prendre en mille circonstances de guerre. Autrement, ce serait nier qu'en ce jeu terrible, comme en tout autre, le bien joué soit utile, et dire que le hasard fait tout.

Malgré cet exposé et ces motifs, malgré le soin constant que l'on prendra de ne donner aucun précepte qui ne soit appuyé du nom et de l'autorité d'un grand maître, et recommandé ou plutôt prouvé victorieusement sur le terrain avant de l'avoir été en théorie et par nos recherches, l'essai que j'ose offrir aux militaires instruits, sous le titre de *Statique de la guerre*, trouvera encore, j'ai lieu de le craindre, un grand nombre de critiques et de contradictions. Ce n'est pas d'aujourd'hui que l'esprit martial s'indigne contre le calcul, et veut, comme le prétendent certains artistes pour leurs travaux, que tout soit inspiration, GÉNIE surtout, mot banal, mais dont le vrai sens doit être toujours l'accord sublime et rapide de l'*inspiration* et de l'*analyse* dans une tête bien organisée.

Quoi qu'il en soit de ces préventions du courage exalté, ou de l'ignorance routinière, le calcul et l'expérience des dernières guerres parlent hautement aujourd'hui.

Osons le dire, le temps n'est plus où les manœuvres isolées, les connaissances de détail, les études particulières de chaque arme, et même des succès brillans sur un point, suffisaient pour créer un général en chef. Aujourd'hui, les données sont si multipliées, les problèmes si variés, si profonds même, qu'on peut affirmer que chez aucune puissance, il ne pourra plus s'élever de général en chef que dans la classe des officiers supérieurs réunissant à la fois l'énergie et les connaissances du détail militaire, à la *science géné-*

rale mathématique de la guerre, et surtout aux lois de la mécanique et de la géodésie appliquées constamment à l'art militaire dans les grandes opérations.

Qu'il soit donc permis d'insister sur cette nécessité, tant avérée par les faits modernes, et que je confirmerai en citant ici avec loyauté les principes méthodiques et les succès des généraux de tous les partis, quels qu'ils soient, amis ou ennemis. Car, l'art militaire doit être un calcul abstrait et indépendant (quant aux principes) des circonstances, des affections de patrie et de dévouement au chef, ou enfin des variations politiques des cabinets. Je dirai plus : c'est que le véritable homme de guerre, même dans les revers, doit généreusement et mathématiquement admirer les causes des succès de ses adversaires. Cette générosité devient encore plus facile en reconnaissant cette grande vérité qu'on ne peut contester, d'après ce qui s'est passé sous nos yeux depuis vingt ans : c'est que, par suite des prodigalités d'hommes, et de la mobilité forcée des siéges de gouvernemens dans nos guerres gigantesques, aujourd'hui, dès que la paix est rompue, *les armées sont les peuples eux-mêmes, les véritables capitales sont les quartiers-généraux, et les victoires, enfin, ne sont que le résultat des luttes des populations entières, des sacrifices im-*

menses, ou des opinions fanatisées par des violences réciproques. Dès-lors, les altérations qu'éprouve, par ces causes incalculables, l'art de la guerre dans ses résulsats définitifs, ne sont pas plus, il est vrai, un titre pour le rejeter, que pour en croire les succès immuables; mais évidemment, il vaut toujours mieux bien opérer d'abord, quant à l'art, sauf à modifier, après, ses conclusions quant à la politique et à son influence prouvée.

Nous ne verrons donc ici que le *bien joué* militaire de chaque adversaire dans tous les cas, sans examiner les résultats définitifs qu'auront opérés le machiavélisme des cabinets, les défections latérales des alliés ou les événemens au-dessus de la prévoyance humaine, comme il en est tant en campagne, et qui peuvent altérer l'effet des meilleures combinaisons. Ces chances étant égales de part et d'autres, le *bien joué* sera toujours un code nécessaire.

Ce *bien joué*, ce code mathématique militaire, sont d'autant plus indispensables, que ce serait un bon et utile ouvrage à faire aujourd'hui qu'un *Traité des anciens préjugés de guerre, comme positions forcées, capitales prises, boulevards de places fortes, champs de bataille restés, etc.*, vieilles et funestes erreurs, aujourd'hui anéanties par l'expérience.

Le succès définitif est au survivant en hommes et en argent; et cela, quelques soient les pompeux cimetières envahis d'abord, où le vaincu revient le plus souvent après ensevelir ses fiers vainqueurs, quand il a sagement calculé ses pas rétrogrades et ses retours offensifs.

Tout ramène donc à l'analyse. Il est reconnu maitenant que les *changemens de position* et les *retraites* faites avec méthode et par fois à dessein, produisent à la longue des résultats victorieux, souvent plus certains que les *chocs*, surtout avec des armées aussi nombreuses que celles d'aujourd'hui. C'est donc une étude encore plus utile pour le Français que pour tout autre, que celle des problèmes relatifs aux marches méthodiques, aux retraites en bon ordre et au maintien des grandes positions qu'il sait toujours mieux attaquer que défendre.

C'est sur quoi l'on appuiera fortement dans ce traité. Il en est de même d'une foule d'autres procédés de détails qu'on y indiquera, et qui, sans nuire au principe des grandes combinaisons linéaires, y entrent au contraire, et y ajoutent des chances de succès. La base mathématique est donc toujours indispensable. Essayons de la fixer plus positivement.

Nous voyons qu'à la guerre et dans toutes les opérations quelconques, depuis les plus simples manœuvres jusqu'aux actions générales, à courage, force et bonheur égaux, le succès définitif reste au chef qui y joint le calcul le meilleur pour la disposition de ses forces. Autrement, ce serait dire qu'en mécanique (puisqu'il est convenu que la guerre est un mécanisme), toute disposition du levier ou des centres de gravité, par exemple, est absolument indifférente. Or, j'ose avancer en étendant davantage ma définition, qu'à la guerre, tous les corps élémentaires peuvent être réellement considérés comme des corps homogènes agissans dans un plan horizontal et soumis à des forces horizontales parallèles, et susceptibles d'être assimilées aux forces verticales parallèles de la pesanteur.

En effet, tous les élémens d'un corps militaire poussent devant eux, soit par le choc de leur feu en artillerie et mousqueterie, soit par celui de la bayonnette, l'ennemi qui se trouve opposé. En outre, les lignes en tactique sont considérées, de tout temps, comme des rectangles solides par suite de l'aggrégation militaire, effet du courage, de la discipline et du serrement rigoureux des rangs. De plus, toutes forces parallèles ont une résultante parallèle passant par le centre de gravité. Or, il y a ici autant de corps poussans ou frappans que de corps pesans; donc le *centre de gravité* est, pour les corps militaires, le même que *le centre de masse*, ou *de plus grande force*, ou *de secours et des moindres distances*, suivant les divers cas où nous voudrons le considérer (1).

C'est cette observation si simple, c'est le mouvement et la meilleure position du *centre de gravité* qui est réellement *le centre d'effet* et un véritable *indicateur* des progrès du système que nous suivons pas à pas, depuis *la formation en ligne des corps militaires jusqu'aux opérations*, *positions*, *marches*, *combats et retraites*, et qui sera la base de tous nos raisonnemens, lesquels, par là, se trouveront constamment appuyés sur les principes les plus incontestables de la mécanique.

Que quelques termes techniques n'effraient donc point au premier instant ceux de MM. les militaires qui daigneront jeter les yeux sur ce petit traité. Le peu de théorèmes dont on a besoin pour appuyer les observations, est connu de ceux qui ont lu les élémens de mécanique, et s'entendra aisément par ceux qui voudront bien les puiser dans les premières pages du système.

---

(1) On objectera en vain que les corps militaires se rompent; les leviers se rompent aussi en mécanique, et ses calculs n'en sont pas moins adoptés avec l'hypothèse d'une dureté parfaite des corps. Les cas particuliers ne détruisent point les théorèmes généraux; il en doit être de même en tactique, du moins jusqu'à un certain point qui nous servira de limite.

Tout le reste est corollaire et découle naturellement de ces théorèmes si faciles. Peut-être même sera-t-on étonné de la commodité avec laquelle se trouvent résolues ainsi plusieurs questions militaires, qui, ne l'ayant été jusqu'ici que par des raisonnemens et des faits si souvent variables ou dépendans de causes particulières, paraissent enfin soumises à la démonstration, par la seule admission du principe des centres de gravité pris comme indicateurs des progrès et de la positoin du système des forces militaires en campagne.

En un mot, qu'on passe l'aridité de ces premières pages nécessaires à la démonstration de ce principe, et peut-être en sera-t-on un peu dédommagé par quelque intérêt résultant des applications et citations nombreuses prises dans les dernières guerres chez toutes les puissances, et exposées aux chapitres des *positions* et des *batailles*.

Cependant des lecteurs militaires instruits feront peut-être de nouveau quelques observations, déjà jetées en avant lors de la première publication de cet ouvrage, sur l'application qu'on y fait des lois de la statique (1).

Ils diront : « Aujourd'hui les armées sont si » nombreuses, elles opèrent sur une ligne si

(1) Entr'autres par le général Carnot, quoiqu'il approuvât notre théorie fondamentale.

» étendue, qu'il est impossible de les assimiler » entièrement aux corps mécaniques qui exercent » une action réciproque et très-rapprochée, et » alors le *centre de gravité* est sans effets, ou » réduit à un petit cercle d'influence. »

Nous répondrons, qu'on peut alors appliquer à chaque armée, ou aile d'armée isolée, sur toute la ligne d'opération, les raisonnemens, et démonstrations de choc, exposés pour une armée ordinaire dans nos problèmes, lorsque l'éloignement des corps ne permettra pas, en effet, de les considérer comme des solides placés dans la même sphère d'activité.

J'ajouterai encore que réellement cette sphère d'activité n'existe plus pour nous dans nos théorêmes, lorsque les corps militaires *sont hors de la portée du canon ou du choc de la cavalerie en un temps très-court.*

Je ferai remarquer qu'alors dans nos calculs les corps hors de portée sont considérés comme des solides *non pesans* et hors de la sphère d'attraction terrestre. Enfin, nous insisterons sans cesse sur cette démarcation si essentielle, plus détaillée dans les chapitres des *batailles* et des *chocs immédiats*, où cette distinction du *centre* de *gravité* et du *centre* d'*activité* est établie et si vivement recommandée.

On croit donc pouvoir, à ce sujet, exposer d'avance et faire observer au lecteur que le *centre de gravité* ou de *masse* des corps n'est considéré par nous qu'en *stratégie*, pour connaître le point le plus influent dans les opérations *futures*; point inert, idéal pour l'instant; mais qui devient réellement actif à portée de choc. On peut lui affirmer, en outre, que le *centre d'activité* et *les leviers* ne sont admis dans nos calculs que lorsque les corps sont véritablement *à portée de feu et de choc*; différence essentielle, immense entre les centres de *gravité* et d'*activité*, comme entre la *stratégie* et la *tactique* auxquelles ils s'appliquent chacun spécialement et isolément.

Il est donc évident par là enfin, que la somme des succès partiels composant les succès généraux, les théorèmes qui établiront *le choc supérieur* des corps d'armée isolés, *sur toute la ligne*, établiront, pour l'ordinaire, le résultat le plus décisif et le plus avantageux pour la ligne entière d'*opérations*.

Si d'autre part, les critiques remarquent que le *corps de réserve*, ordinairement hors du *cercle d'activité*, et arrivant à propos et presque toujours sur un des corps d'armée de la ligne affaiblie, ou déjà vainqueur, y détermine seul le plus grand résultat, et pour l'ordinaire, le succès définitif, nos théorêmes répondront que c'est justement ce qu'ils prouvent et doivent prouver; c'est-à-dire que, 1° tel est déjà le point de contact de la *stratégie* avec la *tactique*; 2° que dès que le *centre de gravité* du corps de réserve entre dans le *cercle d'activité*, il ajoute un poids immense au système de poids déjà en action sur ce point de la ligne, et que devenant alors *centre d'activité général* composé de tous les poids partiels, il surpasse et absorbe nécessairement les poids ennemis opposés : *excès d'équilibre* qu'on nomme *victoire*.

Ainsi, toutes ces objections même tournent au profit du système et le développent *à priori*, en partie.

Ce serait ici le cas d'examiner, à propos des *centres de gravité*, ceux même *des munitions* et des *subsistances*; de voir jusqu'à quel point on pourrait faire entrer dans le calcul général ces centres de gravité particuliers; de considérer l'annullation des centres de gravité actifs qui a lieu en certains cas, par le défaut de vivres; de calculer les résultats de l'abondance, d'une part, et de la disette, de l'autre, ainsi que la division et l'*éparpillage* des corps, devenus indispensables alors pour pouvoir subsister; enfin, il serait utile de connaître la diminution des *forces vives* qui en résulte. Ces circonstances de guerre, la détermination des *centres passifs*, c'est-à-dire, *vivres* et *munitions*, multipliant les chances d'échec, ainsi que les *centres de gravité* des corps isolés, rendent alors la détermination du *centre général* plus difficile, mais cependant possible encore.

Le chapitre 8, celui de la *statique abrégée des subsistances et transports*, a été ajouté dans ce but, à cet ouvrage. Il prouvera, d'après un calcul effrayant, la fusion inévitable et désastreuse des plus fortes armées, lorsqu'elles sont trop en saillie sur le sol ennemi, pressées sur leurs flancs, tourmentées sur leurs derrières, et que vivres, traîneurs, blessés, etc., sont par-là constamment enlevés. La théorie progressive des *cercles nourriciers* du pays, la nécessité de les doubler et de les appuyer réciproquement; leurs superficies décroissantes, suivant la proximité de l'ennemi et d'après une loi calculable; toute cette partie, enfin, que je crois entièrement nouvelle (étant traduite par nous en opération géométrique et statique) offrira, je l'espère, quelque intérêt au lecteur.

Tout est donc calcul, analyse à la guerre : l'expérience le prouve en tous les points.

J'avouerai pourtant que quand on passe en revue la série glorieuse et respectable des hommes célèbres qui ont écrit sur la tactique; dans l'ancienne (sous-entendu tactique), *César*, *Epaminondas*, *Xénophon*, etc.; et de notre temps, les *Montécuculli*, *Turenne*, *Frédéric*, *Folard*, *Lloyd*,

Saxe, etc.; frappé du brillant et de la rapidité de leurs opérations, on est tenté de croire que tout est inspiration heureuse dans l'art des combats. Le calcul humble et modeste s'incline devant ces héros; mais il n'est pas moins la source véritable de leurs succès.

N'en doutons point, toutes ces têtes fortes étaient naturellement mécaniciennes (1). Les lignes de mouvement, d'attaque, de choc ou de retraite se traçaient rapidement dans leur esprit; les centres de gravité se mouvaient à leur gré ; elles en voyaient à peu près la place à chaque instant dans l'espace, et déterminaient ainsi leurs opérations par une pensée rapide, sans avoir besoin de la tracer sur le papier.

Mais, dira-t-on, puisqu'ils l'ont fait sans le secours de la mécanique et de ses lois, d'autres pourront le faire. On répondra que tous les êtres ne sont pas privilégiés comme ceux que nous venons de citer; qu'il existe aussi dans tous les arts d'excellens mécaniciens, pratiquant sans théorie, ce qui n'est pas une raison pour la négliger; que, d'ailleurs, la plupart des héros dont nous parlons avaient assez de connaissances mathématiques pour suppléer par d'autres calculs à ceux que nous essayons de produire, et qu'enfin, si l'approximation

(1) Car la tactique n'est réellement que la mécanique des corps humains armés.

leur a suffi, ils eussent peut-être obtenu encore plus de succès par une détermination exacte.

Au surplus, tous ou presque tous ont pressenti, ou du moins exécuté les lois mécaniques que nous tâcherons d'exposer, de démontrer, et dont nous aurons droit de tirer ensuite des conséquences.

Ces lois consistent presque uniquement dans le calcul des centres de *gravité*, ou *d'effets* qu'on nommera *indicateurs*, et par fois dans *le calcul du levier.*

Or, en analysant la plupart des grands maîtres, on verra qu'aux termes techniqnes près, une partie des principes se trouveront les mêmes; on observera, de plus, qu'ils sont démontrés ici par le calcul après le succès, qui seul, en lui-même, ne serait pas toujours un indice absolu du droit et de la vérité, et que d'ailleurs, en matière aussi sérieuse, il faut des démonstrations rigoureuses, et non des hypothèses ou des systèmes.

César, *Épaminondas*, *Alexandre*, recommandent sans cesse d'occuper l'ennemi de front, en portant rapidement sur ses ailes ou parties faibles *le gros* des légions ou d'une phalange. Or, *le gros* des légions, le centre d'une phalange sont-ils autre chose que le *centre de gravité* des corps élémentaires qui composent cette phalange, dont tout l'effort de la résultante est en effet à ce point central en mécanique? Et, le terme ou le principe une fois admis, on observera ici que nous calculons et que nous connaissons toujours la position précise du point où passe la force totale, tandis que ces grands hommes ne faisaient que le juger ou le soupçonner, par approximation, dans chaque position de leur centre et de leurs ailes.

Le prince Eugène n'a pas écrit de Mémoires; mais qu'on suive pas à pas ses campagnes, on le verra toujours employer, dans ses positions, ses mouvemens et ses batailles, l'effet des leviers, et surtout des *centres de gravité*, pour jeter le sien sur les parties faibles de l'ennemi, et attirer adroitement le *centre de gravité* ennemi sur ses points les plus forts. En un mot, aux expressions près, ces principes sont, chez lui, constamment en action : *Chiari*, *Hochstet*, etc., en sont des preuves malheureusement trop mémorables.

Le Grand Frédéric et *Lloyd* ne cessent de recommander *la mobilité*, *l'agilité* et le *point d'attaque*, et traitent en effet, dans leurs considérations, les élémens d'armée à peu près comme les molécules des corps, ce qui est la base de notre théorie. Tout ce qu'ils disent pour les mouvemens généraux, la translation des corps, le point de plus grande force, et qui n'est que suggéré ou pratiqué avec avantage dans leurs écrits, paraît ici démontré mécaniquement, et s'y joint au grand guide de leur expérience.

Ménil-Durand, *Guibert*, *Tempelhoff*, dans ce qu'ils disent de l'ordre oblique, établissent par le raisonnement, ce que le calcul mécanique démontre ici sur cette manœuvre, ainsi que sur l'effet de l'ordre profond, combiné à l'ordre mince en certains cas; calcul qui n'est, au surplus, que l'art de faire mouvoir le centre de gravité général, et de faire ses dispositions en ligne, de manière à ce qu'il tombe tout-à-coup en un point déterminé.

Le général Jomini, qui fait autorité aujourd'hui, établit et confirme entièrement la théorie *des centres de gravité*, lorsqu'il dit (1) que *l'emploi des masses centrales jetées sur les points décisifs, constitue seul les bonnes combinaisons, et qu'il doit être indépendant de toutes les localités*. Il est évident, en effet, qu'on ne peut traduire plus clairement notre langage statique en style militaire. Toutes les réflexions de cet officier-général, si justes, si nettes, toutes ses conclusions, par suite, semblent partir de notre principe fondamental; et c'est avec une vive satisfaction que nous avons vu presque constamment ses raisonnemens nerveux confirmer nos démonstrations, et en avoir même toute la force mathématique par leur évidence,

(1) Dans son *Traité des grandes opérations militaires*, tome 1, page 159, qui n'était pas connu ni imprimé en 1808, époque où j'ai publié le *Mécanisme de la guerre*.

que le calcul statique seul, cependant, établit sans réplique; car les raisonnemens sont inépuisables en objections et en réponses.

Enfin, on ne s'étonnera pas de l'obligation où je suis dans cet ouvrage, de citer fréquemment et de prendre pour autorité géométrique et mathématique un grand homme qui semblait être le *calcul vivant*, et que ses ennemis tenteraient inutilement d'abaisser au-dessous de lui-même. Quelque opinion politique qu'on puisse avoir, la vérité est une, et la gloire militaire de Bonaparte est véritablement immortelle. Ce génie étonnant a pu se tromper dans l'observation des climats et du caractère farouche et indomptable de deux peuples. Ces deux seules fausses données ont fini par détruire entièrement son plan fondamental et sa puissance; mais tout ce qui tient à l'art militaire proprement dit, est en général, dans Napoléon, véritablement prodigieux et inattaquable en principe. Cet aveu sera celui des guerriers instruits et sincères de tous les partis. On peut aimer vivement son roi, l'avoir prouvé en toute occasion depuis trente ans, être persuadé enfin que l'armée française, sous lui et son auguste fils, opérerait au besoin les mêmes prodiges de courage, sans, pour cela, renier une juste admiration pour nos victoires passées et pour un des plus beaux génies guerriers qui aient jamais existé. Je dois même ajouter que certaines critiques obligées sur des défauts incontestables de prévoyance et d'approvisionnement relatifs aux dernières guerres, et dans l'immensité des vues de Bonaparte, ne détruisent point notre juste enthousiasme pour ses prodigieuses conceptions en général. Je ne rétracte pas un seul des tributs d'admiration que ses traits de génie si nombreux m'ont inspiré dans le *Mécanisme de la guerre;* d'autant plus que les revers de ce grand homme sont bien moins l'effet d'erreurs militaires, que la suite d'une confiance trop aveugle dans ses alliés, dans les élémens, dans les peuples soumis, et même dans un enthousiasme décroissant.

En un mot, elles sont l'effet de changemens de circonstances morales et physiques qui firent échouer ses plans, jadis neufs, étourdissans, mais trop connus de ses ennemis; pour tout dire, ce furent, en majorité, plutôt des fautes politiques que stratégiques.

Militaire obscur (1), noyé dans cet océan de gloire et de revers, cette déclaration de la part de l'auteur est fort peu importante, sans doute; mais

---

(1) Pour un grand nombre d'officiers d'artillerie et du génie, entrés au service sous l'ordonnance nobiliaire de 1782, cette obscurité a été forcée et estimable, peut-être, par la bizarrerie de notre position, en 1793. (Voyez la note 1 à la fin de l'ouvrage.)

la démonstration mathématique de nos principes l'est peut-être, de quelque source modeste qu'elle provienne, et c'est sous ce rapport qu'il ose la soumettre aux juges militaires impartiaux.

En terminant, je ferai remarquer que quelques-unes de mes inventions militaires, détaillées brièvement à la fin de cet ouvrage, et proposées dès 1808, ont été employées et perfectionnées par divers deuples, telles que mes *Contre-mines flottantes*, par les Américains et les Grecs; mes projets d'*artillerie à vapeur*, par les Anglais, et même mes *Télégraphes de campagne*, par les Espagnols. D'autres inventions pourront l'être encore : je n'ambitionne que d'être utile et de mériter l'approbation des gens de l'art.

STATIQUE
DE LA GUERRE,
OU
PRINCIPES
DE STRATÉGIE ET DE TACTIQUE,
DÉMONTRÉS PAR LA STATIQUE.

CHAPITRE PREMIER.

Démonstration du principe; base de la théorie.

L'ÉLÉMENT simple des corps militaires est l'homme.

Tout corps militaire sur le terrain et en bataille, (*fig.* 1re) *a b c d*, est donc une réunion ou aggrégation de corps simples ou d'hommes dont l'esprit, la force, et même les mouvemens sont censés homogènes et uniformes.

Tout corps d'armée est la réunion de plusieurs corps militaires dans un ordre déterminé.

Cela posé,

Tous les élémens ou soldats d'un corps en bataille, *a b c d*, poussent en avant par leur feu ou leur choc la ligne ennemie opposée, *m n*, et cherchent à la faire reculer.

Or, cette ligne sur trois rangs, *m n*, peut être regardée comme solide; c'est sur cette supposition que sont calculées toutes les manœuvres de tactique dans les auteurs anciens et modernes, en considérant que le courage, la discipline et le serrement ordonné et rigoureux des rangs, produisent une véritable aggrégation et une communication de mouvement à toutes les parties, comme dans les corps solides. On objectera en vain qu'il y a souvent rupture, dispersion des troupes; oui, comme en mécanique il y a aussi rupture de leviers, cordages, etc., qu'elle considère néanmoins comme parfaitement durs et inflexibles, ce qui n'est pas rigoureusement exact. Cependant les problèmes n'en sont pas moins résolus rigoureusement en mécanique, et leur application admise dans la pratique. On ne peut donc, je pense, être plus sévère pour la tactique. Les exceptions ou accidens dans les deux arts ne détruisent point la solution mathématique, pour les cas généraux (1).

---

(1) La cohésion d'une bonne infanterie est même plus forte, à la rigueur; car elle se serre et bouche les trouées du canon, ce que ne font pas les corps mécaniques qui gardent leurs interstices accidentels, et perdent ainsi leur solidité.

Cette parité et la solidité de la ligne *m n* admise, quel est le résultat des efforts des corps élémentaires ou de leur masse? le plus simple problème de la mécanique nous l'apprend.

On sait que deux forces égales, *a b* (*fig.* 2), qui poussent en avant une ligne, *m n*, font le même effet qu'une force unique, *p*, égale à la somme de ces forces, et placée au milieu de la distance qui les sépare, et qu'on appelle cette force unique et double *la résultante*.

On sait encore que si ces deux forces sont inégales, l'une d'elle double par exemple en *n*, la résultante est une fois plus près d'elle. Et, en général, on sait que la résultante d'un nombre quelconque de forces parallèles est sur la ligne qui les joint, et en un point tel, que les distances *m r* et *r n* sont en raison inverse des forces mêmes. Ainsi donc, si une des forces est double, triple ou quadruple de l'autre, le point par lequel passe la résultante, c'est-à-dire, une force égale à la somme de toutes les forces, est deux, trois ou quatre fois plus près d'elle.

Or, tous les soldats placés sur la ligne *a b* ayant même force, la résultante est donc au milieu de *a b* au point *r*. Ainsi, il passe par le point *g* ou *r* (*fig.* 3), milieu de tous les rangs, une force générale, résultante égale à toutes les forces particulières. C'est ce point *g* qu'on nomme *centre de gra-*

vité, en mécanique, que nous nommons ici *centre d'effet* ou *de masse*, ou (avec certaines conditions) *centre de secours*, ou des *moyennes distances*, en tactique, parce qu'il y autant de corps poussans que de corps pesans, et que la méthode pour la détermination de ce point est la même dans les deux cas.

Actuellement,

Si au lieu d'un seul corps, *a b c d* (*fig.* 1re), frappant la ligne d'infanterie *m n*, on a, outre notre front de bandière, *f f'* (*fig.* 3), considéré comme corps solide et continu, ainsi qu'il a été admis pour le front ennemi *m n*, parce qu'ils sont à portée des armes; si on a, dis-je, en outre, deux corps *f*, *f'*, il est clair, par les motifs ci-dessus, que chacun d'eux a sa résultante particulière aux points *f*, *f'*, centre des parallélogrames des corps militaires, *f f'*.

De plus, ces deux corps combinés encore ensemble ont une résultante générale et définitive sur la ligne qui les joint, c'est-à-dire, sur notre front continu même, et au point *g*, puisqu'elles sont égales et toujours à la portée des armes, pour se défendre réciproquement.

C'est donc à ce point *g* que l'ennemi devrait opposer une force égale et additionnelle en *r*, soit parce qu'elle est directement opposée à la résultante *g* de notre attaque, soit parce que son centre particulier *r* a le moindre chemin possible à faire pour porter secours aux points directement et le plus fortement frappés.

C'est, comme on le verra au chapitre des *Batailles*, ce que font ordinairement les Russes. Ils placent de fortes colonnes perpendiculairement aux lignes, pour les soutenir, passer dans les intervales, et donner un coup de force au besoin ou se porter rapidement aux points affaiblis, pour rétablir l'équilibre.

C'est enfin ce qui établit, d'un coup-d'œil, la similitude du *centre de résistance ou d'attaque* avec le centre de *secours* ou de moyenne distance, quand les corps du système sont égaux en nombre. C'est cette condition qu'il ne faudra jamais perdre de vue, parce qu'elle est la base de toute notre théorie, et que là où le centre *d'attaque* ou *de choc* ne peut plus se considérer par le défaut de continuité des lignes attaquantes, le centre de *moyenne distance* conserve toujours son influence précieuse pour les secours.

Soient à présent trois corps ou divisions appuyant notre front de bandière, $f\,g\,f'$, toujours considéré comme continu et solide, ainsi que le front ennemi $m\,n$, et frappant cette même ligne ennemie, $m\,n$ (*fig.* 4). En supposant ces divisions égales, le centre de gravité des deux corps f et f est au point g milieu de la ligne ff', parce qu'ils sont à portée des armes. De plus, à ce po it g est placé un troisième corps dont la force particulière s'ajoute à la résultante des deux précédens, et forme une résultante *g* sur l'ennemi, égale aux trois forces parallèles réunies des divisions.

Ce point est donc encore, en ce cas, le point de plus *grande force* et de *secours*, ou de *moyenne distance*, les corps étant égaux en force.

Soient à présent (*fig.* 5) quatre corps ou divisions inégales frappant la ligne ennemie *m n*, et appuyant notre front de bandière, *f* g *f' h h'*, toujours considéré comme corps continu, solide et aussi inflexible que le front ennemi, *m n*, et cherchons le point de *plus grande force*, c'est-à-dire, le *centre de gravité général* du système.

D'abord, le centre particulier des corps *h* et *h'* est sur la ligne *h h'* en un point tel, que les corps sont en raison inverse des distances. Ainsi, *h* étant de 10,000 hommes et *h'* de 5,000 hommes, par exemple, y compris la partie de troupes continues ou du front de bandière *h h'*, la résultante ou le point h est une fois plus près du corps *h*. Le centre particulier h de ce système est donc au tiers de la ligne *h h'*; car 5,000 est le tiers de 15,000, total des hommes de cette aile. En opérant de même pour les deux divisions *f* et *f'*, et les supposant l'une triple de l'autre, *f* de 12,000 hommes et *f'* de 4,000, y compris aussi les troupes du front de bandière *f f'*, le centre particulier de ce système est au quart de la ligne ff', au point g où passera sa résultante ; car 4,000 est le quart de 16,000, total des troupes de cette autre aile. Voilà donc deux résultantes bien déterminées.

Pour avoir le centre définitif, qu'on les combine ensemble, et cherchons la résultante de ces deux résultantes partielles. Puisque g fait l'effet de 16,000 hommes, somme des deux corps dont il est la résultante, et h l'effet de 15,000 hommes, somme des deux corps qu'il représente aussi, la résultante définitive g' doit être sur la ligne gh, en un point tel, que les distances soient en raison inverse des forces numériques. Ainsi, le point g' pris de sorte que gg' est à g'h comme 15 est à 16, sera le centre définitif ou point de plus *grande force.*

On remarquera ici que nous prenons des corps de quinze à seize mille hommes seulement pour qu'ils se trouvent bien évidemment à portée de se défendre entre eux par leur artillerie, véritable force active des batailles; sans cela ces corps militaires seraient comme des corps non pesans et jetés hors de la sphère d'activité. On appuiera sans cesse sur cette observation éminemment essentielle, puisqu'elle est la base du système, et qu'il n'y aurait plus combinaison de forces, s'il n'existait pas de défense réelle et réciproque entre elles, par la portée des armes ou au moins par leur action accélérée en un temps très-court, au secours les unes des autres.

Mais l'on voit ici que la détermination pour quatre corps, déjà plus longue par le calcul, l'est, à plus forte raison, sur le terrain, pour la conception rapide du chef; que de plus, les combinaisons 2 à 2 sont plus multipliées, et qu'enfin ce centre de masse n'est pas ici le centre des moyennes distances, les corps n'étant pas égaux, et par conséquent les leviers ou distances étant inégales. D'où il résulte déjà, en considérant la simplicité de l'exemple précédent, que l'ordre trinaire est l'ordre préférable en bataille, puisqu'il entraîne la détermination et le mouvement le plus facile du point de plus grande force, et son identité avec celui des *moyennes distances* ou *secours*.

Tel est très-brièvement le principe sur lequel repose toute notre théorie de choc en tactique.

Exposons aussi succinctement notre principe stratégique.

La *stratégie* est l'art de la meilleure disposition des corps militaires en campagne, pour parvenir à l'action directe, au choc. Elle est encore l'art de suppléer à ce choc par des avantages de position horizontale, tels qu'on ne puisse être attaqué avec succès, ou qu'ils équivalent à une victoire réelle par les résultats que ces positions procurent : tels que les retraites forcées de l'ennemi, son manque de vivres, etc., etc. Le général Jomini définit la stratégie, *l'art de porter ses masses le plus rapidement possible au point décisif de la ligne d'opération primitive ou accidentelle* (t. 3, p. 120), ce qui rentre au fond dans nos explications. Ainsi, d'après cette définition générale, ce ne sont plus les forces mêmes qu'il faut considérer en stratégie, mais les *masses* susceptibles de devenir *force* en temps et lieu. Or, le corps humain est toujours l'élément dans les deux cas. Il en résulte que le centre de gravité est toujours le centre de *masse* en stratégie, ou *l'indicateur* des progrès et de la position des corps dont il est la résultante : seul but que nous ayons jusqu'à l'action de choc.

Ainsi soient (*fig.* 6) trois corps ou divisions en campagne, *a, b, c,* et hors de la portée des armes de l'ennemi, et même entre elles. Il est clair alors que n'agissant plus sur des lignes continues d'ennemis, comme précédemment, leur choc et leur centre de choc ne doivent plus nous occuper; mais seulement leur dispositif pour arriver en pays ennemi, *m n*, s'y établir, ou y être en bonne disposition d'attaque ou de défense.

Tout cela ne peut avoir lieu qu'en considérant le système entier des corps *a, b, c,* et non chaque corps isolé.

Or, tout système de corps, même en repos, a un centre *de gravité* ou *de masse*, qui est le même que quand il passe à l'état de mouvement, chaque molécule ou homme étant censé doné des mêmes qualités. C'est donc le centre de gravité ordinaire qu'il faut trouver, et que nous appellerons seulement *l'indicateur*, en stratégie.

En prenant donc, comme précédemment, le centre de gravité *g* des deux premiers corps, *a* et *b*, en raison inverse du nombre d'hommes, on a le premier centre de gravité, *g*; puis, le combinant avec le centre particulier du corps *c*, on a le centre définitif de masse *h*. C'est en ce *point idéal et mathématique* que réside la force effective et *future*. C'est donc ce point qu'il faut faire arriver en pays ennemi et au-delà de sa frontière *m n*. Tant qu'il n'y est pas parvenu, et qu'on n'y a jeté que des corps isolés, *a* ou *b*, ce ne sont que des corps aventurés, et la force effective de l'armée n'y est point établie, puisque le centre de masse n'y est pas réellement transporté, et qu'enfin tous les secours et les ordres n'arriveront pas aux corps détachés par les lignes de moyenne distance.

On objectera peut-être que, rigoureusement, on ne peut considérer, en mécanique, le centre de gravité d'un système de corps, qu'autant qu'ils sont liés par des leviers inflexibles. On répondra qu'il ne s'agit ici que d'un *centre de gravité futur*, lorsque les leviers *existeront véritablement* par la continuité des lignes ou des positions, et des causes qui pourront faire admettre cette continuité de forces, et enfin, par l'action de l'artillerie, assez rapprochée pour motiver cette adhésion et cette influence réciproque des corps entr'eux.

On objectera encore, peut-être, qu'il serait préférable et plus court de prendre le centre des moyennes distances, ou du polygone formé par les corps. Oui, en état de mouvement ou de choc, mais non, en état de repos ou d'inertie, comme nous considérons ici les corps militaires à chaque instant; car il faut bien remarquer qu'en stratégie, il ne s'agit pas de choc comme nous l'avons déjà dit, mais simplement d'observer à chaque période de repos, où en est le centre *de masse*, *d'inertie*, et par conséquent de *gravité* des molécules ou des hommes, quel progrès il a fait et ce qui en résulte.

C'est-à-dire, par exemple, qu'en faisant halte, soit en marche, soit en position même ou en quartiers, un général connaîtra par le calcul, en raison inverse des nombres d'hommes, le centre de gravité ou d'inertie des corps susceptibles d'agir par la suite, en cherchant celui des corps actuellement *en repos* : ce qu'on ne peut contester, puisqu'il ne s'agit point ici, pour l'instant, ni de leviers ni de mouvement.

Ajoutons, de plus, que les divisions étant à peu près égales entre elles, le *centre de gravité* est presque toujours le centre des *moyennes distances* ou de *secours*, puisqu'on ne fait pas entrer dans le système les petits corps détachés, soit pour reconnaissance, soit pour battre le pays. Ainsi, dans les deux considérations, je ne pense pas qu'on puisse rejeter ce principe fondamental, et crois qu'on doit admettre le centre de gravité d'un système de corps militaires, simplement comme *indicateur* des progrès des opérations en stratégie, à chaque halte ou station.

On verra par la suite les modifications et les considérations supplémentaires que les positions, les fleuves, la nature du sol, etc., apportent dans la balance en y entrant eux-mêmes comme des élémens calculables approximativement, et en faisant ainsi varier *l'indicateur* par leur influence.

Arrivés ensuite à l'état de choc, nous observerons jusqu'à quel point et en quelles limites les corps intermédiaires ou les lignes continues d'infanterie peuvent être considérées comme leviers inflexibles pour appliquer nos observations à l'état de mouvement. On reconnaîtra que cette limite est toujours l'instant où les corps peuvent se soutenir à la portée de leur artillerie, et surtout de leur artillerie légère, qui étend la sphère d'activité au moins à douze cents toises de rayon, par sa rapidité d'exécution et de déplacement, et au-delà, lorsqu'il y a des positions armées formant système de forces. On ne peut donc contester alors une solidité réelle basée sur des forces actives, dans la sphère d'activité rigoureuse; d'autant que, comme je l'ai déjà dit, on a toujours admis ces leviers en tactique, dans tous les ouvrages; que tous les rectangles des lignes d'armée y sont regardés comme des corps solides, et que d'ailleurs, où commence le choc, commence en effet la tactique pour tous les systèmes. On ne pourra ainsi refuser à l'un ce qu'on accorde à l'autre.

En analysant donc définitivement notre principe, le *centre de gravité* ou *de masse*, c'est-à-dire, *l'indicateur*, en stratégie, est un *point idéal mathématique*, résultant de la position relative des corps entre eux. Les corps militaires doivent se mouvoir toujours de manière à faire faire *à ce point idéal* les progrès convenables au but, puisqu'il est le résultat de la position du système.

Ainsi, s'agit-il d'occuper le pays ennemi? c'est en vain que des corps partiels y arrivent, si le centre de masse ou *l'indicateur* n'y est pas enfin parvenu. S'agit-il de calculer la mauvaise position d'un corps détaché? on la reconnaîtra par son éloignement même du *centre de masse* ou de *l'indicateur*, quoique ce dernier ne soit point encore un *centre de secours*, mais un simple indicateur de la bonne ou mauvaise position du système. On prie de ne jamais perdre de vue cette dernière définition, parce qu'elle répond aux objections de ceux qui confondraient d'avance *l'indicateur*, en stratégie, avec le *centre de force* ou de *secours*, en tactique; point qui est actif, et non pas idéal comme celui-ci, mais qui se confondra avec lui quand les corps militaires seront à portée des armes, et surtout égaux, ainsi qu'ils le sont toujours à peu près en tactique, et que ce problème même indique à propos qu'ils le soient.

Donc, quand on dira encore que notre *centre de gravité*, ou *indicateur*, se trouvera plus près des corps les plus forts, et plus éloigné des plus faibles, nous répondrons que c'est justement ce qu'il faut qu'il indique par lui-même et par l'absurde; qu'il s'en suivra donc, en ce cas, qu'on ne doit pas ainsi trop éloigner, même en stratégie, les corps du *centre général idéal*, et par conséquent des corps les plus forts, puisque ces derniers déterminent sa position ainsi rapprochée d'eux par leur seul excès numérique. Nous dirons qu'en tactique, enfin, où le *centre de gravité* doit devenir un véritable *centre de secours et d'action*, il faut, pour que les distances soient égales, que les corps soient le plus possible égaux en masse ou en nombre autour du centre général, ce qui s'accorde avec la bonne pratique, et ne fait que confirmer notre principe.

En résumant,

Le *centre de gravité*, en stratégie, n'est, pour

le moment, qu'un *centre d'inertie*, c'est-à-dire, *le centre des molécules*, ou *des hommes en repos*; c'est un simple *indicateur* de la position du système, de ses progrès passés et de la marche future que doivent suivre les corps autour de lui, puisqu'il est le résultat de leur position relative à chaque station.

En tactique, le *centre de gravité* devient bien plus; il est le *centre de choc*, le *centre de secours*; et, conséquemment, les diisions doivent être égales en nombre et en forces le plus possible, pour que le *centre de masse* soit celui des moyennes distances, et que la réserve placée à ce centre puisse se porter partout en temps égal.

Ce que nous venons de dire pour les corps actifs, *a*, *b*, *c* (*fig.* 6), a lieu également pour les corps passifs, comme parcs ou convois. Il est clair que tous les corps passifs, les parcs d'artillerie, immense comme elle l'est aujourd'hui, etc., ont un centre de gravité *ou de masse* déterminable par les mêmes procédés que ci-dessus. C'est ce point que menace ordinairement l'ennemi, qu'il faut défendre, et pour cela connaître à chaque instant, par un calcul si simple, et en le tenant toujours plus loin du centre de masse ennemi ou attaquant, que de notre propre centre, qui est son défenseur naturel.

En un mot, porter en avant avec sûreté le *centre*

de masse ou *indicateur*, de manière à attaquer avec avantage ou maîtriser par sa présence seule le pays ennemi, et défendre en même temps notre centre *passif* ou *de masse* des parcs et magasins, en les dérobant aux attaques de l'ennemi en toutes les circonstances de guerre, depuis les opérations générales jusqu'aux retraites, tel est, ce me semble, le but de la stratégie, et ce qu'on essayera d'exposer le plus briévement possible dans les chapitres suivans.

Quelques exemples feront mieux juger encore de l'exactitude de ce système et de sa conformité avec les bons principes d'exécution et les grands succès de guerre.

Lors de l'invasion de la Belgique et de la retraite des Autrichiens hors du territoire français, en 1793, les alliés avaient trois armées: celle du Rhin *b;* celle de Dunkerque *a;* et celle de Maubeuge *c;* toutes tendantes à pénétrer en France, *m n* étant la frontière de la Flandre française. Mais ces trois armées, trop éloignées entre elles, et ne se prêtant aucun secours efficace, ne pouvaient réellement être considérées comme des corps combinés et faisant système mécanique; de là, impossibilité rigoureuse de déterminer le *centre de gravité* ou *l'indicateur* de ce système; de là succès de l'attaque vigoureuse faite par l'armée française de Maubeuge sur le point *h*, centre ou indicateur idéal de l'ennemi, mais centre inefficace, par les principes ci-dessus énoncés.

Néanmoins, le succès résultant par suite de ce point idéal emporté, et qui détermina la retraite des deux autres armées alliées, prouve qu'il eût produit l'effet contraire, si les forces numériques suffisantes de l'ennemi, ou des renforts plus à portée, envoyés par ses armées latérales *a* et *b* eussent permis de considérer en effet le centre *n* comme son *centre de gravité général*.

Cette considération nous force d'ajouter ici ce que nous démontrerons plus bas, même pour la tactique, savoir : que *l'indicateur* ou le *centre de gravité général* n'existe réellement comme point de plus grande force future, que lorsqu'il est plus rapproché du corps attaqué ou attaquable, que *l'indicateur* ou le *centre de gravité* de l'ennemi ne l'est lui-même de ce corps. Sans cela il est hors de portée, les corps sont censés sans gravitation, et dès lors la loi mécanique n'existe plus; l'effet est nul, le secours tardif, et le résultat une défaite, comme dans cet exemple.

C'est ainsi encore que Frédéric II, dans la guerre de 1756, calcula pour sa position centrale. Il vit la France, la Russie, l'Autriche et la Suède liguées contre lui. La France menaçait le duché de Clèves, les Suédois, la Poméranie; la Russie, la Silésie au nord, et les Autrichiens l'attaquaient au sud par la Bohême. Ce grand homme raisonnait ainsi sans doute, et confirmait d'avance, par son génie, les corollaires du calcul.

Il vit les Français en *a* (*fig.* 6), les Russes en *b*, et les Autrichiens en *c*, à plus de cent lieues les uns des autres. Dès lors il n'existait évidemment plus de combinaisons vraiment utiles pour les alliés, dans leur système de forces, vu l'énorme distance qui les séparait. Dès lors le centre de gravité, *h*, devenait nul pour eux, et efficace pour Frédéric seul, qui se portait en Saxe comme *centre de gravité*, et *indicateur* des faibles forces qu'il opposait aux trois assaillans; en Saxe, dis-je, centre placé entre les trois corps ennemis, et qui réduisait ainsi les distances pour Frédéric seul, au tiers de celle qu'ils avaient à parcourir; ajoutons avec la faculté, en outre, pour cet habile calculateur, de choisir sa direction, sa ligne de plus courte distance, et surtout l'avantage de jouir encore des ressources matérielles immenses qui avaient leur *centre de gravité* au cœur de cette même Saxe opulente. Aussi quels résultats! Laissant de faibles corps pour occuper chacune des armées ennemies, pour couper leurs communications et leurs vivres, il reste constamment le *centre de gravité* et de force de ces corps prussiens détachés. Il se porte avec rapidité à leur secours, sur chacune des armées alliées, bat celles-ci isolément, et revenant toujours à sa position centrale et rayonnante, il assure, après plusieurs victoires, telles que *Prague*, *Torgaw*, *Lentzen*, etc., le centre précieux qu'il possédait, paralyse les forces isolées de ses ennemis, les contraint à la paix, et confirme ainsi, par un exemple mémorable, une théorie que son génie pressentait sans la calculer rigoureusement.

Un pareil exemple encore du bon effet de *l'indicateur* ou *centre de gravité général* et de masse, en stratégie, et de sa faculté précieuse de devenir *centre de secours* et des *moyennes distances*, et cela, précisément sur le même terrain que le roi de Prusse, en 1756, eût pu avoir lieu pour les Français, en 1813, sans les événemens postérieurs qui ont annullé ce calcul.

Mn est la ligne de démarcation de l'armistice du 20 août 1813; les armées françaises *a* et *b* sont celles de la Marche du Brandebourg et de la Haute-Silésie; *c*, l'armée de *Dresde*, *Pirna*, *Leipsick Franconie*, dont le centre de gravité des forces éparses est en *o*. Ces armées ne sont pas assez éloignées, soit par leurs distances horizontales, soit par la nature du pays, pour ne pas former une espèce de système complet, analogue à celui de la guerre de 1756. Le *centre de gravité* ou *l'indicateur*, est effectivement en *h*, à Dresde même, où le général en che français se place, et d'où il pouvait tenir en respect trois armées ennemies, celles de Bohême, de Gorlitz et de Torgau, porter rapidement du secours à ses trois propres armées actives, et devenir le centre alimentaire et réparateur de toutes leurs opérations. Tout cela est parfaitement calculé sur la carte et les souvenirs. Mais quelle différence avec le grand Frédéric, pour les dispositions politiques du théâtre d'opérations! Les Français avaient, par leurs besoins et leurs succès, germanisé sourdement la guerre : tout, autour d'eux, était haine, vengeance et trahison. Ils l'éprouvèrent bientôt, par les défections faciles à prévoir, des Saxons, puis de la Bavière et du Wurtemberg, qui découvrirent entièrement les grands flancs et les derrières de l'armée de Bonaparte. Disons-le, ces poids, jadis auxiliaires, devenus négatifs dans la balance des forces; les propres poids français, des divisions entières annullées par la famine; enfin, les mouvemens latéraux d'une foule de partisans ennemis acharnés, et surtout la perte et la stagnation fâcheuse des forces françaises laissées sur la Vistule, l'Oder, les Bouches-de-l'Elbe, etc. : voilà les causes mémorables qui ont annullé le principe d'une belle combinaison, en y compliquant des données politiques décisives, et les résultats terribles de la vengeance des peuples.

Au surplus, on ne cessera de répéter que tous nos calculs statiques sont pour un terrain horizontal, base générale et première de tout problème;

on verra par la suite, et par degrés, les modifications essentielles que les positions verticales et les incidens divers y apportent.

CHAPITRE II.

Statique des opérations générales.

Ce qu'on a écrit jusqu'ici sur le système de guerre moderne, nous paraît avoir tellement changé de nature qu'on ne peut conserver, ce me semble, que fort peu d'élémens des bases adoptées, et que tout paraît se réduire même à la *base d'opérations.* Car, pour les lignes d'opérations elles-mêmes et les angles objectifs, j'ose dire que ce sont tout au plus les idées premières et les cadres dans lesquels doivent se mouvoir les forces mécaniques que nous considérons.

Rendons néanmoins justice au génie prussien : c'est lui qui le premier a porté dans la stratégie l'esprit mathématique, et qui a placé le compas parmi les armes des batailles. C'est lui qui, analysant géométriquement tous les mouvemens de guerre depuis les corps les plus simples, a créé une infinité de manœuvres perfectionnées à l'aide du calcul, et qui, en remontant ainsi jusqu'aux corps d'armée, a déterminé les opérations générales suivant des principes probables, du moins dans la sphère bornée où il s'est arrêté. C'est donc un hommage à lui rendre, que de reconnaître qu'il a jadis ouvert la carrière, qu'il a joint souvent, sous Frédéric surtout, à la démonstration silencieuse du calcul, la démonstration si brillante, quoique parfois trompeuse, de la victoire; et l'on peut espérer qu'en essayant d'étendre plus loin ces principes, on ne sera pas désavoué par ceux qui en ont posé une partie, et peut-être pressenti l'autre.

Je crois donc pouvoir avancer d'abord, et prouver ensuite, qu'il faut bien d'autres données et d'autres considérations pour la solution de ces grands problèmes de guerre, même dans l'hypothèse la plus simple.

En effet, l'ancienne stratégie avait pour principe de partir *d'une base d'opérations* ou ligne frontière, passant par les points d'inertie des places fortes et des magasins, comme souches alimentaires des hommes et des matières. Jusque-là tout est bien; mais vouloir conclure par le raisonnement seul, que pour opérer fortement et prudemment, l'angle objectif, c'est-à-dire, les directions des colonnes et des convois doivent converger, en pays ennemi, sous un angle de 90° ou de 60° au moins, (*fig.* 7), ce n'est qu'une assertion vague et sans démonstration suffisante.

Sans doute il importe fortement que l'angle objectif *o* ne soit pas trop aigu, pour que la pyramide de guerre, *a o c*, ne soit pas trop effilée, qu'elle ne soit pas attaquée et rongée sur ses flancs, et par-là détruite. Enfin, il importe que le point *o* ne soit pas hors de portée des secours de la base et des places *a* et *c*, où sont ses dépôts et munitions. Plusieurs exemples trop mémorables le prouvent, tels que la fameuse pointe de Moscou, etc.

Mais sur quels calculs a-t-on assis ces limites de 90° et de 60° ? Sur aucun, en lisant les ouvrages de *Bulow*, de *Lloyd* et autres partisans de ces premières données hasardées.

Car, en effet, si l'ennemi est nul et sans action, le sommet du triangle *o* peut être porté hypothétiquement fort loin, et au-delà de 90° sans grands risques. Si, au contraire, ce qui existe presque toujours, l'ennemi est en force et en campagne, le point *o* ne peut être qu'un but idéal, un concours de lignes imaginaires, puisqu'il est impossible de prévoir les opérations de l'ennemi, de face ou de flanc, pour s'opposer aux nôtres ; puisque, par-là, les marches des armées *a* et *c* à ce point *o* seront altérées, brisées, au premier instant, de mille manières, par les mouvemens de l'adversaire, et que, par suite, les lignes *a o* et *c o* seront, dès le départ, des lignes brisées au lieu de lignes droites; qu'enfin leur point de concours *o* est réellement, par tant de motifs, impossible à prévoir, et seulement à supposer.

Concluons de ceci, que le triangle d'opérations *a o c*, doit être soumis à des considérations plus générales et plus combinées que celles de *Lloyd* : d'abord, à celles de la force numérique de l'assaillant sur sa base, *a c*, puis à celle des opérations présumées de l'ennemi, et de sa force effective, et surtout à celles de l'arrivage à temps de nos vivres, fourrages et munitions; aliment sans lequel artillerie, troupes, discipline même, tout périt par la disette et les suites de la maraude.

Concluons, enfin, que la masse ou le nombre d'hommes, des deux côtés, ainsi que la quotité et la distance des magasins, influent essentiellement sur la première direction des lignes, et que, dès lors, le triangle objectif, où les anciens auteurs ne faisaient entrer comme élémens, et d'une manière abstraite, que les directions linéaires projetées pour leur but d'invasion, et non les masses relatives, les manœuvres subites et imprévues de l'ennemi, et enfin les subsistances, n'était qu'une seule des données du problème général des directions et des forces réunies, puisque l'une influe prodigieusement sur l'autre.

Aussi le général Jomini combat-il vigoureusement ce système, et tous les guerriers mathématiciens se joindront à lui.

On peut donc affirmer que ce principe du triangle objectif, isolément considéré, bien qu'il ne soit sans doute donné que comme approximatif, n'est point exact. On démontrera bientôt qu'il serait encore insuffisant.

Nous ne nous prévaudrons point même pour cette réfutation, de l'opinion générale sur la tactique moderne française, dont on s'exagérait au surplus les privations et le défaut de précautions pour les dépôts et approvisionnemens; mais qui a fini par tomber réellement dans des excès déplorables, source terrible de maraude et de destruction. Nous observerons, au contraire, que si, dans la méthode moderne que les étrangers ont fini par imiter, quoiqu'avec réserve, l'on néglige d'abord les places de dépôt et les grands magasins, et si, par suite, les lignes de convois sont moins nombreuses en apparence, les parcs immenses d'artillerie et l'attirail énorme qui en est la suite, compensent à peu près la différence entre les convois anciens et ceux de nos jours. Ainsi les données, quant au fond, restent donc les mêmes que celles des créateurs du triangle objectif. De plus, on observera que si on n'épuise pas sa propre frontière pour former des dépôts sur la *base d'opérations*, on a grand soin, aussitôt arrivé en pays ennemi, d'y réunir les ressources alimentaires en des villes ou points déterminés, qui sont peu éloignés de cette frontière, et qui deviennent alors la véritable base.

Tout ce que les anciens auteurs ont dit à ce sujet, et tout ce que nous allons y modifier, sur le triangle objectif, a donc la même application, avec cette seule différence, dans le principe, que la base alimentaire est en pays ennemi; que les lignes de convois, moindres en équipages, sont portées au même volume à peu près, par l'immensité des parcs d'artillerie; et qu'on s'occupe dès le premier instant de se former une *base de dépôts et d'opérations* sur le sol ennemi, en réservant à la frontière du pays sa défense et ses ressources en cas de revers.

Ainsi, dans les campagnes de la Belgique, Mons, Liége et Trèves, villes peu fortifiées, mais faciles à mettre à l'abri d'un coup de main, recevaient aussitôt les dépôts français, et devenaient *la base d'opérations*, tandis que les places de Lille, Valenciennes et Thionville gardaient leur défensive et leurs moyens matériels.

C'est ainsi que, dans les guerres d'Italie, Milan, Turin, Alexandrie jouaient également pour nous ce rôle, et devenaient la *base*, en laissant intactes les frontières du Dauphiné et de la Provence, fortes en positions et pauvres en ressources.

C'est ainsi, enfin, que, dans les campagnes du Rhin, Mayence, Stutgard et Ulm servaient également de *base d'opérations* et de magasins, tandis que Strasbourg, Neuf-Brisach et Huningue se réservaient au besoin pour la défensive française.

Réciproquement, les alliés, en 1814, entrant en Alsace et en Béarn, formaient leurs magasins sur le sol français, avec les ressources locales, à Colmar, au nouveau Béfort, à Porentruy, etc.; les Anglais, à Saint-Jean-de-Luz, Tarbes, Lourdes, Pau, etc. Mais, toujours plus prudens que leurs ennemis, ils n'étaient pas arrivés là affamés, exténués; et leurs propres magasins ont toujours été la base première de leur pyramide offensive.

Ces exemples sont donc constans dans la tactique moderne; la base d'opérations et de dépôt est, le plus souvent, en pays ennemi : idée hardie, encourageante, salutaire et économique au premier coup-d'œil. Mais il faut convenir que les époques et les circonstances doivent modifier infiniment aujourd'hui cette disposition téméraire, car les armées, il y a vingt-cinq ans, n'étaient pas la moitié numérique de ce qu'elles sont maintenant; l'artillerie surtout a été augmentée à l'excès. Il en résulte que l'immensité des magasins nécessaires pour ali-

4*

menter en subsistances et fourrages deux à trois cents mille hommes et cent mille chevaux, forcent à ne s'avancer que prudemment, quand on veut avoir des succès constans; qu'ils forcent à calculer à quelle distance les approvisionnemens primitifs ou latéraux acquis en marchant, peuvent alimenter l'armée, et à fixer le sommet du triangle de marche, d'après ces considérations dominantes, en faisant toutefois entrer dans le tableau ce que le pays peut fournir à temps, et sans éparpiller ou éloigner ceux qui forment les convois et les magasins.

Malheureusement, on ne peut ou ne veut pas faire toujours ce grand calcul si nécessaire. L'enthousiasme d'un premier succès, un grand but en perspective, la prise de villes importantes, entraînent le vainqueur, l'éloignent de ses magasins, ou font consommer leurs produits par les équipages, avant d'arriver à leur destination trop lointaine. Le mal augmente si l'ennemi dévaste tout sur les routes militaires, et pousse devant lui subsistances et bestiaux, dont il regorge alors, et dont il nous prive. Ce mal devient, dans un pays insurgé, un désastre complet, si l'ennemi jette des partis sur vos derrières, qui affament et enlèvent le peu qui reste; de là impossibilité d'atteindre le point objectif *o*, ou nécessité d'y éprouver d'affreux revers, si on a le malheur d'y parvenir ou d'y rester. Les dernières campagnes en Russie et en Saxe ont prouvé ces grandes vérités.

On verra, au surplus, au chapitre 7 de cet ouvrage, à *la statique des magasins et subsistances*, la juste influence qu'ils doivent avoir sur les opérations, pour ne tomber ni dans l'excès de prudence, qui annulle le succès, ni dans la disette de ressources, qui paralyse tout.

Revenons au triangle objectif et à son insuffisance.

En effet, dans l'hypothèse même où les lignes d'opérations, partant des dépôts et arrivant au but, formeraient les angles prescrits par les anciens tacticiens, et même par les dernières données essentielles que nous venons de fixer pour l'éloignement du point *o*, il est clair que les résistances qu'éprouvent les colonnes, et les déviations qui en sont la suite, changent bientôt le point objectif, puisque le point objectif peut devenir le centre de gravité d'une des colonnes même où il faudrait porter du secours en cas d'échec. Ainsi, ce point qui serait d'abord en *o*, devrait, au cas où la colonne *o c* serait coupée en *i* par l'ennemi, devenir forcément le nouveau point objectif, et le centre des colonnes *f* devrait s'y porter, et réciproquement.

Concluons de cette deuxième observation, 1° que les points objectifs pouvant changer, même après la fixation du premier point *o*, et même sans faire entrer dans les problèmes les proportions des masses, les lignes d'opérations, dis-je, qui concourent successivement aux divers points objectifs, se brisent en divers sens, et que, par conséquent, les *lignes d'opérations ne peuvent être des lignes droites*;

2° Que ce brisement aura toujours lieu, à moins que l'ennemi soit sans armées ou reste dans l'inaction, ce qu'on ne peut supposer.

Quelle est donc la marche successive à suivre? Voici ce que les lois des mouvemens des corps simples semblent indiquer.

Quels que soient l'angle et les lignes d'opérations premières adoptées dans l'ancien système, il paraît qu'on n'a fait que tourner autour de la véritable solution qui tient à la considération *du centre des forces actives*, et à celui *des forces passives* des armées. Les premières sont les armées mêmes dont les soldats ou molécules (qu'on passe le terme), peuvent être traités, ainsi que nous l'avons déjà dit, comme les élémens des corps solides en mécanique, et censés réunis à un centre unique qui est le *centre de gravité*, ou *centre de masse*, ou *indicateur*.

Les secondes forces (passives) sont les *convois*, *parcs d'artillerie*, *dépôts*, etc., dont les élémens peuvent être également considérés comme réunis à un autre centre unique, qui est le *centre de gravité* de ces masses sans action de choc.

Il est évident au simple raisonnement, et pour quiconque sait les premiers principes de mécanique, que les attaques de l'ennemi doivent constamment se porter sur notre *centre des masses passives*, ou leur *indicateur*, qui est le centre de gravité des parcs et convois, puisque c'est là qu'il en capture la majeure partie, qu'il est le plus près des dépôts considérables, et qu'il frappe au cœur l'aliment de l'artillerie. Il est clair, au contraire, qu'il doit éviter notre *centre des forces actives*, ou leur *indicateur*, qui est le centre de gravité des corps d'armée, puisque c'est là qu'il trouverait la plus grande résistance, le point le mieux défendu du système, la réunion la plus prompte, et le chef, surtout, qui met tout en mouvement et qui doit constamment s'y tenir.

Ces deux axiomes paraissent être la base de toutes les opérations, et, par suite, des lignes suivant lesquelles elles doivent se diriger.

Ainsi, quelles que soient les lignes qu'indiquent les tacticiens de tous les pays, restés un peu en arrière aujourd'hui dans les applications sur le terrain, et soit qu'ils supposent ces lignes d'opérations rentrantes ou saillantes, circulaires, *extérieures* ou *intérieures*, comme les conseille le général Jomini, dans son excellent ouvrage; enfin, heureuses ou malheureuses, en les comparant aux fronts bastionnés, passons de suite à nos démonstrations, par les centres de gravité.

Admettons donc qu'il faille partir des places a et b, qui sont nos places de dépôts de magasins et d'artillerie, et que nos colonnes se dirigent sur un objet quelconque o, dont l'angle formé avec la base nous devient très-indifférent pour le moment, mais que nous déterminerons par la suite, suivant les circonstances. Les corps d'armée parvenus en i et en f (*fig.* 8), il est évident que le centre de gravité des armées f et i, en les supposant égales, est en g, milieu de fi.

Supposons l'armée ennemie en p, c'est-à-dire, son centre de gravité ou de masse, son intérêt sera toujours de tomber sur le centre de nos masses passives ou sur la ligne des parcs et convois bi, et à son centre q, qui est le milieu de la colonne de convois filant entre b et i. Il faudra donc, pour bien opérer, que le centre de nos forces actives g se porte en avant sur le champ pour soutenir le centre *passif* q, et que la ligne gq soit plus courte que pq, pour que l'ennemi p ayant l'initiative, l'armée f arrive à temps.

Si l'on remarque que l'armée latérale f a plus d'espace à parcourir que l'armée attaquée i, on répondra que c'est précisément la propriété des centres de gravité de donner la moyenne proportionnelle, c'est-à-dire, dans les polygones formés par les corps militaires joints par des lignes, de montrer la moyenne distance de tous ces corps à un point donné extérieur, en cherchant la seule distance du centre de gravité du système. Ce principe est connu et incontestable ; et l'on remarquera que, au surplus, le centre ennemi *p*, est dans le même cas, puisqu'une partie de ses divisions auront aussi des routes inégales à faire pour arriver. La comparaison des centres de gravité ou de masses des deux armées reste donc toujours exacte, comme moyenne proportionnelle des mouvemens généraux.

On ne cessera enfin de répéter, comme ci-dessus, qu'en stratégie le centre de gravité ou de masse n'est qu'un point mathématique servant d'*indicateur* pour juger les progrès du système général, soit en avant, soit en arrière, et autour duquel tous les corps doivent se mouvoir de manière à faire faire à ce point idéal les progrès convenables. Sans cela, toutes les opérations partielles n'ont pas de stabilité, puisque le centre du système n'est pas affermi et parvenu à la place désirée.

Nous appellerons donc toujours le centre général *indicateur* ; et en poursuivant nos observations, nous remarquerons que si le centre de l'armée ennemie *p* est parvenu en *r*, mais que l'ennemi s'aperçoive qu'en suivant nos principes, notre centre de gravité *g* ou du système des corps de l'armée entière qu'il représente, s'est avancé de la même quantité *p r* sur la ligne *g q*, c'est-à-dire, en *s*, il hésitera peut-être dans son opération.

Voyons alors ce qui en résulte déjà dans notre ligne.

Le centre de gravité général ou *l'indicateur* de nos divisions étant ainsi en *s* (en prenant *g s* égal à *p r*, type d'une marche de l'ennemi), toutes les divisions sont en équilibre autour de ce point.

Ainsi, l'armée *i* étant en *i'*, et *ii'* égal à *p r*, qui est la valeur d'une marche de l'ennemi, l'armée *f* devra être en *f'* de son côté (en prenant sur la ligne *s i'* prolongée *f' s* et *s i'* en raison inverse des forces numériques des armées *f* et *i*), suivant le principe de l'équilibre en mécanique, qui donne ici *f' s* égal à *s i'*, puisque les deux armées latérales sont égales, par conséquent également éloignées du centre de gravité. Ainsi déjà les lignes d'opération concourront alors en un autre point de la ligne *b o*, et point en *o*, comme précédemment.

Supposons, en poursuivant, que l'armée ennemie *p*, parvenue en *r*, et de là plus loin encore, nous voyant en mesure, renonce à attaquer le centre passif *q* des parcs et convois, et se porte en *K'* pour couvrir le pays et le point objectif *o*, alors notre centre ou *indicateur* de gravité *s* devra se porter en *K'* lui-même, pour y réunir en effet toutes nos forces. La ligne d'opération primitive *a o* sera donc devenue la ligne brisée *a s K'*, et en suivant ainsi, par divers motifs, les mouvemens de l'ennemi, cette ligne peut se briser mille fois avant d'arriver au point primitif *o*.

La même chose peut avoir lieu réciproquement pour la ligne d'opération *b o*, si la ligne *a o* avait une armée ennemie manœuvrant sur son flanc.

De ceci je crois qu'on peut déjà conclure :

1° *Que l'angle objectif n'est qu'une supposition première et altérée dès le premier instant, si l'ennemi est lui-même en campagne.*

2° *Que cet angle est à peu près indifférent au-dessous de* 100 *degrés, si la base est grande et appuyée sur de fortes places, bien approvisionnées, et dont l'arrivage soit facile.*

3° *Que la ligne d'opérations du côté de l'armée ennemie étant supposée constante, la ligne d'opérations opposée change sans cesse, par suite de la variation du centre de gravité général qui force l'armée f, ou l'extrémité de la ligne d'opération de gauche a o, à varier aussi pour être en équilibre autour de son centre de gravité général, et appartenir ainsi au système.*

4° *Que la distance première du point objectif o doit être réglée par les forces de l'ennemi, par les nôtres, et à un certain point, par le calcul des subsistances primitives ou latérales.*

Le général Jomini va plus loin à ce sujet : il rejette totalement la théorie *des lignes extérieures d'opérations*; mais c'est parce qu'il suppose toujours que les lignes d'opérations extérieures sont dégarnies, clair-semées, et que les armées qui les suivent y sont disséminées. C'est une erreur assez grave qui l'entraîne à conclure mal à propos, ce me semble, que les armées ennemies centrales les attaqueront toujours avec succès; car nos lignes d'opérations indiquées sont des lignes purement *de direction*, et non *de dissémination*, comme il le suppose. Chaque armée y marche coagulée, aussi bien que l'armée ennemie centrale; ainsi, cette dernière trouvera toujours l'agresseur en mesure. Il est vrai que chaque armée latérale ne sera que la moitié numérique de ce qu'elle eût été en se réunissant; mais on ne doit faire de telles invasions par *lignes latérales d'opérations*, que lorsqu'on est sur cette frontière, en force à peu près double de celle de l'ennemi interposé; autrement l'opération est évidemment dangereuse et fausse, comme l'avance très-bien le général Jomini, et l'attaque centrale doit réussir, l'attaquant y étant deux contre un.

C'est donc, je pense, en ce sens seul qu'il faut interprêter constamment les calculs des *lignes d'opérations extérieures et concurrentes* de *Lloyd*, *Bulow*, etc., c'est-à-dire, dans le cas *de forces presque doubles* sur ce point. Autrement on se constitue volontairement inférieur pour un cernement imaginaire, qui n'en impose plus, et c'est dans cette supposition que j'ai discuté et adopté ces lignes d'opérations.

Le général Jomini semble donc seulement trop généraliser sa réfutation, quoique son raisonnement soit parfaitement exact, et je pense que la limite des opinions de *Lloyd* et de la sienne, est fixée par la condition expresse ci-dessus énoncée, savoir : que dans tous les cas et dans toutes les directions possibles des lignes d'opérations extérieures ou intérieures, il faut *que le centre de gravité des divisions envahissantes, soit toujours plus près de leur centre passif* (*artillerie et convois*), *que ne l'est le centre ennemi*; car l'artillerie, en général, est aujourd'hui le régulateur universel : avec elle, tout part ou tout reste. J'ajouterai qu'il faut, en outre, *que notre centre de gravité général soit numériquement aussi fort que celui de l'ennemi, quoique composé de ceux de nos deux lignes d'opérations séparées.*

Au surplus, cette assertion relative au centre de gravité, pour les lignes d'opérations, est confirmée par nombre d'exemples, et surtout l'exemple fameux de la marche du maréchal de Villars, lors du siége de Landrecies. *r* est l'armée du maréchal de Villars, menaçant les dépôts de Marchiennes, ou plutôt Denain, qui couvrait ce *centre passif* de l'armée du prince Eugène. Cette dernière armée, ou mal informée, ou retenue par le défaut de ponts, ou, plus vraisemblablement, trop éloignée du centre général, n'avait point détaché à temps l'armée de secours *f*, ou ne la tenait pas à portée en *f'* de secourir Marchiennes au point *q*. En un mot, elle ne se trouvait pas à distance ou à temps, et par conséquent dans les principes prescrits, autour du centre de gravité *s* ou *indicateur*, à portée de Denain, et de l'indicateur ennemi *p*; aussi arriva-t-elle trop tard, et uniquement pour être spectatrice de la victoire de Villars et de la retraite forcée des alliés sur toute la ligne *b o*.

Pareil exemple se trouve dans la guerre moderne, lors de l'invasion prussienne en Champagne, où la colonne entrée par Stenay ne se trouva pas à portée de secourir l'armée en retraite de Sainte-Ménehoult. En Italie également, lorsque le général Otto ne se trouva pas en mesure de secourir le général Mélas, et se fit battre isolément la veille de la journée de Marengo. Mille autres citations confirment la nécessité de l'équilibre des colonnes autour du centre de gravité général ou *indicateur*, et de la distance moindre que celle de l'ennemi *p* à ce même centre.

C'est ainsi encore que le maréchal Davoust, dans la guerre de Russie, en 1812, calculant mal la position du centre général français et les difficultés locales augmentées encore par d'énormes distances, ou plutôt trop abandonné à lui-même par Bonaparte, ne put tenir contre les Russes, à Mélo-Jérolavetz, et fut forcé à une retraite où il essuya de grandes pertes, malgré ses admirables dispositions de détail, tant pour le combat que pour la subsistance merveilleuse de ses troupes.

On pourrait citer encore, et mal à propos peut-être pour la conclusion, les échecs partiels qu'éprouva le maréchal Blucher, à Montmirail et Champaubert, dans la Brie, en 1814. A certains yeux, ses incursions ont pu paraître de grandes témérités; mais en consultant les cartes et la position, ainsi que le nombre formidable des alliés, on voit clairement que le maréchal Blucher et le baron de Saken avaient pour base redoutable de leur pyramide offensive particulière, une armée alliée de plus de 200,000 hommes, stationnée sur une base circulaire depuis Noyon jusqu'à Troyes. On voit qu'aucun grand échec n'était présumable pour eux, sans les mouvemens inouis par leur rapidité et leur infatigable énergie, que firent au centre intérieur les Français, quoiqu'en petit nombre, pour surprendre ces corps en saillie. On voit enfin que la hauteur de la pyramide des alliés n'était pas le quart de la base, et l'angle offensif au-dessous de 140 degrés; tandis que dans plusieurs incursions françaises, notamment celle de Moscou, la hauteur de la pyramide était décuple de la base. Témérité funeste, quand l'ennemi est revenu de sa première terreur.

Au surplus, le général Jomini (1) approuve avec grande raison les *manœuvres centrales* de Bonaparte en Champagne, à cette époque. Elles confirment entièrement son système, et le nôtre, par suite, puisqu'il en est la démonstration statique. Les succès définitifs de Blucher et de Saken ne furent dus évidemment qu'à leur grande supériorité numérique, qui permettait ces *lignes d'opérations extérieures et latérales*, autorisées et vraiment utiles en ce seul cas, celui d'une force double, au moins.

CHAPITRE III.

Statique et influence des places fortes de la base d'opérations.

Il est évident que les garnisons des places fortes, ainsi que les élémens d'action qu'elles procurent,

(1) *Traité des grandes opérations militaires*, tome 2.

agissent notablement sur le système général des forces offensives, c'est-à-dire, sur les forces *a o*, *b o*, soit rectilignes, soit brisées, par les motifs que nous venons de déduire. Tâchons d'examiner quelle est cette influence, et ce qui en résulte dans les lignes d'opérations et les centres des forces actives.

Soit la base d'opérations *a b*, composée de trois places fortes *a*, *c*, *b* (*fig.* 9), et dont le centre de gravité ou de masse particulière est en *c*, point où passe la résultante de leurs forces particulières; le reste étant de même que précédemment pour les deux armées offensives *f* et *i*, dont le centre particulier aussi reste en *g*, où passe leur résultante; Il est clair alors que notre indicateur ou point idéal, c'est-à-dire, le centre de gravité définitif du système réuni des armées et des places fortes passe en *g'*, tel que *g g'* et *c g'* sont entr'eux en raison inverse des forces des armées et de celles des garnisons. Ainsi, par exemple, *f* et *i* étant de 50,000 hommes chacune, et les garnisons de toutes les places et troupes réunies sur la base, de 50,000 hommes également, on a cette proportion : *g g'* : *c g'* :: 50 : 100. Ainsi *g g'* est la moitié de *c g'*, ou doit être le tiers de la ligne entière *c g*. Voilà d'abord le centre général *g'* trouvé.

Actuellement,

L'ennemi étant supposé faire par son centre de gravité le même mouvement *p r*, sur le centre de nos forces passives *q*, comme précédemment, notre centre de gravité ou indicateur *g'* doit se porter sur le champ et sur la ligne la plus courte *g' q*, au centre passif *q*, pour le défendre, et y faire le même chemin *g' s* égal à *p r*, puisque *p r* est le mouvement du centre de gravité de l'armée ennemie, ou la moyenne de ses mouvemens généraux. Mais l'armée *i* a dû faire aussi le chemin *i i'* égal à *p r*, pour arriver sur le même but. L'armée *f* doit donc se trouver sur la ligne *s i'*, qui joint le centre de gravité du système et le centre particulier de l'armée *i*, pour que le centre général *g'* soit en effet au point *s*, position indispensable. De plus, les deux forces ou armées *f*, *i* étant égales, prenons les distances en raison inverse, c'est-à-dire, *f' s* égal à *s' i*; on voit alors que, puisque pour manœuvrer avec sûreté, il faut absolument que notre centre de gravité ou *l'indicateur g'* arrive en *s*, il faut par conséquent, pour que cela soit, que l'armée *f* ait fait des marches forcées pour arriver elle-même en *f'*, et peut-être trop tard. Il est donc indispensable, dans cette hypothèse d'attaque au point *q*, que l'armée *f* ait marché dès le principe sur la ligne *a f'* et non en *a f*, pour bien combiner son but définitif *o* avec sa résistance provisoire aux attaques présumées de l'armée ennemie *p* sur l'armée *I*.

Une seconde marche de l'armée ennemie *p r*, soit en *k'*, soit en *k*, décidera la nouvelle place du centre de gravité g', et la marche de cette armée f, qui, au lieu de marcher suivant $a\,o$, comme on le proposait, tracera la ligne brisée $a\,f'\,f''$. Et cela est évident, en déterminant le point f'' par le même procédé que le premier f, et ainsi de suite (c'est-à-dire, en faisant faire d'abord la marche $i\,i'$ égale à $p\,r$; ensuite la marche $s\,s'$ au centre général ou indicateur g', égale aussi à $p\,r$, type de la marche ennemie; puis, joignant i'' et s', et prenant sur cette ligne $s'\,f''$ égale à $s\,i''$, toujours en raison inverse des masses des armées).

On voit déjà, même avant cette marche tortueuse, obligée, de l'armée f, et par la seule influence des places fortes ou de leur centre de gravité c, que le centre de gravité général ou *indicateur* g', du système combiné des armées réunies aux forces des places, est plus à portée de secourir le centre passif q, puisqu'il est plus rapproché de la perpendiculaire ou ligne la plus courte $q\,x$. On voit que cet avantage augmente à mesure que g' approche plus de la perpendiculaire, c'est-à-dire, que l'influence des places devient plus grande. D'autre part, on voit aussi que si le centre de gravité du système passe entre c et x en g'', en ayant trop de monde dans les places, ce cas sera moins favorable aussi que la perpendiculaire $q\,x$. D'où il semble résulter que le centre de gravité général du système des armées actives et des troupes des places, devrait être en x même, c'est-à-dire, tel que *la somme des forces disponibles sur la base d'opérations fût égale à la somme des forces en mouvement, quand on est menacé sur ses flancs, et attaquable sur sa propre base;* ce qui est en effet, contre un ennemi supposé aussi fort et aussi actif que nous, la marche la plus mécaniquement exacte et la mieux calculée.

Supposons à présent que la ligne des places fortes soit telle, que le centre de gravité de ces mêmes places précédemment en *c*, attendu l'égalité de ces places autour de la principale *c'*, soit à présent en *c* sur le côté, attendu l'influence de la grande place *d* et des villes de première ligne censées ajoutées au-dessus de *a b* (*fig.* 10), nouveau poids ajouté dans le système général. Il est évident que ce nouveau centre de gravité *c'*, combiné avec *g*, celui des armées actives, donne même, avant de se mouvoir, un centre ou *indicateur* définitif *g''*, déjà plus rapproché de *q*, centre passif (en prenant toujours *g' g''* et *c' g''* en raison inverse des forces actives et des forces des places). De là on commence à reconnaître le grand avantage d'un système de places coordonné avec les directions des routes et les points passifs de ces mêmes directions. L'on voit également que plus le centre de masse ou *l'indicateur g''* se rapproche de la nouvelle perpendiculaire *q x'*, plus la route sera courte pour l'armée de secours, et plus les places y infleuront. On voit enfin que le centre définitif ou *indicateur* g'', étant supposé tomber sur *c* même, ou très-près, c'est-à-dire, que si l'armée de la base était beaucoup plus forte que les armées *f* et *i*, on aurait le minimum de chemin à faire pour secourir *q*, et que les armées *f* et *i* deviendraient entièrement libres d'aller en avant pour se porter à d'autres opérations.

L'inverse aurait lieu, s'il existait des places armées et trop garnies en *e* sur la ligne *a c*, au lieu d'armer celles à portée de la ligne d'opérations *b o*. Le centre de gravité ou *indicateur* g''' se trouverait, même avant les opérations, plus éloigné que le premier centre actif g', et, à plus forte raison, que le second g''. Toutes les opérations participeraient de cette première situation fâcheuse, par l'éloignement du centre de gravité primitif du système avec le point passif *q*.

Cette observation n'a plus lieu dans le cas où on opérerait sur la ligne *a o*, censée attaquée par l'ennemi *p*. Alors il faudrait y rapporter tout ce que nous avons dit sur la ligne *b o*, qui la remplacerait pour nos remarques, et ne considérer les places ajoutées en première ligne au-dessus de *a b*, comme d'une influence vicieuse qu'autant qu'elles se trouveraient éloignées en effet du centre passif *q*; ce qui n'aurait plus lieu dans cette hypothèse d'une attaque présumable sur *a o*, car alors ces places seraient utiles, et leur influence aurait été prévue.

De ceci résulte le calcul des places qu'il faut armer ou le plus garnir de troupes sur la ligne de frontières, suivant que l'ennemi opère sur *a o* ou sur *b o*, puisque leur influence est déterminée positivement par le placement du centre de gravité général du système, dont les forteresses font une partie si essentielle.

Toutes ces observations, et les conclusions qui en résultent, paraissent avoir lieu également, soit que les armées *f* et *i* soient inégales, et que le centre de gravité *g* ne soit pas sur le milieu de *f i*, soit aussi que les centres de gravité des places aient toute autre position. Il suffirait toujours d'établir et de chercher les centres de gravité généraux et la ligne qui joint les centres particuliers, en raison inverse des forces numériques des armées *f i*, et de les combiner avec la somme des forces disponibles sur la base, pour connaître de suite où se trouvera le centre de masse général ou *l'indicateur*, et le chemin qu'il aura à faire pour se porter au point menacé. Car il est clair que dès qu'il y sera parvenu idéalement et graphiquement, c'est que les corps du système qu'il représente l'y font tomber, en effet, par leur position relative et leur action imminente sur l'ennemi.

Cet exemple, entre plusieurs autres que je pourfais citer, est l'exposé, à peu près, de la levée du blocus de Maubeuge en l'an 3, par suite de cette bonne disposition. (*Fig.* 9) *a* est la place de Lille, *c* est Maubeuge, *b* est Givet ou Philippeville. L'ennemi *r* était bien autrement avancé encore que dans notre figure 9. Bien plus que d'avoir pénétré au point *q*, il était dans nos places de deuxième et troisième lignes, c'est-à-dire, au Quesnoy et à Landrecies, dont il s'était emparé. Malgré ces grands échecs, l'armée française débouche en deux corps, de Lille et de Maubeuge; elle prend son point objectif au cœur de la Belgique même, sans s'inquiéter de voir celui de la France menacé. De son côté, l'armée de Maubeuge *b* se dirige rapidement sur Charleroi et Fleurus, où elle bat l'ennemi, et le force à évacuer le rentrant où il s'était engagé; d'autant que l'armée de Lille *f'* se trouvait à portée, et menaçant sa gauche dans les distances requises, le forçait à se jeter au point *o* même pour le défendre.

Il est juste d'ajouter que les forces numériques de ces deux armées françaises latérales donnaient une grande efficacité à ce mouvement, et que sans cette supériorité numérique l'opération eût été hasardée, malgré la terreur stratégique qui s'emparait toujours des Autrichiens quand ils se voyaient coupés, terreur dont le prince Charles, au surplus, les guérit brillamment, dans ses campagnes de 1796, en Allemagne.

Pour autre exemple, les points *a*, *b*, *c* sont la frontière du Piémont; *q* est la place de Gènes, assiégée et prise par les alliés; *f'* est l'armée française élancée à travers le Saint-Bernard, et g, g' et g'' la marche des Français. Cette marche était calculée de manière à être à portée de secourir Gènes, s'il en était encore temps, ou de menacer Plaisance pour fermer la retraite à l'ennemi, ou enfin de livrer bataille avec des dispositions tellement combinées autour du centre de gravité général, que toutes les divisions concourraient à jour fixe, et que la division Desaix même arriva pendant la bataille, et en détermina le succès, en réparant tous les revers de la journée.

Réciproquement, et pour établir toujours le résultat de l'influence notable des places; *a*, *c*, *b* sont les places du Danube, *Passau*, *Ratisbonne*, *Donawerth*, etc., appuyant l'armée bavaroise, qui en part en 1813 pour se porter sur les derrières de la grande armée française, dans sa retraite de la Saxe. On voit de suite l'appui essentiel que ces forteresses et la position latérale de la Bavière donnent au système offensif des alliés. L'armée française ne peut plus se diviser, ainsi qu'il est préférable pour les grandes masses, dans les retraites précipitées. Une partie ne peut traverser la Franconie et le Wurtemberg. L'armée défile toute entière par Erfurt, Eisenach, Fulde, etc., en y épuisant les ressources presque nulles du pays, et ses dernières forces personnelles. Le maréchal de Wrède se porte rapidement en *f*, à Hanau, où ce calcul militaire paraissait devoir réussir graphiquement, si le désespoir de l'armée et la perte certaine de son chef présent n'eussent suffi pour faire forcer le passage par une faible partie de l'armée française, malgré l'opiniâtreté que montrèrent les Bavarois.

Considérons maintenant les deux triangles opposés d'opérations, amis et ennemis.

En suivant nos suppositions (*fig.* 11), l'armée ennemie *p* ou sa masse, considérée à son centre de gravité *p*, se dirige sur le point *q*, centre passif de notre armée. Elle doit y arriver par les mêmes voies ou précautions que nous sommes censés désirer pour nous-mêmes, c'est-à-dire, par deux lignes d'opérations aboutissant à la place de dépôt *q*, sur la ligne des parcs et convois *b i*, que nous avons désignée comme telle.

Si l'ennemi *p* (*fig.* 11) n'a qu'une place forte *y*, ou des places isolées, et non un système coordonné, une base, comme nous, en *a c b*, nous allons voir ce qui en résulte pour lui et pour nous.

D'abord, le centre de gravité ou *l'indicateur* de

nos armées et de nos places, considéré en un seul système de forces, étant supposé placé en g' (g'' étant celui des places même), celui de l'armée p est en h très-près du centre p (en prenant $p\,h$ et $h\,y$ en raison inverse des forces de l'armée p et de la garnison y), et en observant que sa place forte isolée y, influe très-peu sur la position de ce centre, attendu que sa garnison est à l'armée, quant au nombre, dans un rapport très-petit.

Cela posé, et le centre de force des places en g'' étant à portée, et par sa seule force, de secourir le centre passif q, le centre de gravité particulier de nos deux armées en g peut impunément se porter en avant, et masquer la place y, position dans laquelle non-seulement cette place devient nulle pour l'ennemi, mais encore où sa force matérielle en dépôts s'ajoutera à notre centre de gravité matériel g, après sa prise, et par cette combinaison portera notre centre de gravité général ou *indicateur* g', plus avant encore en g''' (toujours en prenant $g'\,g'''$ et $y\,g'''$ en raison inverse des forces respectives).

D'où il résulte déjà, *que les places isolées ennemies, soit dépôts, soit même fermées, étant masquées ou prises par défaut de liaison à un système général, s'ajoutent par-là même au système de nos forces offensives.*

Ainsi, loin de nous nuire, comme il arrive dans

un système bien coordonné, ces places augmentent, au contraire, nos forces actives, et se combinent avec nos propres places *a*, *c*, *b*, de manière à porter le centre de gravité général *g'* en *g''*, bien plus avant, et toujours avec une sûreté parfaite. Il faut ajouter, toutefois, la condition que nos forces disponibles, après les siéges, restent encore égales à celles de l'ennemi en campagne, et que ces places, prises ou à prendre, ne soient pas très-éloignées des nôtres; car il ne faut jamais s'appauvrir par des garnisons jetées trop en avant, et qui seraient perdues en cas d'échecs, comme on le verra par la suite.

Ceci se confirme encore mieux, en considérant ce qui arriverait si l'armée ennemie avait seulement deux places à portée l'une de l'autre, et un peu considérables.

Car, en supposant que l'armée *p* eût encore une bonne place en *z*, le centre de gravité des deux places *z* et *y*, serait, par exemple, en *r*; et en combinant ce nouveau centre *r* avec le centre particulier de l'armée active ennemie *p*, le centre de masse du système (en prenant les distances toujours en raison inverse des sommes d'hommes et de l'influence des matières ou dépôts portés aussi en compte); ce nouveau centre du système, dis-je, se trouverait en *h'* *indicateur* de l'ennemi. On voit déjà clairement que ce cas rendrait impossible la position hardie que notre armée totale g était venue prendre en marquant la place isolée y, à moins qu'on ne fût décidé à une bataille; cas que nous ne supposons pas encore, et dans lequel même notre armée g ne devrait pas prendre cette position, ayant une place ennemie à dos, en cas de retraite.

En revenant donc à ce premier cas d'une seule place y, il est clair que non-seulement cette place y s'ajoute bientôt à nos forces des places a, b, c, qui en sont censées peu éloignées, et en porte le centre de gravité plus avant; mais encore que l'armée p paraît dans l'impossibilité de continuer ses entreprises sur la place de dépôt q, son premier objet. Car, en la supposant marcher et parvenir en p', elle se trouverait non pas seulement coupée (mot insignifiant quand l'ennemi n'a pas en tête un obstacle égal à celui qu'il a en queue, comme des places fortes ou un centre g'', presqu'égal au centre actif g qui le poursuit); mais elle se trouverait encore prise entre deux feux, c'est-à-dire, entre nos deux centres, savoir : celui de l'armée active g, parvenu à dos dans sa position ponctuée g^4 et celui constant et immobile des places fortes g''. De telle sorte, qu'en joignant encore ces deux centres, et déterminant le nouveau centre général e en raison inverse des forces, notre centre général ou indicateur définitif tomberait précisément, ou à très-peu près, sur la place *q* elle-même, qui, par-là, serait couverte, ou nécessiterait à l'ennemi une bataille pour l'assiéger. Or, ceci est un cas que nous ne supposons pas encore, et que les manœuvres que nous exposons sont censées remplacer plus efficacement, en attaquant les dépôts sans défense.

Ce que nous venons d'observer dans le premier cas, celui des places rares ou isolées de l'ennemi, et sur le résultat de ces places isolées, devenues, par cela même, force additionnelle aux nôtres, est précisément le résultat des campagnes d'*Ulm* et d'*Iéna*. Car tandis que l'armée française s'élançait au sein de l'Allemagne, on voyait sa base redoutable *a b*, composée de toutes les places du Rhin, et son centre de gravité à Strasbourg. On la voyait prendre pour point objectif *Donawert*, laissant le général *Mack* et l'armée *p* parvenir en *p'*, et se diriger imaginairement sur l'Alsace, tandis que l'armée française ajoutait à son système défensif des places isolées du Wurtemberg, et jusqu'à *Donawert* même. Ainsi l'armée française s'en appuyait, avançait d'autant, et avec la plus grande sûreté, son centre de gravité général, et coupait alors véritablement l'armée autrichienne, dont le centre ou *indicateur* ne se rattachant jamais à un système de places, était toujours le quartier-général lui-même, et par-là facile à déterminer, à attaquer, à cerner ; enfin, parce qu'il avait en tête une armée égale, et derrière lui une double ligne de places françaises du premier ordre.

D'autre part, il est clair que si la ligne du Rhin ou la base *a b c* n'eût pas existé, et existé de manière à valoir une forte armée derrière l'ennemi, le mot *cerné*, toujours employé, et qui n'abuse que le vulgaire, eût eu son effet au même point pour les deux armées, en cas de revers; car l'inconvénient eût été égal pour l'une ou l'autre armée battue, puisque l'une ou l'autre se trouvait ainsi en pays ennemi (1).

Par-là encore se détruit cette objection mal fondée sur les places fortes, occupant, dit-on, beaucoup d'hommes qui seraient mieux employés ailleurs offensivement; car cet exemple démontre, entre mille autres, que leur seule inertie, leur seul appareil vaut une armée active à dos de l'ennemi. En effet, cet ennemi ne pouvant commencer la campagne par les siéges, éprouve, dès le premier instant, toute l'influence des places, même sans

---

(1) Ces principes sont absolument ceux du général Jomini, lorsqu'il dit *qu'il faut toujours se ménager des barrières naturelles, soit sous des places, soit la mer, etc., pour n'avoir à attaquer l'ennemi que sur une des faces du théâtre de la guerre, et y porter sa masse* ou son centre de gravité. (Tome 2, page 279.)

les attaquer; au lieu que leurs garnisons modiques et composées de recrues, étant réunies à la grande armée, seraient bien loin de produire cet effet d'une résistance stationnaire, immuable, qui affermit les opérations, et leur sert comme d'une base granitique, souche des opérations. Il est évident, enfin, que ces faibles garnisons, ordinairement composées de recrues et de réserves, rendues mobiles, ne feraient que suivre le sort de la grande armée, sans en améliorer les opérations et y fournir la moindre combinaison. Au reste, on le répète, ceci s'entend uniquement pour les garnisons laissées dans les places immédiatement en arrière de l'armée active; car, au contraire, pour les garnisons laissées dans les places trop en avant du théâtre de la guerre, elles sont perdues et abandonnées, en cas d'échec. Il vaut donc mieux, *en ce cas seul*, les retirer et s'en renforcer, si l'ennemi est supérieur en nombre ou en succès antérieurs, et laisser un simulacre de garnisons pour résister jusqu'au retour, ou perdre peu par leur reddition. En un mot, un rang de places coordonnées entre elles, serrées, et à dos des armées actives, est une base excellente pour elles, un asile sûr, et pour ainsi dire, un échiquier de vastes redoutes défensives et alimentaires, en cas de retraite; tandis que des places isolées, trop en avant, ne faisant pas système, et trop éloignées du théâtre de la guerre, ne sont, en cas de revers, et si l'armée disponible n'est pas égale à celle de l'ennemi, ne sont, dis-je, que comme des enfans perdus, d'inutiles grapins brisés à leur souche dans un abordage, et qui restent à bord de l'ennemi avec ceux qui s'y trouvent.

Ceci est encore plus remarquable en conséquences, quand l'ennemi agit en sens contraire avec des armées très-nombreuses. Il tourne alors successivement toutes ces prétendues lignes de places et de fleuves, à cent lieues les unes des autres; il arrive en forces contre un adversaire affaibli par d'innombrables garnisons : il le bat nécessairement, et voit tomber ensuite dans ses filets, derrière lui, tous ces défenseurs de villes éparses, qui, en bataille rangée, l'eussent vaincu par une grande supériorité numérique. Les 70,000 hommes laissés à des distances énormes, et perdus par les Français sur la Vistule, l'Oder et l'Elbe, en 1813, prouvent à jamais cette grande vérité.

Posons donc ce principe : *qu'une ligne de places à dos*, et très-rapprochées entre elles, est une excellente barrière; mais *qu'une ligne de places disséminées*, et occupées trop en avant, est un calcul funeste, *quand ces places sont trop éparses*, *fort éloignées* du théâtre de la guerre, que l'ennemi est *supérieur en forces*, et qu'enfin l'armée qui est disponible après *les garnisons placées ainsi en avant*, *ne reste pas égale à celle de l'ennemi*.

C'est sur ces principes généraux bien entendus et appliqués alors, que la campagne d'*Jéna*, en 1805, paraît avoir été calculée. Toujour la base *a b c*, plus étendue au nord, y existe, et telle qu'en armant les places du bas Rhin, au-dessous de Mayence, le résultat seul de cet armement, suite du renforcement des garnisons, portait le centre de cette base à Mayence.

Ce centre de masse (attendu que l'armée en partait) se combinait ensuite (*fig.* 12) avec celui de la base de l'armée d'observation en Bavière, centre situé à peu près à Ratisbonne, sur la ligne du Danube, ligne basée par les places de *Ratisbonne*, *Ulm*, *Ingolstadt*, etc.

Cela posé, en joignant Mayence et Ratisbonne, centres des deux bases, par une ligne, et déterminant le centre général définitif ou *indicateur* en raison inverse des masses des armées de *Mayence* et de *Bavière*, le centre général de masse ou indicateur se portait à peu près à *Virtzbourg*, où le quartier-général se dirigea en effet immédiatement. Delà les lignes d'opérations concourant toujours sur *Hof* et *Plaven*, par la droite, et sur *Erfurt*, par la gauche, à mesure que le triangle s'étrécissait, *l'indicateur*, toujours placé sur une ligne tirée de *Hof* à *Virtzbourg*, passait successivement par *Bamberg*, *Cronok*, etc., et jusqu'à ce que l'armée masquant le grand dépôt de *Hof* à *Plaven*, eût mis l'armée prussienne dans la fâcheuse position que nous avons observée en *p* (*fig.* 11), et dans la nécessité, ou de donner bataille et de la perdre en mauvaise position, ou de se reployer sur la ligne de l'Elbe, qu'elle n'eût jamais dû quitter.

En effet, supposons que l'armée prussienne, au lieu de s'avancer témérairement en Saxe, en 1805, pour en appuyer et en forcer l'armement, eût préféré à cet avantage celui d'une position bien calculée, en s'étayant d'une ligne de places, quoiqu'un peu éloignées entr'elles, et d'un grand fleuve difficile à passer pour l'armée française, en sa présence; que fût-il arrivé? Cette dernière était très-éloignée de sa base. Le triangle objectif disparaissait pour elle, et l'armée prussienne, au contraire, nous voyait arriver devant sa ligne, possédant elle-même tous les avantages dont elle a fait jouir les Français. En un mot, ce que nous avons dit pour la base *a b c* relativement à l'offensive de l'armée française, s'appliquait alors, en faveur des Prussiens, à la base de *Magdebourg*, *Vittemberg*, *Dresde*, etc., en proportion toutefois de l'infériorité du système de ces places éparses à celui de la grande frontière continue de la France.

Ce n'est pas ici le cas de rechercher quel avantage immense existe pour un peuple armé et cuirassé d'un triple rang de forteresses, attaquant au cœur, et du premier coup, des peuples dont l'organisation politique et morcelée ne permet pas de combiner d'avance sur le terrain des résistances générales, quoique l'intérêt de repousser l'ennemi soit commun à tous. Ce n'est pas l'instant de faire observer que ce manque de forteresses est la suite de l'incohérence des territoires, des opinions des souverains, des intérêts locaux, si souvent distincts de l'avantage général de l'Allemagne; il suffit de remarquer que les Français en ont habilement profité dans le temps; et que ce manque de base des opérations, quelle qu'en soit la cause, sera toujours la source des invasions que les peuples divisés éprouveront sans cesse, jusqu'à ce que, agglomérés par leur centre de gravité respectif à un centre de gravité général, ils sentent et confirment la nécessité des points d'appui dans la mécanique de la guerre, points d'appui qui ne sont autres que les forteresses; points d'appuis sans lesquels il n'y a plus de leviers en mécanique, et, par conséquent, plus de véritable combinaison de forces.

Les revers des Français, en 1813, sur ce même théâtre de la guerre, ne détruisent point cette théorie fondamentale. En vain l'on dira : « Ce même » déficit de places coordonnées existait en Alle- » magne, pour former une base aux alliés, et ce- » pendant ils vous en ont expulsé. » On répondra que les circonstances n'étaient point les mêmes, à beaucoup près; que l'exaspération était devenue générale, et la guerre entièrement germanique; on dira que les plus forts boulevards du monde, les plus terribles bases d'opérations, sont la vengeance, l'honneur blessé, et l'universalité d'opinions; que, dès lors, toute ville, tout village devient forteresse, dépôt et source de destruction; que, d'ailleurs, où le désastre a commencé, les alliés avaient réellement, et de fait, une base circulaire de forteresses et de villes de dépôts, formée par la vaste ceinture de la Bohême, de la Haute-Silésie, de la Lusace, et même de quelques places du Brandebourg, telles que Berlin, fortifié lui-même à la hâte. On peut ajouter qu'à cette base de places et de positions, se sont bientôt jointes celles de presque toutes les places de la Franconie, par la défection de la Bavière. Ainsi donc se joignaient réellement aux boulevards moraux susdits et si influens, savoir, l'opinion et la vengeance, de véritables forteresses et des positions formidables, ou des dépôts militaires réels, d'où sont venus fondre sur les Français la rage et les revers, en confirmant toutefois la nécessité d'une base fondamentale matérielle qui les appuie.

Aussi doit-on remarquer avec quel soin depuis, les alliés s'occupent de leur frontière du Rhin, d'en multiplier les places, d'en coordonner le système. La leçon a été terrible, la réaction funeste, et l'exemple ne sera pas perdu pour l'art de la guerre, s'il l'est tôt ou tard pour l'expérience ou l'ambition des cabinets.

Il reste à considérer le cas où les deux ennemis partent également d'une base *a b c*, et *m n* (*fig.* 13), armée de bonnes places, et formant une base respectable pour chacun. Il est évident que le triangle objectif devient nul plus que jamais, puisqu'aucune des deux armées n'aurait la témérité de se porter à assiéger l'une des places de la base opposée, sans avoir battu son adversaire et être maîtresse de la campagne. Si l'on prenait son point objectif au-delà des places, la témérité serait encore plus grande, et le résultat funeste. Il faut donc incontestablement, dans ce cas, que les armées en viennent aux mains, car leurs deux centres de gravité ou de masse, quelque légère variété qu'on suppose dans la force des places, ne parviendraient jamais à se porter au-delà des bases, c'est-à-dire, d'envahir le pays sans avoir repoussé les centres *g* ou *h* au-delà des lignes *a b c* et *m n*.

En effet, si les forces se portent en avant *g* en *g'*, *h* en *h'* par le mouvement des forces disponibles hors des places, les points indicateurs ou centres généraux *g* et *h* s'approcheront sans cesse, sans espérance de se prévaloir d'aucun avantage que celui du courage et de la fortune. Ce cas est celui où se sont trouvées si long-temps, et dans toutes les guerres, les armées de France et d'Autriche, sur la frontière de Flandre, hérissée alors de part et d'autre de forteresses respectables. C'est ce qui a maintenu presque constamment le centre d'action général dans la zône des frontières, parce que la masse des places et leur centre de gravité particulier, y rappelaient sans cesse le centre général, par la grande influence que ce poids ajoutait dans celui du système.

Ces grandes bases deviennent donc ici des sauve-gardes, mais rendent de part et d'autre les attaques très-difficiles, et l'on est forcé d'abandonner, pour l'instant, les grandes opérations, pour appliquer les observations que nous venons de faire en grand, sur le champ plus resserré qui rapproche les deux armées ; c'est-à-dire, qu'il faut appliquer aux *positions passagères* ce que nous venons d'observer sur les *positions permanentes*, qui sont les places fortes.

Nous observerons donc, avant de finir ce chapitre, et pour le résumer :

1° *Que la ligne des centres de gravité généraux ou indicateurs, est déterminée toujours en prenant sur la ligne qui joint les armées combinées, des points placés en raison inverse des forces numériques de ces armées ;*

2° *Que les points têtes des colonnes des armées combinées sont connus toujours, ou supposés par un chef habile, d'après les projets de l'ennemi ou les siens, et la détermination ci-dessus facile, par suite;*

3° *Que les centres des forces actives, combinés avec ceux des places fortes, sont le véritable centre de masse général* ou *indicateur, et déterminent les opérations offensives contre un ennemi dépourvu de places, ou armé de places sans système coordonné;*

4° *Enfin, que les centres de gravité* ou *indicateurs, quels qu'ils soient, et déterminés par les motifs et les moyens ci-dessus, soit avec places, soit sans places, sont les points par lesquels doivent passer le plus possible le quartier-général, les ordres, et surtout, quand les corps sont égaux* (1), *les réserves, pour être à portée d'exercer l'influence la plus rapide, la plus courte et la plus énergique, sur tous les points du système qu'on considère.*

---

(1) On doit appuyer sur cette condition *des corps égaux*, parce que ce n'est que dans ce cas que *l'indicateur* cesse d'être un point idéal, et que le centre de gravité se confond avec le centre de secours; car, en effet, il est évident que si les corps n'étaient pas égaux, *l'indicateur*, par sa position seule, indiquerait effectivement qu'il est trop loin des corps faibles, et que le centre de secours doit en être plus près; il est donc plus simple d'identifier les deux points par l'égalité des divisions en campagne.

CHAPITRE IV.

Statique des positions.

QUAND les armées appuyées sur des lignes de places, ne peuvent plus étendre leurs lignes d'opérations au-delà des territoires qui séparent les forteresses respectives, nous avons dit que les *positions passagères* intermédiaires recevaient l'application de ce qui a été avancé pour les *positions permanentes*, comme bases et poids additionnels dans le système. Voyons à quel degré ceci doit avoir lieu.

Soit l'armée *a b c* (*fig.* 14) postée sur le territoire intermédiaire aux lignes de frontières, et qui peut être ami ou ennemi. Si l'armée est en plaine et sans obstacles naturels qui l'appuient, il est clair que les trois corps *a*, *b*, *c*, balancés entre eux, ont leur centre de gravité ou de masse en raison inverse de leurs forces numériques, et en *g*. Mais si, au lieu du *corps c* ponctué désormais, il se trouve un village, un ravin profond difficile à passer sous le feu, ou un obstacle naturel quelconque, tel qu'en y jetant de l'artillerie et le quart de l'infanterie qui formait le corps *c*, il acquierre par sa force naturelle et l'addition de quelques redoutes, une force égale à celle du corps primitif *c*, il est clair qu'on pourra reporter les trois quarts du corps *c* en opérations de flanc sur l'armée qui nous attaque.

Alors le centre de gravité ou de masse général restant le même en *g*, par l'influence du village occupé et fortifié, censé équivalent au corps *c*, le corps *c* lui-même pourra, en grande partie, se porter en flanc, soit sur *a*, ou plutôt sur *c e*, où son centre de masse particulier *c'*, combiné avec le centre primitif *g* (toujours existant en même somme de formes par l'influence du village armé), donnera par l'inverse des sommes d'hommes des divisions, un centre général ou indicateur définitif en *g'*, déjà plus avancé sur l'ennemi, censé maître du territoire entier compris dans le rentrant. Nous aurons donc, par conséquent, gagné déjà du terrain ou devrons le gagner avec sûreté, puisque la base restant la même, il y a addition de forces, et avancement réel du centre général en pays conquis, sans que l'armée ait été numériquement augmentée, et par la seule influence d'une position.

Supposons qu'à gauche, à présent, il se trouve un bois épais, un marais inaccessible qui abrite des batteries, et permette, étant occupé par un petit nombre d'hommes, de détacher du corps f ponctué désormais, et qui l'occupait précédemment en plaine, les trois quarts ou une forte partie de f. On pourra ne laisser là qu'une partie du corps, et se porter ainsi sur le flanc $d\ a$ en f'. Il est clair alors que le centre général ou *indicateur*, parvenu déjà en g' par l'effet de la position de la droite, et combiné de nouveau avec le centre de masse du corps f, donnera une résultante nouvelle en g'', encore plus avancée sur le territoire ennemi, c'est-à-dire, telle que toutes les parties du système restant en parfait équilibre, et en mesure d'attaquer ou de soutenir l'attaque, on a cependant déjà gagné du terrain par le fait. Car il ne faut jamais perdre de vue que ces positions des centres de gravité ou *indicateurs*, n'indiquent pas l'action du choc, mais seulement la position où se trouve, pour arriver à ce choc, le centre général, afin d'y arriver dans la meilleure disposition possible. Quant au choc même, le résultat est le secret du ciel et de la fortune.

Il ne serait pas raisonnable d'objecter, par suite de notre observation, que puisque le centre général avance ainsi graduellement par les mouvemens de flanc, en portant donc fort loin sur le champ, et à l'infini, le corps latéral c, le centre avancerait encore davantage, et même au-delà du centre de gravité de l'armée ennemie. En effet, nous avons répondu d'avance par notre observation même. Car jamais, avant le choc ou la bataille, on ne peut présumer que le centre de gravité général ou *indicateur* d'une armée, ait dépassé l'autre, puisque pour cela il faudrait qu'il y eût choc, tandis que toutes nos manœuvres sont antérieures à ce choc, et sont seulement une disposition pour y parvenir avantageusement. D'ailleurs, par-là le corps *c* sortirait du *cercle d'activité*, puisqu'il ne pourrait être soutenu et à portée des armes en un temps très-court; il deviendrait nul ou non pesant et non agissant, comme nous l'avons fait remarquer dans le discours préliminaire et depuis. Ainsi, on posera toujours pour limites de l'avancement des corps de flanc, pour les manœuvres de position, les conditions suivantes :

1° *Que les distances des corps latéraux à notre centre général, ne peuvent pas excéder la distance de ces mêmes corps latéraux au centre de gravité général ennemi h.* Cela est évident, puisqu'il faut que notre centre *g* puisse arriver sur les corps détachés *c'* ou *f'* au besoin, au moins aussi vîte que l'ennemi *h*, qui chercherait à les couper. La distance la plus grande des corps latéraux est donc constamment donnée par celle des centres généraux ou *indicateurs* des deux armées. C'est-à-dire, que puisque les lignes *g c'* et *h c'* sont égales ainsi que les angles opposés; en joignant les *deux cen-*

tres généraux g et *h*, *et élevant par le milieu une perpendiculaire*, on aura le point de meilleure disposition préliminaire pour l'attaque de flanc.

En suivant cette loi, on voit qu'à mesure que *l'indicateur h* ou l'armée ennemie marche sur notre centre *g* pour nous attaquer, notre corps de flanc *c* peut se rapprocher et serrer de plus près l'armée *h*, en marchant sur le rayon $g\,c'$. Dans cette marche, il doit se tenir toujours à égale distance des deux centres généraux sur cette ligne $g\,c'$, jusqu'à ce qu'enfin, dans le choc, c'est-à-dire, quand les *indicateurs g* et *h* se trouvent près l'un de l'autre, notre *indicateur* général *g* se trouve augmenté en effet de la force *c* entière, qui prend à dos l'armée *h*, tandis que la force *g* en tête reste la même que ci-devant, et le tout par *la seule influence préliminaire du village occupé* devant *c*. On voit clairement que cette position armée a maintenu au centre général *g* sa force première, malgré qu'on eût détaché le corps c', et fait ensuite que la masse de ce corps s'y ajoute bientôt comme un véritable corps auxiliaire, quoique l'armée n'ait réellement pas été augmentée numériquement.

Cette observation nécessite aussi celle que les corps latéraux soient forts, pour que le centre de gravité ait une progression sensible en avant. Autrement, le levier restant court par la limite que nous venons de fixer, le centre général ne s'avancerait pas sensiblement, et la diversion n'en vaudrait par la peine.

De ces premières remarques, il résulte que les obstacles naturels, et défendus avec un petit nombre d'hommes, représentent de petites places armées ayant une garnison déterminée, et produisent ainsi, proportionnellement, sur le centre de masse ou *l'indicateur*, les mêmes effets que nous avons remarqués en y combinant le centre de gravité des places.

En déterminant donc la résistance naturelle présumée des positions, les évaluant égales à telle place ou tel nombre d'hommes, par les moyens que nous indiquerons plus bas, on reconnaîtra la position définitive des *indicateurs* ou du centre d'action général, et la force des corps latéraux qu'on peut détacher, ainsi que la distance à laquelle on peut les porter sans inconvéniens.

Les positions près des rivières et des mers, offrent encore de plus grands avantages.

Soit l'armée *a*, *b*, *c* (*fig.* 15), appuyée par sa droite sur la rivière ou la mer *s*. Il est évident que, par les mêmes motifs indiqués ci-dessus, relativement au village *c*, la rivière garantira d'une attaque latérale la division *c*; et que, comme l'ennemi ne s'engagera pas dans le rentrant *b c s*, on pourra détacher une grande partie de l'aile *c*, pour agir latéralement en *a b*, ainsi que nous l'avons exposé ci-dessus. Mais il est facile de voir aussi qu'en gagnant ainsi du terrain en pays ennemi, en s'épaulant à droite de la rivière en *s*, l'ennemi *h* peut en faire autant pour sa gauche, et détacher une même partie de son corps *e*, pour se porter sur notre flanc *d a*, au point *f*, où, trouvant le corps *c'*, la proportion dans les forces et dans les positions reste la même pour les deux armées. Ce n'est donc réellement un avantage pour l'une d'elles, qu'autant qu'elle aura sur le flanc opposé à la rivière, une bonne position à occuper, par exemple, *a*, qui ne permettant plus de craindre le corps latéral détaché *f* devant *c*, permettrait au contraire de détacher, outre le corps *c*, encore partie du corps *a*, fortifié par sa position, pour renforcer l'attaque latérale, pousser l'ennemi sur la rivière ou la mer, et, cette fois, en tirer seul tout l'avantage qu'elle peut donner. Il paraît donc bon, en principe, de marcher toujours, en pareil cas, à la rencontre de l'ennemi, en occupant les positions de flanc qui ne seront pas trop éloignées des rivières ou des mers, pour en éloigner en effet, et sûrement, notre centre de gravité ou *l'indicateur*, et y jeter celui de l'ennemi.

Afin de remplir cette condition et de gagner les positions parallèles à la rivière, il est indispensable de marcher en ordre oblique, refusant sa droite, affaiblie à dessein et appuyée à la rivière, et renforçant la gauche *a*, qui forme tête, et va chercher les positions fortifiées qui peuvent se présenter successivement.

Il est clair que dans cet ordre, notre droite étant toujours hors d'attaque, par l'effet du fleuve ou des mers, et la gauche restant la plus forte, le centre de masse général est en *g'* plus éloigné des fleuves qu'en position ordinaire horizontale. On voit alors que si l'ennemi ne suit pas le même principe, et se borne à marcher parallèlement à lui-même, ayant son centre de gravité en *h*, milieu de *d e*, quand l'armée *h* sera parvenue à portée de l'armée *a b c* postée dans son ordre oblique, il arrivera de ces deux choses l'une : ou bien l'armée *h* s'engagera dans le rentrant, cas où son centre de masse se rapprochera de la rivière, et risquera de plus en plus d'y être jeté; ou bien elle attaquera de suite, et sera attaquée dans l'ordre où elle se trouve, position fâcheuse, puisque l'armée *a' b' c'* a, par l'effet de la position armée *a*, son centre de gravité ou *indicateur* en *g'*, bien plus éloigné qu'en *h'* de la rivière, et a, pour ainsi dire, le levier *g' m* autour du point de rotation *m*; tandis que l'armée *h'* n'a que le levier bien moindre *m h'*.

Il faut remarquer, au surplus, que cette dernière application du levier aux distances *g' m* et *h m* des centres de gravité généraux, ou *indicateurs* des deux armées, n'est exacte qu'en ayant des leviers homogènes, c'est-à-dire, des lignes d'hommes égales en épaisseur sur les deux fronts des deux armées en nombre et en force.

En effet, le calcul des équilibres ou du levier n'est basé que sur l'homogénéité des bras de levier, et un levier double ou triple ne donne effectivement une force double ou triple au poids ou à la force appliquée à son extrémité, qu'autant qu'il pèse deux ou trois fois précisément ce que pèse le bras opposé. De même les lignes d'hommes ne formeront levier effectif qu'autant que leur levier double ou triple présentera en longueur continue ou à portée de secours mutuel et efficace, une ligne double ou triple d'hommes agissant autour du point d'appui de la place ou de la rivière qui forme pivot.

Il suit de cette observation, qu'il faut nécessairement que l'armée qui a le plus grand bras de levier, soit notablement beaucoup plus forte numériquement que son ennemi, ce qui doit être en effet pour que la ligne ne soit pas percée. Cela est d'autant plus nécessaire, que le centre de gravité ou *indicateur* g', peut être porté quelquefois assez loin du pivot, par l'influence seule des positions qui, comme nous l'avons dit, n'augmentent pas la force numérique en hommes, quoiqu'augmentant la force totale et réelle.

Ceci ne dit pas, au surplus, que les lignes

d'hommes doivent être continues sur les fronts d'opération *a c*, *g m* ou *d e*; mais seulement qu'elles doivent être homogènes pour les deux armées; c'est-à-dire, puisqu'il s'agit ici de lignes de grande position sur un territoire, ou *de stratégie*, et non de champ de bataille encore, que, soit que les corps soient continus ou éparpillés sur ces lignes de front, la lieue de terrain horizontale, par exemple, doit contenir, dans chaque armée, le même nombre d'hommes, de manière que la proportion entre les lignes qui forment levier, ne dépende que de leur longueur, puisqu'elles auront la même force numérique par espaces égaux.

Ce principe de se ménager des rentrans entre les rivières, les mers ou les obstacles naturels en général, et la tête des ailes droites ou gauches des armées marchant parallèlement à ces rivières ou obstacles, a constamment été démontré, soit par la théorie, soit par de grands succès respectifs, dans les dernières guerres, pour ceux qui ont adopté cette méthode. Nous les citerons successivement.

Dans les premières guerres d'Italie, en 1795, les rives du Pô, du Danube, n'ont été cotoyées que par des corps français médiocres, tandis que des ailes très-fortes, portées en avant, mais à une grande distance des fleuves, balayant ce qui se présentait de face, procuraient par-là des rentrans très-considérables entre elles et les fleuves; rentrans où l'ennemi ne pouvait ou n'osait rester. Ces ailes parvenaient ainsi rapidement jusqu'au cœur de l'Autriche et de l'Italie, poussant devant elles, ou plutôt laissant de côté un adversaire qui s'en laissant trop imposer par le grandiose de ces opérations, résistait partiellement ou se perdait dans ces vastes entonnoirs, bientôt dépassés et annullés, quand les têtes de nos ailes opposées aux rivières, avaient gagné, pour appui définitif, des places fortes ou la capitale des états.

Au reste, on verra plus bas quelles sont les limites et les conditions qui rendent ces grandes opérations efficaces ou qui les font échouer vis-à-vis de généraux intrépides qui ne s'étonnent point des manœuvres téméraires et des vains mots de *cerné, tourné*, etc., expressions vides de sens, quand on est plus fort sur un point que celui qui vous enveloppe.

C'est ainsi cependant que l'armée française, dans les premières campagnes d'Italie, en l'année 1795, portait constamment son centre de gravité (1) ou de masse général, parallèlement au Pô, mais à une distance de quinze lieues au moins, en passant par *Milan*, *Brescia*, et jusqu'à *Mantoue*. Par cette

---

(1) L'auteur sent combien le mot *centre de gravité*, revenant sans cesse, est fastidieux pour le lecteur, mais il n'existe pas de synonyme pour ce point mathématique.

manœuvre, les armées autrichiennes se croyaient forcées d'évacuer les rentrans, pour n'être pas jetées dans le fleuve, ou y résistaient dans une position désavantageuse, parce qu'elles n'en seraient sorties qu'en divergeant, quand les ailes françaises convergeaient toutes sur elles.

La campagne de Berlin, en 1805, nous semble venir encore à l'appui de cette manœuvre hardie. L'armée française, après le passage de l'Elbe, n'a pas été dirigée parallèlement au cours du fleuve, pour poursuivre les armées de Blucher, et autres corps isolés, se divisant suivant les principes prussiens dans les retraites. Le centre général ou *l'indicateur* français, s'est porté de suite sur Berlin même, où il joignait à l'avantage moral immense de frapper au cœur la monarchie prussienne et de s'enrichir de ses forces matérielles, celui de se donner un angle rentrant entre l'Elbe et le gros de l'armée française, angle dans lequel le général Blucher a bien senti qu'il ne pouvait se jeter sans être enveloppé. C'est cette brillante disposition qui a fait tomber, comme d'un coup magique, *Magdebourg*, hors d'état d'être secouru, ainsi que toutes les forces intermédiaires; et enfin, jusqu'au corps de Blucher même, qui, malgré sa noble résistance, a dû céder à un vaste plan vaillamment exécuté au coup final de Lubeck. Mais il faut remarquer ici que l'armée française était assez nombreuse pour faire face à tout, et ne pas rendre vaine l'expression de *cernement;* que, d'ailleurs, Magdebourg, où commandaient de très-vieux généraux, terrifiés par ces premiers revers, a joué dès lors le même rôle qu'il a joué pour les Français, en 1813, époque où il s'est rendu également, après avoir été dépassé, et sans coup férir.

Le corps d'armée qui marchait sur Berlin, soit par l'effet de sa force réelle, soit par celui de l'opinion (car cette dernière influe aussi notablement sur les centres, quant à l'effet moral contre l'ennemi), portait toujours le centre de masse ou *l'indicateur* français, à un degré très-fort et très-éloigné de Magdebourg, considéré comme point de rotation. L'ennemi, dans tous les cas, aurait donc trouvé ou un rentrant funeste, ou des corps à portée de lui faire tête, s'il eût tenté de percer.

Le passage du grand Saint-Bernard, par l'armée d'Italie, vient encore à l'appui de cette théorie, souvent avantageuse, d'une marche oblique aux obstacles presqu'insurmontables, tels que les monts bien fortifiés, les grandes rivières, et surtout les mers, sur lesquelles on cherche à pousser l'ennemi, s'il reste dans les rentrans.

En effet, l'armée, après avoir forcé le fort de Bard, descend sur *Ivrée*, *Verceil* et *Alexandrie;* elle place l'armée de Mélas dans un vaste rentrant, entre elle, nos places des Alpes et le golfe de Gènes. Le général autrichien, étonné, ne peut croire à cette manœuvre hardie; il ne peut se résoudre, néanmoins, à évacuer le rentrant sans livrer bataille sous Alexandrie : il la perd (1); et sa capitulation, qui paraît, au premier coup-d'œil, humiliante pour une journée où les pertes n'avaient pas été très-disproportionnées, est évidemment le résultat forcé de la position fâcheuse où il se trouve, entre la mer, les Alpes fortifiées, et le Pô, que les Français occupaient à *Plaisance*, sa seule retraite.

Les opérations de l'armée française en Pologne, contre les Russes, en 1810, paraissent toujours résulter en partie de ce principe hardi, de se former une des lignes d'opérations par de grands obstacles naturels, pour avoir toutes ses forces disponibles sur l'autre ligne.

Ici, c'est la Vistule qui forme la barrière de gauche (*fig.* 16). L'armée française débouche de

(1) Chose étrange et peu connue, chacun des généraux en chef, Mélas et Bonaparte, crut avoir perdu la bataille. Je tiens de la bouche même du maréchal B**, qu'à minuit, Bonaparte, d'après ses pertes énormes depuis San-Giulano, lui disait : *Faut-il faire retraite ?* lorsqu'à l'instant le major-général autrichien Zach entrant dans la tente pour proposer la convention de Plaisance, pour Mélas, soudain Bonaparte se ravisa fièrement, et connut toute l'étendue du succès que lui avait procuré la réserve et la belle conduite des généraux Desaix et Kellermann.

Varsovie sur sa droite, par le superbe camp retranché de Praga, avec toutes ses forces, porte son centre de masse général en avant, donne un rentrant funeste à l'ennemi, et l'attaquant en *i* au moment de sa retraite, fait tomber non-seulement ce centre de masse général ou *l'indicateur* sur les centres isolés russes, mais encore fait tomber *Kœnisberg*, etc., et tout ce qui se trouve dans le rentrant. Il est évident que la Baltique forme en tête, ici, le même obstacle que le golfe de Gènes formait pour l'armée d'Italie, lors de la campagne de Marengo, où les Alpes offraient aussi pour les Français (relativement), la barrière qu'offre ici la Vistule (1).

Mais nous ferons toujours observer que, pour des opérations aussi hardies, il faut que les armées qui hasardent ces manœuvres soient très-nombreuses, très-supérieures en tout point à un ennemi qui consulte trop les cartes du terrain, et s'y croit toujours enveloppé. Je dis très-nombreuses, surtout, afin que notre *indicateur* ou centre de gravité général *g*, se trouve sur la ligne qui joint le point de départ ou de rotation, et le point d'attaque de la tête, et s'y trouve à une distance de

(1) C'est toujours le principe du général Jomini, constamment mis en action, *celui de se ménager des barrières naturelles, telles que de grands fleuves, la mer, etc., sur les faces du théâtre de la guerre, autres que celles où l'on porte toutes ses forces actives* (tome 2, page 279).

notre tête au plus égale à la distance du centre ennemi à cette même tête.

Or, pour que *g* se trouve sur *b i* (*fig.* 16), placé en raison inverse des forces, et à portée de secourir tous les points de *b i*, il faudrait, pour que *g* fût seulement au tiers de la distance *b i*, à partir du point *i*, que l'armée *i* étant de 90,000 hommes, par exemple, il en restât, en outre, 45,000 sur *b g*, puisque le levier ou la distance *b g* est double de *g i*. Mais, d'autre part, l'établissement du camp retranché formidable de Praga, ayant à lui seul une influence présumable de 15,000 hommes environ dans le levier, par ses retranchemens seuls, 30,000 hommes effectifs suffisent pour opérer l'effet total des 45,000 prescrits. C'est ce qu'on a fait: 30,000 hommes ont suffi pour resserrer le rentrant et le balayer après, tandis que les 90,000 en *i* marchaient en avant. Telle est, j'ose le croire, la marche mécanique la plus sûre, pour calculer de telles entreprises, à part l'influence de l'opinion de l'ennemi, et des ruses par lesquelles on peut lui persuader que la ligne *b i* est en force de résister, pour porter ensuite tout en tête, à l'abri de cette supercherie.

Ainsi (*fig.* 16) *a b c* étant la Vistule, ou l'Elbe ou les Alpes, dans les trois campagnes susdites, il fallait, ce semble, que l'attaque de tête fût toujours à portée d'être secourue par notre centre général *g*, aussitôt qu'attaquée par l'ennemi *h*. Il fallait, c'est-à-dire, que *g i* fût constamment égal à *h i*; et pour cela, il fallait que les divisions d'abord en échelons sur la ligne *b i*, se serrassent vers *i*, à mesure que l'ennemi *h* approchait de ce point; de manière que les deux centres de masse générale des adversaires *h* et *g* arrivassent en même temps en *i*, si l'ennemi s'y décidait et ne faisait pas retraite, cas, enfin, où notre armée se trouvait alors relativement plus forte, tout ce qui était en *b g* ayant alors rejoint au point *i*.

Actuellement, la raison pour laquelle il faut que notre centre de masse ou *indicateur* soit primitivement en *g*, environ au tiers de *b i* est claire. Car si l'ennemi tentait par un coup désespéré de percer la ligne *b i*, il faut que notre centre de masse général *g* soit également à portée de s'y trouver. Or, il ne peut se trouver en effet sur *b i*, s'il n'y a pas des corps assez nombreux intermédiaires entre *b* et *i*, pour y rappeler réellement le centre de gravité ou *indicateur* général, et si, pour ce faire, l'armée n'est pas plus forte que celle de l'ennemi, ou du moins présumée telle par lui; ce qui est arrivé très-souvent dans les dernières guerres, et ce qui produit le même effet, quant aux opérations.

Mais on ne cessera de répéter encore qu'il faut, pour ces grandes opérations, qu'on appelle avec un éclat souvent trompeur, *vastes rentrans offerts à l'ennemi, prises de flancs, cernemens*, etc., il faut, dis-je, des armées très-nombreuses, très-aguerries, très-lestes, enhardies par de nombreux succès, et qui puissent être considérées réellement comme des *lignes solides*. Il faut avoir affaire surtout à des généraux ennemis plus tacticiens qu'énergiques, et qui s'effrayant des lignes d'hommes tracées continues sur les cartes, mais qui sont si clair-semées sur le terrain, se croyent alors perdus, enveloppés, et se rendent. Au contraire, si on a affaire à un général ferme et avisé sur ces méthodes trop hardies, qu'il soit appuyé de troupes intrépides, dociles, et qui ne connaissent d'autre côté que celui où est l'ennemi, d'autres boussole pour s'orienter que leurs baïonnettes, alors on n'est jamais *cerné*, *tourné* ou *pris* : on se fait jour, et toutes ces grandes opérations perdent beaucoup de leur effet. Le moral de l'ennemi et la disposition du pays doivent donc être les principaux guides pour se servir de ces grandes manœuvres ou pour se resserrer à propos; et la nature des hommes et des événemens, dans les dernières guerres, ont prouvé à jamais la vérité de cette observation.

En effet, les alliés n'ont pas été long-temps dupes du grandiose de ces mouvemens. Ils se sont aperçus bientôt qu'ils ne devaient être efficaces que sur des cartes d'une petite échelle, et non pour des armées dilatées et manquant de tout. Ils ont agi en conséquence : ils ont offert eux-mêmes alors des rentrans où les lignes solides n'existaient que pour eux seuls, bien alimentées, très-serrées et soutenues par le pays; tandis que les lignes d'opérations françaises devenaient imaginaires et ponctuées de fait, par suite de la faim, de la dispersion, et surtout de l'hostilité générale des habitans.

Ainsi donc, pour citer loyalement en faveur de l'art, les revers comme les succès, c'est ainsi que, dans la campagne de Russie, en l'an 1813, le général Kutusoff, par une retraite combinée, et malgré ses échecs partiels, usait graduellement, par des combats journaliers, la tête de la pyramide offensive française, et la portait insensiblement à quatre cents lieues de sa base. Pendant ce temps, sur ses flancs, se préparaient les attaques de Saken et de Witgenstein, qui (par suite de la défection des Prussiens dans l'armée du duc de Tarente et de la nullité volontaire des Autrichiens en Gallicie et en Volhinie), coïncidant et fermant chacun leur rentrant à Vilna et en Lithuanie, y trouvaient l'armée française en retraite, ruinée par le climat et la misère. Ils confirmaient ainsi les avantages de ces opérations des rentrans, quand celui qui cerne est réellement corps solide par sa forte organisation et par la bonne disposition du pays en sa faveur, qui forme ainsi continuité de force, tandis que le *cerné* devient corps ponctué, et vraiment annullé par toutes les causes de destruction réunies.

Ainsi encore, quand les alliés ont fait évacuer la Saxe, en 1813, ils ont offert deux rentrans aux Français déjà fort affaiblis par les corps d'armée laissés à Dresde, au camp de Pirna et à Magdebourg : le premier rentrant traçant une ligne par Dessau, s'avançant sur la Saal, presque jusqu'à la hauteur de Leipsick; le second, passant par les défilés de la Bohême, dans une direction à peu près parallèle. De sorte que ces rentrans forçant déjà l'armée française d'abandonner l'Elbe et ses corps d'armée isolés à leurs propres forces, celle-ci a dû faire face avec des troupes exténuées, à des armées plus nombreuses et plus alimentées en tous points, et leur céder le terrain. Mais il faudra observer encore ici que les rentrans susdits étaient réels, et formés par des lignes véritablement solides; car, à des lignes d'hommes colossales, telles que celles des armées alliées très-nombreuses et très-serrées, se joignaient efficacement, et comme seconde ligne ou double épaisseur, les défections des alliés latéraux de Bonaparte, l'insurrection générale allemande et la privation de ressources de tout genre pour les Français.

Ces grandes opérations, on le répète, n'ont donc d'efficacité que lorsqu'elles ont l'initiative de la surprise, et la certitude de l'indifférence ou de l'inaction parfaite du pays, comme dans les premières campagnes d'Italie et de Prusse, pour les

Français ; ou bien lorsque, une fois connues, elles ont au moins, pour les exécuter, des armées très-fortes, très serrées, et tout le pays en leur faveur, corroborant ainsi le rentrant, et doublant la solidité effective des leviers et des lignes d'opérations (1).

CHAPITRE V.

Statique ou influence mécanique des positions verticales, c'est-à-dire, des monts, rochers, ravins, et des retranchemens artificiels ou naturels, etc.

Outre l'effet horizontal résultant des obstacles naturels, fortifiés et évalués égaux à telle ou telle

(1) A part ces restrictions, les opérations de Bonaparte en Saxe, étaient statiquement très-bonnes; mais la sombre politique devait les faire échouer. Et il faut convenir qu'il était bien mal informé des *dispositions secrètes* de la plupart de ses alliés; car l'auteur de cet ouvrage avait vu plusieurs lettres confidentielles de petits princes et de grands généraux allemands, où tout annonçait leur desir extrême d'une défection, depuis 1812, quoiqu'ils parussent fort zélés en apparence; on y appelait constamment Napoléon *le monstre!* quand les notes diplomatiques de ces cours en faisaient un dieu. Après cela, fiez-vous aux traités, et n'écoutez que vos entours!

place, ou tel ou tel corps d'armée, il existe une addition réelle à cet effet, résultante des plans inclinés, des abris, et des moyens d'industrie, effet qui n'est pas à négliger, quand les troupes viennent au choc. Quoique la place mieux choisie de cette remarque, soit à l'action des chocs ou des combats, cependant, puisque, dans les positions même, cet effet doit être évalué, nos allons en dire un mot de suite, sauf à en parler plus à propos et plus longuement à l'article des batailles.

Soit la position *a* (*fig.* 17), sur une montagne ou sur un rocher, escarpé du côté *b*, de manière à être inaccessible. Il est clair, qu'indépendamment des obstacles horizontaux résultans de la difficulté de gravir, ainsi que du môindre effet des coups sur un but en l'air, qui n'offre que peu de prise, et sous un angle tel que l'artillerie crève ses affûts, ou porte trop bas, quand tous nos coups, au contraire, peuvent être plus sûrs; il est clair, dis-je, qu'on a très-à-propos évalué cette position comme équivalente, quant à son effet horizontal, à une petite place ou à un corps de troupes.

Cherchons d'abord, d'après une position donnée et une fortification passagère donnée également, à quel fort ou nombre d'hommes une position horizontale, retranchée et armée d'artillerie, peut être évaluée. Nous chercherons après l'effet vertical additionel résultant du choc et de l'avantage de la position.

Je crois pouvoir poser en fait qu'une pièce de position, chargée à cartouches, remplace, par son feu divergeant, un nombre de fusiliers égal à celui qui serait placé sur un arc situé à 150 toises (portée du fusil), coupant à cette distance la ligne de tir, *maximum* du coup à mitraille de but en blanc. Je m'explique.

Soit la pièce de position *a*, chargée à mitraille (*fig.* 18). Le biscaïen a pour portée, de but en blanc, 350 toises environ, jusqu'à l'arc *pq*. Qu'on retranche sur *ap* et *aq*, à partir de l'arc *pq*, les lignes *pn* et *qs*, chacune de 150 toises, portée du mousquet ordinaire ; et ce, pour avoir le meme effet présumé sur l'ennemi, se plaçant sur l'arc *pq*. Il est clair à présent, que la pièce seule à cartouches, fait autant d'effet sur l'arc *pq*, que le feu de mousqueterie *rs*; puisque ce dernier embrasse le même arc, et que si, d'une part, les coups de mitraille sont un peu moins serrés, ils sont bien autrement mortels et mieux ajustés que la mousqueterie, dont moitié, ou plutôt sept huitièmes, passe par-dessus la tête.

Or, l'expérience prouve qu'une pièce à mitraille embrasse, de but en blanc par sa gerbe, horizontalement, un arc de 100 toises environ, à la distance de 350 toises. En retranchant donc 150 toises, pour trouver l'arc qui correspond à un pareil effet en mousqueterie, on trouvera un arc *rs* de 58 toises. D'où il suit qu'en position horizontale, 58 toises de ligne d'infanterie, sur trois rangs, ne font que l'effet d'une bonne pièce de position à cartouches; c'est-à-dire, que cette pièce équivaut par son feu à celui de 348 hommes environ.

On a ainsi toujours un moyen simple de connaître à quelle circonférence d'hommes, sur trois rangs, une position donnée horizontale, retranchée en terre et armée de batteries à cartouches, peut correspondre. Il serait donc facile de dresser des tables de positions horizontales, par lesquelles on évaluerait ce qu'un plateau retranché, ou un village, ou le milieu d'un marais, armés de pièces à cartouches, peuvent valoir d'hommes en ligne, et en faire l'application sur le terrain, suivant la grandeur de ces positions. On connaîtrait par là quels corps ils suppléent, et peuvent être par suite détachés en flanc, comme nous l'avons exposé dans les positions de flanc, précédemment.

— Supposons à présent que le plateau *a* cesse d'être horizontal, en s'élevant verticalement sur lui-même par son centre. C'est ici qu'il en résulte encore un plus grand avantage pour l'attaqué, par l'effet de son tir sur celui qu'il reçoit, et par l'effet de son choc en plan incliné. Car supposons que le plateau s'élève et devienne *m n* (*fig.* 17). Si le côteau est très-roide, l'artillerie de l'assaillant, pendant qu'il monte, ne pourra agir en aucune manière sur le plateau; tandis que l'attaqué peut au moins ricocher le côteau, et y lancer ses boulets et sa mitraille. Il est clair que dans cette position de l'angle du côteau, beaucoup plus grand que six degrés, toute la gerbe de mitraille de l'attaqué effleure au moins le flanc de la montagne, jusqu'à ce que le biscaïen fiche en terre, et qu'en sus, tous les coups supérieurs à l'axe de la gerbe, ou du coup de mitraille, vont porter plus loin paraboliquement, et ne sont pas perdus.

Au contraire, l'ennemi venant au plateau avec de l'artillerie, ou tire de trop loin, ou ne peut tirer si l'angle est trop grand; et, put-il tirer par fois, quelle différence en moins dans son effet! L'axe seul de son cône de feu peut alors porter; la demi-gerbe inférieure fiche et se détruit dans le côteau même, et la supérieure se perd dans les airs, au-dessus du plateau en *m n*. A mesure que le cercle d'attaque *o* se resserre, le même avantage d'artillerie subsiste pour le plateau, et l'avantage de mousqueterie augmente pour ce dernier, puisque le cercle *o* ennemi se ressere et reçoit ainsi plus de coups, le cercle du plateau restant constant. Enfin l'assaillant étant censé arriver, malgré ses pertes, près du plateau *m n*, ne peut plus attaquer que par un cercle *m n* égal à celui de l'assailli, et c'est ici que ce dernier doit toujours se précipiter sur le plan incliné, pour profiter de tous ses avantages. En effet, il a éclairci l'assaillant, son artillerie seule existe, son effet a été constant, il ne trouve qu'un front égal au sien. Si donc il s'élance sur le plan incliné et qu'il joigne son choc de masse à un feu bien bien ajusté, nul doute qu'à front égal, et avec tant d'avantages, il ne culbute constamment l'assaillant.

Ces avantages reconnus, si l'on recherche plus particulièrement celui qui résulte du choc même des corps, soit par leur masse après le tir du fusil, soit par l'effet de la baïonnette adaptée à ces mêmes fusils, et poussée sur des plans inclinés, on verra, que sous un angle de côteau de 30 degrés seulement, il faudra 14 rangs d'assaillans pour faire équilibre à un rang d'assaillis, d'après la décomposition des forces, et d'après leur calcul, par suite exprimés par les rectangles, *a b c p* et *f h g q*, (*fig.* 19).

Ce cas des angles moyens étant le plus commun, on juge combien dans cette hypothèse même, une sortie sur le plan incliné est décisive, puisqu'il faut, calcul fait sous l'angle de 30 degrés (*fig.* 19), 42 hommes contigus à l'assaillant, et serrés l'un devant l'autre, pour faire le simple équilibre à un assailli de trois rangs, et que le choc de chaque assaillant n'excède pas 10 livres sous cet angle élevé, d'après la décomposition des forces *a c* et *f h* (*fig.* 19). Mais de cette nécessité de se jeter hors des lignes, et des positions, pour culbuter les assaillans sur les côteaux, au moment où ils arrivent sur le plateau, il ne s'ensuit pas qu'il faille aller plus loin sur la pente, et risquer au-delà une lutte de feux et de corps. Car, au contraire, alors l'avantage serait pour l'assaillant, s'il a le bon esprit d'attaquer en tirailleurs et non en masse. Tous ceux qui ont fait la guerre de montagnes, ont dû observer que le soldat charge et tire bien plus aisément en montant qu'en descendant les côteaux rapides, où il est occupé, dans ce dernier cas, à veiller sur ses pas, et à se retenir aux broussailles.

Les avantages de l'assailli, ainsi que nous l'avons exposé, n'ont donc lieu que pour son tir d'artillerie, pendant toute l'ascension de l'attaquant, dont l'artillerie est alors sans effet. Ils ont lieu aussi pour sa mousqueterie, mais au moment seulement où l'ennemi aborde le plateau en désordre, et reçoit un feu plus serré. Enfin, le choc de masse est encore tout à l'avantage de l'assailli au premier instant, si l'attaquant aborde le plateau en masse serrée, et si, comme on le répète, le premier se borne à un premier choc, sans descendre trop bas sur le côteau, où il aurait du désavantage. D'où il suit, par ces trois motifs, tous en faveur des dispositions élevées, que ceux qui les attaquent ne doivent le faire qu'*en tirailleurs nombreux, mais épars, convergens ensuite, et morcellans la défense;* tout cela précisément parce que l'intérêt de l'attaqué est d'être abordé en masse comme nous l'avons démontré, et qu'il faut dès lors agir en sens inverse de cet intérêt (1).

A l'attaque de la montagne de Cossaria, position célèbre lors de l'invasion du Piémont, en 1795, et où le seul côté accessible est de plus de 45 degrés, l'autre côté étant à pic, le marquis de Provera, lieutenant-général des armées du roi de Sardaigne, se borna à soutenir avec fermeté, mais avec ses feux seulement, trois attaques consécutives sur le château ou la masure de Cossaria. S'il fût sorti impétueusement, après sa canonnade, sur le plan incliné, avec ses 3000 hommes, sur trois rangs, et qu'il eût frappé les assaillans éclaircis et nullement coagulés, avant qu'ils eussent gagné le plateau, position horizontale, où l'avantage immense du plan incliné cesse, nul doute qu'il n'eût culbuté maintes fois les attaquans avec une perte considérable. Peut-être la malheureuse

---

(1) Observation communiquée par le comte de Blumenstein, général d'artillerie prussien distingué, et mon camarade de promotion dans le corps du génie français, en 1784.

scène du Col d'Exiles eût été renouvelée, si ce n'est quant au résultat, du moins quant à la perte d'hommes, et l'on se fût rappelé un instant le chevalier de Belle-Isle, tout aussi brave, mais moins heureux dans son attaque, parce que l'ennemi sortit alors sur le rampant, et précipita sur les Français, et son corps et des masses énormes de rochers. Il est prouvé aussi qu'à Cossaria, les Français eurent, comme nous l'avons conseillé ci-dessus, le bon esprit d'attaquer en tirailleurs nombreux, d'éparpiller ainsi le feu de l'ennemi, et d'arriver sur lui rapidement de tous côtés, de manière à rendre l'effet de sa charge très-problématique.

Le général Rampon, à la redoute de Montelegino, ne suivit pas l'exemple du marquis de Provera. Il s'élança maintes fois à la tête de ses braves soldats sur le plan incliné, et c'est ainsi qu'il maintint sa position contre plusieurs attaques réitérées de l'ennemi, attaques qui eussent enfin réussi, s'il eût attendu que ce dernier mît le pied sur le petit plateau qu'il occupait.

Il faut convenir aussi que dans les positions verticales, les Français agiles, jouissent de quelques avantages. C'est ce qu'on a vu au col de Tende, et à tous les passages de l'armée frnçaise, lors de sa première entrée en Italie.

Dans la dernière guerre d'Espagne les montagnards écossais, les Catalans et les Biscaïens, se sont distingués aussi dans ce genre d'attaque et de défense.

A la bataille de Busaco, après la prise de Ciudad-Rodrigo, on a vu les montagnards écossais, après avoir tenu avec fermeté sur la sommité de la position de Busaco, s'élancer dans les ravins presque à pic avec une agilité prodigieuse, se former par les talus escarpés de ces ravins des parapets naturels, d'où ils fusillaient et débusquaient les troupes françaises; puis, cachés ainsi, tirant à fleur de terre, et cotoyant sans cesse par le flanc les assaillans, déterminer leur retraite et même celle de la cavalerie, qui ne pouvant les atteindre ni même les voir, se retira au pied de la montagne, où la roideur des côteaux la força de rester.

On pourrait encore citer mille autres faits de ce genre dans cette guerre de montagnes en Biscaye et en Navarre. C'est ici le cas d'examiner et de prouver la nécésité de s'élancer également des retranchemens artificiels sur l'ennemi qui les attaque, aussitôt qu'il a été éclairci par le feu, et qu'il est à portée de s'élancer lui-même dans l'ouvrage de campagne.

Car, tout ce que nous avons dit et calculé (*fig.* 19) sur l'obstacle naturel, s'applique parfaitement ici aux reliefs artificiels, tels que *redoutes*, *lignes* et abris quelçonques en terre, destinés à se couvrir d'abord contre les attaques d'un ennemi supérieur. En effet, la régularité de ces masses élevées ne change pas le calcul.

Quel est le but primitif d'une redoute, d'un retranchement? 1° de couvrir d'abord l'attaqué des coups de feu; 2° de masquer son artillerie; 3° de lui donner une supériorité relative dans le choc, s'il est possible.

Jusqu'ici, en général, les deux premiers buts seuls sont remplis. Les coups de l'assaillant sont d'ordinaire de peu d'effet, sur un ennemi couvert jusqu'au menton. L'artillerie souffre assez peu de front, et ne s'éteint que par les coups de flancs et les enfilades, si difficiles sur un aussi petit espace qu'une redoute. Mais on voit presque partout, qu'une fois arrivé à 50 toises, avec désavantage à la vérité, l'assaillant s'élance à la course, parvient rapidement dans le fossé, où il n'est point vu, gravit le parapet de la redoute, et profite lui-même alors du relief de l'assailli pour le charger et le culbuter avec avantage, dans le milieu de l'ouvrage, où il se rend ou périt. De sorte que tout retranchement attaqué est retranchement pris, en général, à moins d'escarpement ou d'abbattis prodigieux.

Si, au contraire, après avoir profité du couvert du relief pour la mousqueterie et le feu d'artillerie; après avoir éclairci par là l'assaillant, on s'élançait sur le parapet au moment où il descend dans le fossé, et qu'on fondît sur lui par des rampes en madriers ou en fascines, préparées à la hâte, on obtiendrait tous les résultats de la fig. 19, outre ceux des feux supérieurs et des couverts primitifs. Un retranchement aurait alors tous ses avantages, savoir : *abri* et *choc ;* tandis qu'il n'offre réellement que l'abri, et que le choc au contraire est tout entier constamment au profit de l'attaquant parvenu sur le parapet.

Si l'on néglige cet avantage par routine ou terreur, ou si l'attaquant est trop nombreux, mieux vaudrait cent fois, les premiers feux démasqués, l'effet d'artillerie produit, et l'ennemi parvenu à 100 toises, et écrasé par la mitraille, évacuer après les ouvrages par la gorge, et marcher de position en position, se ménageant ainsi une supériorité de feu et d'abri, sans s'exposer au choc dont on ne sait pas profiter ; c'est ce qu'ont fait les Russes à la bataille de la Moskowa. Leurs redoutes emportées, ou prêtes à l'être, les Français, après avoir perdu le général Caulincourt, et nombre d'officiers de mérite, à l'attaque de ces redoutes, sont entrés dans des ouvrages abandonnés, ouverts par la gorge, et voyaient les Russes aller plus loin prendre d'autres positions.

C'est une manœuvre pareille que font assez

habilement les Espagnols, et qui est facile en pays de montagnes.

Ils se plaçent toujours en arrière du point *n* (*fig.* 19), point le plus saillant de la crète *m n p* d'un mamelon, de manière que l'attaquant ne voye que leur tête, et monte lui-même à découvert. Par là, l'arc *m n p* de la courbe du terrain, équivaut pour l'Espagnol à un parapet très-réel. Si l'assaillant, très-éclairci déjà par son feu, et parvenu au point *n*, veut profiter de la pente et du choc, il se garde bien de l'attendre : peu touché d'une fuite idéale, et nouvel Horace, fort agile, l'Espagnol va choisir plus loin un second parapet naturel, une seconde courbe de terrain qui le cache, où, par son feu, rasant la courbe du sol, il fait essuyer de nouvelles pertes, tellement que le vainqueur éprouve en définitive beaucoup plus de mal que le vaincu.

Tel est l'effet de certains préjugés de guerre, et il en est tant encore !

De ce que nous venons de dire dans ces deux chapitres sur les positions verticales, et en résumant, on peut conclure :

1º *Que les positions, telles que les villages susceptibles d'être fortifiés, les marais couverts, les bois épais, et les monts accessibles pour nous, et de difficile accès à l'ennemi, peuvent, étant oc-*

cupés et armés d'artillerie, équivaloir à un nombre d'hommes déterminé.

2° *Que ce nombre d'hommes, représenté par l'artillerie et économisé sur l'infanterie, se détermine assez exactement d'après le nombre de pièces à cartouches pouvant balayer le sol en avant, et en traçant un cercle à 150 toises en deçà du but du coup de mitraille, puis en ajoutant à l'artillerie, l'infanterie nécessaire pour border le plateau quand il faudra soutenir cette artillerie; mais en faisant rester toutefois les fantassins en noyau, au centre, pendant la canonade, où ils n'agissent pas encore.*

3° *Que les troupes devenues disponibles par l'influence des positions doivent être portées en flanc de l'ennemi; mais seulement à une distance telle que le centre de gravité générale ou indicateur de l'ennemi n'en soit jamais plus près que le nôtre.*

4° *Que par cette méthode des rentrans alternatifs de droite et de gauche, qui porte sans cesse notre indicateur général en avant, on gagne du terrain sur l'ennemi, même sans coup férir encore, ou qu'il attaque alors en mauvaise position.*

5° *Que les grands fleuves, les mers, les chaînes de monts fortifiés, formant à eux seuls une ligne d'opérations ou de positions sur un flanc, soit à droite, soit à gauche, on doit toujours marcher en angle aigu à cette ligne, l'ouverture de l'angle étant opposée à l'ennemi, pour lui offrir un rentrant; puis jeter du côté opposé à la ligne d'obstacles naturels, les plus grandes forces en tête, pour eloigner notre indicateur général du fleuve ou des mers, en rapprocher l'ennemi, et se donner le plus grand lévier autour du sommet de l'angle, qui est le point de pivot.*

Mais il faut remarquer que ces grandes opérations ne réussissent qu'avec des forces très-supérieures, et dans un pays ami ou au moins neutre.

6° *Que les léviers étant homogènes, quand ils sont comparés, il faut que la ligne de pivot autour de la position, renferme proportionnellement le même nombre d'hommes que l'ennemi par lieue commune, ou du moins que l'ennemi en soit persuadé par des démonstrations; sans cela il pourrait percer la ligne de pivot, et notre centre de gravité ne se trouverait pas à portée de secours.*

7° *Que c'est là enfin que l'action étant imminente, et les centres de gravité et de secours devant s'identifier, les corps doivent être égaux pour que les centres soient les mêmes, et que la réserve y placée, ait un chemin égal à faire pour arriver à tous.*

8° *Que les positions élevées ont, outre l'action horizontale que nous venons de détailler pour les positions en plaine, une action verticale qui, décomposée par le plan incliné, ajoute encore une force de choc très-considérable, et facile à évaluer suivant l'inclinaison des côteaux.*

9° *Que cet effet est tel, que l'action de choc en est souvent décuple de celle de l'ennemi, et qu'il est indispensable alors de s'élancer du plateau sur le plan incliné, pour ne pas perdre un avantage si prodigieux, quand l'ennemi s'apprête à aborder le plateau, et ne le peut que sur un cercle égal à celui de l'assailli; d'où il suit qu'on ne doit jamais attaquer les positions élevées qu'en tirailleurs.*

10° *Que cette remarque, faite pour les reliefs naturels, tels que collines, mamelons, s'applique parfaitement aux reliefs artificiels, tels que redoutes, lignes et retranchemens de campagne; qu'alors, après avoir profité des abris et de ses feux couverts, on doit s'élancer sur le parapet, et de-là sur l'assaillant, au moment du passage du fossé, de manière à profiter de tout l'avantage du choc, qui est, pour ce dernier, au contraire, quand on le laisse arriver sur le parapet, ou que, s'il est trop nombreux, il faut évacuer l'ouvrage par la gorge.*

11° *Qu'enfin, tous ces principes de résistance et de choc s'appliquent en grand aux camps retranchés et positions fortes sur les monts et les côteaux versans sur le théâtre de la guerre.*

CHAPITRE VI.

Statique des marches.

Les marches sont *simples* ou *composées*; *simples*, quand il s'agit de corps peu nombreux, et manœuvrant sur un terrain rapproché; *composées*, quand il s'agit des mouvemens de l'armée par colonnes pour les opérations générales.

Nous ne nous occuperons point des premières. Ce petit traité n'a point pour but les manœuvres de détail, très-connues, et par lesquelles s'exécutent tous les mouvemens pour prendre position ou pour attaquer. Nous observerons seulement, et brièvement, les marches des corps d'armée.

Les corps d'armée ne pouvant s'avancer en pays ennemi que graduellement, et par des routes longues et étroites, il en résulte que les armées ne peuvent défiler que sur une très-petite épaisseur, relativement à leur longueur. Les corps ainsi disposés prennent le nom de *colonnes*, dont le module est le front que permettent la route ou les défilés par lesquels on est obligé de passer.

Marcher en une seule colonne *a b* (*fi.* 20.) formée de toute l'armée, c'est abandonner la tête aux attaques de l'ennemi. Cela est évident, puisque le centre de masse ou indicateur *g* sera au milieu de *a b*, longueur totale de la seule colonne, c'est-à-dire de toute l'armée, et sera bien plus éloigné de l'ennemi attaquant la tête, que si l'armée marche en deux colonnes *a g*, *g b* (*fi.* 20, 22.), chacune n'étant longue, alors, que de la moitié de la précédente; ce qui signifie et prouve que l'armée, sur une colonne, sera beaucoup plus longue à se former en cas d'attaque. Dans le deuxième cas, le centre de masse ou indicateur sera en *g'* sur la ligne qui joint les milieux des deux colonnes, à un point pris, en raison inverse de leur force numérique. En les supposant, donc, égales ici, le centre de masse ou de secours sera une fois plus près de la tête pour les secourir, puisque l'armée restant la même en force, chaque colonne *a g*, *g b*, n'est longue que de la moitié de la primitive *a b*, l'armée sera donc formée en ligne en un temps deux fois plus court. Ajoutons que les forces passives, comme les parcs d'artillerie et les convois, quand il n'y a qu'une seule colonne, sont forcées nécessairement de marcher à droite ou à gauche, et ne sont couvertes d'aucun côté, à moins que la colonne ne se replie et n'altère ses mouvemens.

Dans la marche sur *deux colonnes*, au contraire, le centre de gravité ou de masse est deux fois plus à portée des têtes des troupes. Les parcs et convois marchent entre les colonnes par la ligne des centres de gravité le plus possible, et l'ennemi ne peut les entamer sans livrer bataille à l'une des colonnes, cas dans lequel notre centre de secours se trouve encore très à portée de les secourir sur le flanc.

Si l'armée marche sur *trois colonnes* (*fig.* 20, 23.), le centre de gravité ou l'indicateur se trouvera sur la ligne $g'' i$, qui joint les trois centres de gravité particuliers, et toujours en raison inverse de leurs forces numériques. En les supposant encore égales, toujours pour simplifier, (la demonstration restant la même pour toutes les autres fractions ou proportions d'une colonne à l'autre) le centre g'' se trouvera sur la colonne gb, et au point g'' où il sera encore plus près des têtes des troupes, puisque chacune d'elles n'est longue que du tiers de ab, colonne primitive, et que le centre de gravité se trouve sur cette ligne des centres particuliers. La ligne se trouvera donc formée au besoin trois fois plus vîte.

A cet avantage se joindra celui de pouvoir faire marcher les parcs, les convois et les centres passifs, ou sur la ligne gg'', ou dans les espaces compris entre les corps latéraux; ce qui offre deux chances en cas d'attaque ou d'obstacles naturels, comme chemins rompus, rivières, ponts hors de service. Ajoutons-y l'avantage précieux de couvrir le centre passif *q*, par deux lignes à volonté. Car en cas d'attaque les forces passives, parcs et convois peuvent passer, ou bien entre les colonnes *gb* et *mn*, où elles sont couvertes par les deux lignes *a g* et *g b*, ou bien entre ces deux dernières colonnes où elles seront couvertes par *g b* et *m n*, si l'ennemi attaque du côté de *m n*.

Enfin dans la marche sur *quatre colonnes* (*fig.* 21.), chacune ne sera en longueur que le quart de la primitive *a b*, et le centre de gravité se trouvera au quart de *a b* primitif ou *g b*, au point g''' au milieu des quatre corps. Il sera plus près à la vérité des deux têtes des colonnes du centre, mais trop éloigné des têtes de celles de flanc. En outre, le centre passif *q* des parcs et convois ne pourra marcher que dans l'intervalle des corps du centre, ce qui n'est pas toujours possible par la nature du terrain. Ou s'il marche à côté des dernières colonnes de flanc, il ne sera couvert que par une seule, qui n'est que du quart de l'armée, au lieu que dans la marche sur trois, la colonne couvrante serait du tiers.

On ne cessera, au surplus, de faire observer que cette première demonstration rigoureuse n'a lieu encore que pour un terrain horizontal et hors des causes étrangères au calcul. Il faudra donc excepter du principe soit en attaque, soit en retraite les cas particuliers qui forcent à se resserer avant tout; tels que *l'insurrection générale d'un pays*, *la proximité continuelle de l'ennemi qui nous talonnerait*; *le défaut de ponts*, ou de temps pour en construire, ou des obstacles physiques et moraux d'un ordre tel qu'ils dussent l'emporter sur tout calcul. Alors, si l'on ne peut marcher en *deux* ou *trois* colonnes très-rapprochées, la marche en *une* est malheureusement inévitable, mais toujours plus ou moins funeste en résultat.

De ces premières observations, il résulte (ce dont nul ne doute) que, 1° *la marche en une colonne est mathématiquement la moins avantageuse*. En effet, outre la démonstration théorique ci-dessus, mille exemples viennent à l'appui; entre autres la fameuse marche du général l'Echelle dans la guerre de la Vendée, où son armée occupant une seule route, celle de Nantes, et six lieues de terrain, fut attaquée et coupée en maintes parties par l'armée royale. Celle-ci fondant sur elle des hauteurs, la partagea et la battit avant que le centre de gravité ou *l'indicateur* fût seulement instruit de ce qui se passait, attendu qu'il était à trois lieues delà, milieu de la colonne, de sorte que le centre passif ou le parc d'artillerie, fut enlevé avant qu'on eût pu y porter le moindre secours.

Quel exemple déplorable du vice de la marche d'une forte armée en une seule colonne, peut égaler celui de la retraite des français après la bataille de Leipsick! Jamais on ne persuadera aux hommes instruits que Bonaparte n'ait pas donné des ordres pour préparer des ponts afin de traverser l'Ester et la Saal sur plusieurs colonnes, en cas de revers. Il faut nécessairement que ces ordres n'aient pas été exécutés ou se soient égarés. Aussi, quel désastre épouvantable s'en est-il suivi! En vain le maréchal de Tarente, le prince Poniatowski et les Polonais se sacrifient dans Leipsick, pour soutenir le passage et donner le temps de défiler. La masse hors de toute proportion avec le débouché, est nécessairement bientôt arrêtée, refoulée, prise en partie; enfin la rupture du pont, seul existant, consomme la ruine des Français, et commence le succès des alliés, surpris eux-mêmes de ces fautes inespérées. Au surplus, cette marche funeste rentre dans le chapitre des retraites où nous en parlerons (1).

(1) Le fond de cet événement est resté un mystère. L'auteur de cet ouvrage fut chargé, dans le temps, de prendre et de donner des renseignemens secrets sur les faits, et même sur les dispositions politiques des officiers chargés du service en ce point; tout prouve qu'ils avaient rempli leur devoir, et que la rupture précipitée du pont était la faute évidente d'un agent subalterne; le rapport fut fait dans ce

2º *Il suit des mêmes principes exposés, que la marche en* deux colonnes *est praticable et bonne, quand l'armée est forte, que les routes sont larges et faciles; mais pourvu, toutefois, qu'on ne soit pas encore trop près de l'ennemi;* car en deux colonnes, le centre de gravité ou *indicateur* est encore loin de la tête des colonnes, et il ne doit jamais l'être plus que le centre ennemi qui en serait alors rapproché, si on le suppose à la veille d'une attaque.

3º *Que la marche en* trois colonnes *paraît la meilleure, quand le terrain et les subsistances la comportent, attendu qu'elle rapproche le centre de secours des têtes des colonnes, qu'elle protége le centre passif, c'est-à-dire, les parcs et les convois, et en outre qu'elle offre une disposition toute faite pour l'ordre de bataille trinaire que nous avons considéré comme le meilleur.*

4º *Que la marche sur* quatre colonnes, *quoiqu'elle rapproche le centre de secours de la tête des colonnes du centre, l'éloigne trop des têtes des colonnes de flanc, et ne protège pas aussi efficacement les centres passifs des parcs et convois.*

Il est évident, au surplus, que toutes ces consi-

---

sens. Mais l'enquête officielle, d'abord projetée, n'en fût pas restée là, si l'erreur ou l'omission des ponts supplémentaires ne fût partie de plus haut.

dérations n'ont lieu que pour les grandes marches, et telles que le centre de gravité ou *indicateur* ennemi soit éloigné de plusieurs distances égales à celle de notre centre de gravité, à notre propre tête des troupes. Car, en ce cas, les colonnes peuvent être distantes l'une de l'autre d'une quantité égale à la distance de notre centre de gravité général aux têtes des corps, c'est-à-dire, d'une quantité égale à la moitié de la longueur des colonnes, et même davantage. En effet, si, comme nous le supposons (*fig.* 21.), le centre ou *indicateur* ennemi est à la distance k, il suffira que la tête de nos colonnes de flanc p, soit constamment à une distance $p\,g'''$ égale à kp (*fig.* 21.). D'où l'on voit qu'en commençant, les corps peuvent partir de points très-éloignés sur les bases d'opérations, mais doivent converger toujours suivant ce principe, *que les têtes des colonnes soient au moins à une distance égale du centre* ou *indicateur ennemi que du nôtre*, jusqu'à ce qu'enfin les points g''' et k, indicateurs des deux armées, venant à se toucher, c'est-à-dire à une bataille, les têtes de colonnes aient tout-à-fait convergé pour se mettre en ligne.

Cependant, en allant plus avant, observons que le centre actif ennemi k, ne marchant jamais directement sur notre centre actif g''', mais au contraire sur une des colonnes pour l'attaquer isolément, k marche donc toujours sur p ou sur u, tête des colonnes, pour les rompre, les détacher et les couper s'il est possible. Il faut donc alors que notre centre de masse ou indicateur g''', s'approche également de p (*fig.* 21.) en venant successivement en g^4, g^5, et sur des arcs de cercle décrits autour de p, tel que $k'p$, $k''p$, points de marche de l'ennemi, soient égaux à $p\,g^4$, $g\,p^5$. Or, notre centre de gravité ou *indicateur* ne peut venir en effet en ces points, sans que les colonnes ne se rapprochent elles-mêmes des colonnes $p\,q$ et $m\,n$, puisque le centre est le résultat même de la position des colonnes. Un général connaîtra donc toujours bien aisément, au moyen d'un tour de compas, et d'après les marches de l'ennemi, de combien ses colonnes doivent se serrer. Le simple calcul de l'hipotenuse (*fig.* 20) $m\,g''$ du triangle $m\,g''\,i$ suffira pour connaître la distance effective $k\,m$.

A mesure que le centre ennemi k marchera sur une tête de nos colonnes latérales, on devra rapprocher notre centre du point p, et l'opération, pour les ordres à donner d'avance aux colonnes, peut se faire graphiquement encore sur une carte, en décrivant des arcs de cercle du point p comme centre, et prenant pour l'autre extrémité du rayon le point k indicateur ennemi (*fig.* 21).

Ainsi, en prenant k dans chaque nouvelle position où il se trouve en marchant sur nous, les intersections de l'arc de cercle avec notre primitive $g''p$ (*fig.* 21) donneront les positions forcées de notre centre de masse ou *indicateur*, lesquelles décident les positions de nos colonnes qui en dépendent aussi graphiquement, puisqu'on prend leurs distances latérales de ce point en raison inverse des forces numériques des corps.

Enfin, arrivés sur le champ de bataille, ou à proximité, le raisonnement change, et on peut multiplier beaucoup les colonnes, toutefois en observant toujours la condition pour limite, savoir que notre centre actif g soit plus près des têtes de nos troupes que le centre actif ennemi ne l'est lui-même, jusqu'à ce que l'armée se forme tout-à-fait en ligne, ce qui est le maximum des colonnes rassemblées.

Le centre passif des parcs et convois, soit qu'il marche sur notre ligne des centres de gravité ou de masse, soit qu'il marche entre deux colonnes, doit toujours être couvert par *l'indicateur* ou le centre actif g, c'est-à-dire, que ce dernier doit toujours être placé entre le centre ennemi et lui. Cela est évident; car l'ennemi se dirigeant toujours sur le centre passif, il faut qu'il n'y puisse jamais arriver qu'en culbutant notre centre actif, conséquemment qu'il éprouve le maximum d'obstacles.

Cette condition sera toujours facilement résolue, les convois et parcs marchant d'ordinaire au centre des colonnes; on voit par là que les parcs peuvent se rapprocher beaucoup de l'indicateur. Il suffit qu'ils en soient couverts du côté de l'ennemi. Ces considérations sont d'une importance majeure aujourd'hui que les convois d'artillerie sont immenses et le vrai palladium des succès. Ces convois, pour une armée de 60,000 hommes seulement, étant aujourd'hui de 200 pièces, assez souvent, il en résulte que la colonne d'artillerie seule occupe plus de 3 lieues de terrain avec ses caissons. Il est évident que si le terrain ne se prête pas à ce que de fortes colonnes latérales protégent ces convois; il est inconcevable alors qu'on fasse la guerre autrement qu'en jettant un gros corps de cavalerie et d'artillerie légère perpendiculairement au grand convoi d'artillerie ennemi en marche. Cette attaque brusque peut couper le convoi au tiers ou au quart de sa longueur, près de la queue, le séparer et l'enlever, avant que la tête de la colonne et le centre de gravité général se voient en mesure de soutenir le choc et de se réunir.

Cette opération est infiniment plus brillante et plus sûre qu'une attaque réglée et en ligne. Elle trouve l'ennemi dilaté, épars et inaverti. Elle agit à l'improviste. Elle lui enlève l'arme qui est l'âme des batailles et peut ainsi le paralyser entièrement (1).

L'essentiel est d'avoir un terrain qui s'y prête et d'être maître des débouchés latéraux et perpendiculaires à la marche du convoi.

Dans les pays très-montagneux, tels que le Portugal et la plus grande partie de l'Espagne, les conditions des colonnes de flanc, protectrices si nécessaires, ont été presque impossibles à remplir. La rareté des routes, leur peu de largeur, leur étranglement entre des monts souvent escarpés, n'ont pas permis de faire ces combinaisons, ni d'appuyer sur leurs flancs, les colonnes des convois et des parcs dans les marches. Aussi, que d'échecs les Français ont essuyés nécessairement, dans ce genre, en un pays insurgé! En Navare, l'énorme convoi de Salinas enlevé par Mina, près de Pampelune; ceux enlevés si souvent en Catalogne par le baron d'Eroles, ont assez prouvé que, là où les colonnes de convois n'ont pu être doublées et à portée de se soutenir parallèlement, il a été presque inévitable d'essuyer des attaques meurtrières latérales et souvent l'enlèvement des objets, but de la marche et des expéditions.

(1) On prétend que la bataille de Demevitz, en 1813, a été gagnée par les Prussiens par cette manœuvre; mais d'après les rapports contradictoires, on n'a pu s'en assurer.

Essayons à présent de rechercher l'influence du terrain sur les marches générales des armées.

Les obstacles naturels fortifiant les colonnes dans leurs marches, doivent, quand l'ennemi est sur les flancs ou qu'il peut s'y porter, entrer dans le calcul des forces des colonnes ou de la sûreté des marches. Ils déterminent aussi la nécessité de les occuper ou de les éviter, suivant leur nature et les circonstances. Ainsi une rivière, une chaîne de montagnes inaccessibles sur le flanc d'une armée, permettent de faire cheminer des colonnes bien moindres sur ce flanc, et d'y faire passer les forces passives, parcs, convois, etc., en jetant sur le flanc opposé les troupes qu'on détache de celui-ci impunément. Soient (*fig.* 22.) les trois colonnes *a*, *b*, *c*, dont le centre actif est en *g*, et le centre passif, ou celui des parcs et convois, en *q*. Supposons qu'à ce terrain uniforme succède aussitôt un terrain tel qu'il y ait à côté de la colonne *a*, une grande rivière ou une chaîne de monts, ou la mer. Il est évident que la colonne *a* peut être réduite de beaucoup, et même annullée, ne craignant rien sur ce flanc, et qu'elle peut être portée en doublé de la colonne *c*. Le centre *g* s'avançant par là déjà sur l'ennemi, il en soutiendra mieux les autres colonnes, et surtout les forces passives qui pourraient remplacer la colonne *a*. En outre, il les éloignera beaucoup plus par là du centre ennemi, en gardant la même direction, et enfin les parcs et convois seront mieux couverts par le centre actif *g*.

Ainsi donc si, pour occuper une position latérale, la colonne *c*, par exemple, vient en *a'*, c'est-à-dire marche sur les plateaux de la chaîne des monts, et conséquemment déroge au principe de n'avoir de son centre général qu'une distance égale à celle de la colonne *a*, tandis qu'ici elle en aura peut-être une double, il faut remarquer aussi que la position, si elle est bonne, comme il faut le présumer, et occupée par une troupe assez nombreuse, acquiert par là véritablement une force additionnelle qui double à-peu-près la force numérique de la colonne, comme nous l'avons démontré (*fig.* 17 et 18.), et qui par conséquent en rapproche doublement le centre général, qui vient alors en effet en g'' par l'influence seule de la position trouvée dans la marche.

Il en résultera donc que le centre ou *indicateur* g'', quoique placé graphiquement d'abord en *g*, sera de fait ensuite en g' par la transposition d'une colonne de *a* du côté de *c*; puis, qu'elle sera en g'' par l'influence additionnelle de la position ou chaîne de monts; enfin, que c'est sur la ligne tirée des têtes de colonnes à g'', nouveau centre, qu'il faudra porter les intersections d'arc de cercle avec un rayon égal à la distance où se trouve l'ennemi de la tête de nos colonnes, et non au point g, centre primitif et antérieur à la position occupée. C'est-à-dire, que l'ennemi pourra se rapprocher davantage sans danger pour nos colonnes, puisque $a' g''$ est bien plus court que $a' g'$. On veillera toujours néanmoins à ce que notre distance soit encore plus courte pour parer à l'effet de l'initiative qui reste toujours à l'ennemi.

Il est clair aussi que c'est alors la tête des colonnes occupant cette position, qui forme le centre de rapprochement des autres colonnes, ou le point de pivot p ou a duquel on mesure les distances de l'ennemi.

Combien ces précautions auraient été utiles aux Français dans leurs retraites du Portugal en 1812, et de la Navarre en 1813, si elles eussent été praticables. Mais réduits toujours à marcher sur une seule colonne, par l'impossibilité de les multiplier dans un pays insurgé ou montueux, et ne pouvant y maintenir leurs communications autrement que sur une seule ligne militaire existante, il leur a fallu renoncer, le plus souvent, à tous les avantages des appuis latéraux et des positions. On est donc forcé de penser que de telles marches, aussi ruineuses, et contre tous les principes statiques, étaient le résultat indispensable des insurrections locales, des vallons impraticables, du manque absolu des routes parallèles, enfin des massacres latéraux et de la privation totale de magasins autres que ceux de la ligne militaire, déjà très-rares; en un mot, qu'elles étaient la suite de la funeste impossibilité de se retirer autrement. Mais alors donc, fallait-il peut-être prévoir ces impossibilités qui n'échappaient pas aux militaires instruits; il fallait, malheur pour malheur, boucherie pour boucherie, sacrifier au jour de bataille, pour la gagner à tous prix, les hommes et les chevaux qui devaient inévitablement périr en ces effroyables retraites, aux yeux du calculateur.

Nous venons de donner quelques aperçus sur l'ordre à observer pour plus grand avantage dans les marches des colonnes. Il reste à considérer les obstacles physiques qui se trouvent dans ces marches. Ces obstacles sont en général les *passages des rivières*, et ceux des *défilés ou des monts* de difficile accès.

Les *passages des rivières* sont un des obstacles les plus sérieux à la guerre, même à part les débordemens et autres causes accidentelles. La difficulté de passer promptement et à temps un fleuve, une rivière, arrête souvent les opérations les plus importantes. Les rassemblemens de barques toujours lents, souvent impossibles par la précaution que prend ordinairement l'ennemi de les brûler ou de les dépecer, ainsi que de détruire les ponts, mille causes enfin rendent indispensable, aux grandes armées, la précaution de porter avec elles des équipages de ponts. (Voyez à la fin, le mémoire sur *les Outres-pontons.*)

Voyons d'abord, avant de nous occuper des moyens mécaniques du passage, quel est le mécanisme de guerre qui paraît nécessaire pour en assurer l'exécution à portée de l'ennemi.

Soit (*fig.* 23) la rivière *q* qu'il s'agisse de passer en corps d'armée, au point *a*, sur trois colonnes. Il est clair que le centre passif *q* est alors le fleuve sur lequel travaillent les pontonniers et les équipages. Or, il est de principe que le centre actif doit toujours couvrir le centre passif. Il faut donc, pour première opération, que les colonnes se serrent d'abord, et convergent au point *a*, de manière que leurs centres de masse particuliers *g*, *g'* passent en g^4, g^5, sur les colonnes convergentes au point *a*. Le centre général qui était au point *g* s'avance donc déjà en *g'*. Les colonnes se coagulant de plus en plus, le centre général s'approchera de plus en plus du fleuve, jusqu'à ce que le bordant, il soit sur la rive, mais toujours sans pouvoir couvrir encore le centre passif *q*. Il est donc indispensable, si l'ennemi n'est pas très-éloigné, de faire des passages latéraux par barques, qui en le trompant sur le véritable passage, porteront en outre le centre de masse ou *indicateur* plus avant encore. Ainsi les corps *b*, *c* tenteront d'abord sur des barques des passages préliminaires latéraux, et prenant poste en se fortifiant à la hâte sur l'autre rive en b', c', produiront une force effective qui, se combinant avec le centre général g'', portera déjà leurs centres particuliers au point $g^b g^c$ sur le fleuve, et par suite le centre général au point $g''q$, où il s'approche beaucoup du centre passif q.

Si, à cette première manœuvre, on ajoute celle de faire aussitôt filer le long du fleuve, de b' et de c', au point a', quelques troupes pour élever à la hâte une tête de pont en terre, et la fortifier d'artillerie, la nouvelle influence de cette tête de pont armée, et qu'on garnit aussitôt de troupes, permet de porter tout-à-fait le centre général ou *indicateur* sur l'autre rive, et d'achever avec sûreté le pont pour le passage de la grosse artillerie, des convois et de tout ce qui n'a pas pu tenter le passage primitif.

Mais il est à observer que même pour cette première opération, il faut que le centre ennemi k soit beaucoup plus éloigné du centre passif q que nous; car s'il en était aussi rapproché, ce serait une simple lutte d'artillerie, sans que les passages latéraux pussent s'effectuer. Ce n'est donc qu'en trompant l'ennemi sur la véritable position du point de passage qu'on peut réellement le tenter, si l'ennemi est à portée et en force.

Il paraît donc aussi qu'on ne peut compter sur le succès du passage, qu'en faisant, par des démonstrations, porter le centre ennemi *k* à droite ou à gauche en *k'*, *k''*, et à des distances telles qu'il lui faille plus de temps pour arriver sur nos têtes de pont, qu'il n'en faudra pour effectuer les passages latéraux, construire les retranchemens, faire le grand passage, et prendre ensuite une position perpendiculaire au fleuve, et non parallèle. Or les premières opérations, telles que les passages latéraux, les retranchemens pouvant se faire dans une nuit, et le reste, à la rigueur, dans le complément des 24 heures, il est clair que si on peut dérober deux ou trois marches à l'ennemi, et se ménager 48 heures, en s'en réservant 24 de plus pour les accidens, on pourra effectuer avec succès les passages des fleuves moyens, en suivant les précautions prescrites.

Dans les dernières guerres, les Français sont ceux qui offrent le plus d'exemples de l'utilité de cette bonne disposition. Le passage du Rhin, en l'an 1793, sous les ordres du général Hoche, et du général Dejean pour le corps du génie, fut fait suivant ces principes. De grandes barques portèrent rapidement, et cependant presqu'en plein jour, de nombreux assaillans sur l'autre rive. Les passages latéraux suffirent presque seuls, quoique l'établissement du pont se fît après. L'ardeur du soldat suppléa à tout, et l'ennemi médiocrement trompé sur le point de passage, puisqu'il opposa bon nombre de troupes et de l'artillerie, fut délogé et repoussé par les premiers corps qui s'élancèrent des barques sur le territoire de Bade.

Le passage des troupes françaises, la nuit qui précéda la bataille de Wagram, est encore un trait remarquable de dextérité et de hardiesse. Les ponts existaient, à la vérité, en grande partie, et les Français retirés dans l'île de Lobau après la défaite d'Esling, avaient su maintenir leurs têtes de ponts soutenues, à portée de mitraille, par les batteries des îles, impossibles à déloger. Mais cependant l'ennemi était prévenu, il était en présence, et malgré sa vigilance on trouva moyen, par de fausses attaques, par de faux passages, et en profitant d'une nuit orageuse, de déboucher rapidement par le pont d'Erbersdorf sur la droite, d'ouvrir ainsi tous les débouchés des autres ponts, et de livrer la plaine à l'armée française pour la bataille de Wagram, journée heureuse à la vérité, mais qui pouvait devenir un second Esling par le vice radical de se battre ayant encore un grand fleuve à dos. Car, si les Français se battaient parallèlement au Danube, ils pouvaient y être culbutés par un revers. S'ils attaquaient obliquement, comme sagement ils le firent, ils pouvaient perdre du terrain, tous leurs ponts, et se voir jetés en

Moravie, échec qui faillit avoir lieu par les succès de l'aîle droite autrichienne, si le centre français n'eût décidé le sort de la bataille.

Le passage de Kowno dans la dernière guerre de Pologne et de Russie, est encore un de ces traits de hardiesse et de ruse de Bonaparte. Les Russes furent entièrement trompés sur le point de passage, ils attendaient directement les Français dans la ligne la plus courte sur Wilna. Ce mouvement dérobé par Bonaparte à leur vigilance, et l'activité du général du génie Haxo, facilitèrent un passage sans perte et l'évacuation de tout ce que l'ennemi avait de forces et de magasins dans la partie de la Lithuanie située entre la Visule et Wilna.

Il faut avouer que les Français en général, ont montré une supériorité réelle dans cette partie de l'art de la guerre. Leur activité, l'excellence de leurs ingénieurs, et de leurs équipages de ponts, la plupart composés de nageurs, leur ont permis ces traits de témérité et d'audace heureuse dont on ne trouve presqu'aucun exemple dans les passages de rivières par les alliés. Car, ces derniers ont exécuté presque tous leurs passages à volonté, après le pays occupé, ou du moins abandonné, et sans avoir besoin de coups de vigueur ou de ruse, ce qui est, au surplus, à la fois une preuve de leurs bonnes dispositions et de leur sagesse; mais aussi la preuve de la négligence volontaire des Français, et de leurs dernières retraites en désordre; car, c'est là d'ordinaire qu'on arrête son ennemi, et qu'on se donne le temps de se réunir en se couvrant d'une barrière souvent difficile à forcer.

Ainsi, en 1813, les alliés ont passé l'Elbe sans obstacles. Ils ont passé de même toutes les rivières jusqu'au Rhin. Là, après avoir violé le territoire et le pont de Bâle, ils ont paisiblement construit leurs ponts entre Huningue et Fort-Louis. Ils ont fait de même entre Mayence et Wesel, passant partout à volonté et à loisir, par suite de l'éparpillage inconcevable des restes des armées françaises, qu'on aurait pu réunir et opposer utilement en certains points, ainsi que l'avait proposé si sagement le duc de Tarente.

Les manœuvres prescrites ici, statiquement, étaient donc peu nécessaires, et cependant les alliés les ont exécutées presque partout par pure précaution; tant il est vrai que l'épreuve des succès de la méthode y attache à jamais, et la fait employer avec un excès bien préférable à l'abandon total et volontaire qu'en ont fait malheureusement les Français, depuis vingt ans, dans leurs retraites et leur systême de magasins.

Les passages des rivières, soit par les gués, soit de vive force, sur les ponts que l'ennemi n'a pas eu la précaution ou le temps de rompre, méritent aussi quelques observations, autant pour notre sûreté que pour rendre hommage aux traits de bravoure remarquables dans ce genre d'opérations militaires.

Les gués, pour être passés avec avantage, à portée de l'ennemi, demandent une partie des précautions que nous avons reconnues nécessaires lors du passage des rivières par les voies artificielles. Ainsi, le principe étant toujours de porter en avant notre centre ou *indicateur*, pour couvrir le centre passif, on tentera ou feindra toujours des attaques latérales sur les points où l'abaissement des rivages et l'élargissement des rivières annoncent moins de profondeur. On sait qu'à volume d'eau égal, passant à chaque section de la rivière, ceux qui offrent une plus grande étendue horizontale offrent nécessairement une moindre profondeur, et très-souvent un gué.

Le véritable passage s'effectuera ensuite quand les flancs seront assurés, c'est-à-dire que ces passages de flancs s'effectueront toujours le plus possible, en cherchant des gués, et commençant ainsi à occuper la rive opposée pour appuyer le grand passage au centre.

Il est à observer, ici, qu'au moyen des petites outres d'équipement que nous proposons (voyez le 12e Mémoire, 2e partie), les gués sont bien moins indispensables, et qu'un corps de troupes légères peut passer rapidement une rivière sans aucune ressource naturelle. On évitera ainsi la rupture des gués, par des fossés qu'un ennemi intelligent ne doit pas négliger de faire, ainsi que les chausse-trappes, dont on devrait inonder le cailloutage de ces mêmes gués, précaution qu'on ne prend pas assez, et qui serait d'un effet terrible contre la cavalerie, qui s'y élance toujours la première. De nouvelles chausse-trappes proposées à la fin de cet ouvrage, seraient là d'une grande efficacité.

Toutes ces manœuvres, de jeter des colonnes latérales, surtout en troupes légères, pour les passages des rivières, se pratiquent constamment, soit que les passages s'effectuent par des constructions de ponts, soit qu'on s'approprie des ponts de l'ennemi, en l'empêchant de les détruire. Ainsi se sont effectués les passages du Tagliamento, du Passeriano, ceux de l'Inn et du Danube par les Français, dans les dernières guerres. Ainsi se trouve démontrée partout la nécessité de maîtriser ces passages latéraux, soit qu'on attaque, soit qu'on effectue une retraite; car, c'est pour avoir trouvé impossibles ces mêmes précautions, qu'au passage de la Bérézina, dans la retraite de Moscou, une partie de l'armée française fut presqu'entièrement détruite, et ne dut son salut qu'à la fermeté du prince vice-roi. C'est par suite du même oubli ou de l'inexécution des ordres sur ce point, que les Français n'eurent qu'un passage sur l'Elster, après la fatale journée de Leipsik, en 1813. S'ils eussent occupé les trajets latéraux, soit par des ponts volans, soit en employant les mêmes gués qui servirent à l'ennemi, ils auraient triplé leurs colonnes de retraite et sauvé leur armée.

Il est vrai qu'il faut alors bien connaître et maîtriser le pays, ce qui est moins facile dans une guerre devenue nationale chez son adversaire ; mais c'est un motif de plus pour redoubler de prudence et d'art dans ce genre d'opérations.

Réciproquement, les alliés, dans leur invasion de la France, en 1814, reçurent un échec assez notable sur la Seine, pour avoir aventuré le passage de deux divisions wurtembergeoises par le pont de Montereau, sans s'être assurés des passages latéraux ou avoir contenu ceux que les Français pouvaient faire sur l'autre rive en contre-mouvement. En effet, une division française passée par le pont de Moret, prit les Wurtembergeois à dos, en même temps qu'ils étaient reçus chaudement au débouché des ponts, et les força à une retraite meurtrière.

Ces contre-passages sur des ponts différens, et parallèles, pour ainsi dire, par deux armées presqu'en présence, sont une des opérations les plus périlleuses de la guerre ; car, si l'une des deux armées peut passer la première toute entière sur une des rives, et surprendre son adversaire en flagrant délit, et au moment de son passage, elle a un avantage immense, et presque dans le rapport de deux contre un, outre les inconvéniens désastreux qu'éprouve l'armée surprise, pour se remettre en bataille (1).

On sent, enfin, qu'à plus forte raison ces trajets latéraux sont indispensables dans les passages de vive force, tels que celui du pont de Lodi, par exemple, en Italie. Tandis que la cavalerie s'élan-

(1) Je ne puis passer sous silence, à ce sujet, une anecdote assez curieuse. J'ai entendu le prince de Schwarzenberg, après l'entrée des alliés à Paris, en 1814, parlant des prétentions exagérées que cette affaire de Montereau avait fait naître, assurer qu'à cette époque Napoléon pouvait encore faire une paix très-convenable pour lui. « Mais on nous » a envoyé, disait-il, avec des propositions outrées, en » seconde instance, et après le duc de Vicence, un aide- » de-camp qui, jugeant légèrement nos forces immenses, » et la position désespérée où notre cercle de 300,000 hom- » mes plaçait 45,000 braves Français, s'est écrié en entrant: » *que les beaux jours de l'armée d'Italie étaient revenus!* » Une rodomontade aussi déplacée en un pareil moment, a » fait tourner le dos sans réponse à l'envoyé, et a terminé » toute proposition. » Telle fut l'assertion du général autrichien; mais était-il sincère, et la paix était-elle désirée par les alliés? tout a prouvé le contraire.

çait aux gués latéraux de l'Adda, à droite et à gauche de la petite ville de Lodi, le pont de bois était enfilé par l'artillerie et la mousqueterie des Autrichiens, occupant toutes les maisons de la ville. Une colonne pressée passant ce pont, devait nécessairement recevoir à bout portant un feu terrible. La moindre hésitation allait permettre à l'ennemi la rupture ou la combustion des arches de son côté; un instant ranimait son courage et augmentait les obstacles. Un général français s'élance aussitôt à la tête de la colonne, et tout passe avec la rapidité de l'éclair. En vain une canonnade terrible emporte des rangs entiers; les premiers abordent la plage de Lodi, l'ennemi est culbuté, étourdi, mis en fuite, et les colonnes latérales arrivant en même-temps, accélèrent sa retraite et complètent le succès du plus beau fait d'armes en ce genre.

Au surplus, je ne cite ce trait si connu, et de préférence à plusieurs autres à peu près pareils, quoique moins brillans, offerts par les alliés, et surtout par les Anglais, dans la guerre d'Espagne, à Benevente, etc., que pour rappeler que le principe des attaques latérales y a été maintenu comme moyen diversif nécessaire et constamment pratiqué, quoique l'attaque de front ait eu tout l'honneur de cette brillante expédition.

Passage des monts.

On doit distinguer en ceci les marches des colonnes sur les monts accessibles et sur les monts inaccessibles (j'entends inaccessibles pour les convois ordinaires).

Quant aux monts accessibles, tout ce que nous avons dit sur les *marches des colonnes* en plaine s'y applique, dès qu'elles sont censées avoir gagné les plateaux sur lesquels elles cheminent. A cela près, pourtant, que si les espaces intermédiaires sont des vallons profonds, l'ennemi ne pouvant attaquer latéralement aucune colonne avec espérance de succès, la plupart de nos objections, pour porter les colonnes à trois au moins, tombent d'elles-mêmes, et que les colonnes peuvent se réduire fort souvent à une seule, quand les attaques latérales sont impossibles, et l'attaque en tête seule présumable, position où la lutte devient égale. Il est cependant à observer que, dans ce cas-là même, il faut feindre de marcher sur deux co[illegible] s'il est possible, parce que l'ennemi est par-là obligé de diviser ses forces, et ne peut porter que moitié des siennes au passage réel, où ayant l'initiative, nous pouvons porter la presque totalité des nôtres.

Il est à observer de plus, ici, que les colonnes ne pouvant se donner de secours mutuels sans traverser les vallons, dont nous supposons les côteaux accessibles encore, mais pourtant assez roides, il en résulte une perte de temps et de forces susceptible d'être calculée dans la balance des centres de gravité.

En effet, soient (*fig.* 25) les deux colonnes d'armée *a* et *b* marchant sur les plateaux *a* et *b*. Si l'ennemi attaque la colonne *b* en tête, avec la totalité de ses forces, quoique le champ de la lutte soit égal, et si cet ennemi opiniâtre réunit le plus grand nombre d'hommes sur un même point, il finirait par avoir l'avantage, à moins que la colonne *a* ne vînt renforcer la colonne *b*. Mais, remarquons qu'elle le ferait avec bien plus de difficulté qu'en plaine; car, dans ce dernier cas, le centre de gravité serait en *g'* sur la plaine *a b*, en raison inverse des forces des colonnes *a* et *b*, et rien ne s'opposerait à son mouvement rapide sur *a* ou sur *b*, au besoin. Au contraire, ici, la colonne *a* ayant à descendre le plan incliné *a m*, et à remonter celui *m b*, il en résulte que lors même que cette descente et cette montée seraient praticables pour l'artillerie, il y aurait une réduction de forces évaluable dans notre démonstration sur les charges en plans inclinés, à l'article *positions*. Cette perte, quelle que soit sa valeur, ne porterait d'abord le centre de gravite que très-lentement du côté de *b*, surtout si la côte *b m* est roide, et ne l'y fera enfin arriver que trop tard, si l'ennemi déborde sur le côteau pour empêcher la colonne *a* de gravir *b m* jusqu'en *b*.

Il résulte de ceci, que tant que le centre de gravité général ou *l'indicateur g*, *tombe entre des plans inclinés un peu roides pour l'artillerie, la marche en plusieurs colonnes est périlleuse et mauvaise*, à moins que l'une d'elles ne trouve un débouché pour couper l'ennemi en flanc, et le mettre entre deux feux sur le plateau *b*.

Ce que nous faisons voir ici pour deux colonnes a lieu également pour un plus grand nombre. On ne peut calculer la position réelle du centre général de gravité ou indicateur général, par l'inverse entier des forces numériques des colonnes, mais seulement par l'inverse de la partie ascendante des forces horizontales qui reste, en les décomposant sur les plans inclinés des monts qu'elles cherchent à gravir. Ainsi le calcul du rectangle *a m f h* donnera la valeur de *a h* seule force ascendante et déterminera, en la combinant avec le corps *b*, la place des nouveaux centres de gravité g, g', g'', etc.

Concluons de ceci, que même sur les coteaux accessibles, il y a perte de force dans les colonnes latérales, altération continuelle des positions des centres de gravité par les forces verticales qui s'y combinent, et que notre principe y est difficilement applicable; mais qu'il sert même alors à calculer à un certain point, les mêmes difficultés qu'éprouvera l'ennemi en pareil cas, ce qui rendra les chances égales.

Dans les coteaux inaccessibles, le principe est positivement démontré. Il est clair alors que le centre de gravité ne peut être ni à droite, ni à gauche, puisqu'il ne sortirait plus des valons où il serait jeté. Il s'ensuit donc que la marche en une seule colonne y est la seule possible. L'ennemi n'ayant pas d'autre accès également, toute marche latérale qu'il pourrait tenter ne ferait qu'éloigner de nous son centre de gravité, et nous être favorable. Nos partis peuvent, à la vérité, tenter des diversions par des cols éloignés; mais alors il n'y a plus de combinaison de leur centre de gravité. Car il ne faut jamais oublier que nous ne regardons cette combinaison, ou évaluation des centres de gravité, comme un principe praticable dans les marches, *qu'autant que la distance de l'ennemi, aux têtes de nos colonnes, est plus grande que la distance de ces têtes à notre propre centre; et ici, au contraire, la distance des partis serait plus grande.*

Ainsi, quand l'armée française a effectué le passage du St.-Bernard, les légères démonstrations qui furent faites au col de Fénestrelles et de Suze, n'étaient point des marches de colonnes parallèles, dont le centre de gravité eût été trop éloigné de l'ennemi, et eût pu tomber indifféremment dans des vallons ou des précipices ; mais elles étaient de simples diversions. Quant à l'opération elle-même du grand passage, il faut convenir qu'elle réunit au plus haut degré tous les élémens du succès : combinaison, calcul et célérité.

Le mont St.-Bernard étant inaccessible par ses flancs, Bonaparte vit que son centre de masse devait être poussé rapidement en avant, sur une seule ligne. Il calcula le développement de cette ligne par les sinuosités de la montagne. Il la connaissait sans ressources alimentaires ; il fit fabriquer du biscuit à Genève, pour six jours de marche de son armée, et lorsqu'il faisait publier son retour à Paris, son centre de masse avait déjà dépassé les sommités, franchi l'hospice, et planait sur le Piémont où il allait se précipiter. Des plans inclinés, rapides, la glace et tous les obstacles furent vaincus avec une facilité sans exemple. L'artillerie fut hissée à traîneaux et à bras, et l'armée française arriva sous le fort de Bard, quand le commandant de ce fort ignorait encore cette entreprise inouie.

De tout cela, il suit pour les marches, 1° *que la marche en une colonne est absurde en général, et qu'il est très-malheureux d'y être forcé, soit en attaque, soit en retraite ; on doit s'attendre aux plus grands revers quand on est près de l'ennemi.*

2° *Que la marche en deux colonnes est praticable et bonne, quand l'armée est forte, quand les routes sont larges et faciles; mais pourvu, toutefois, qu'on ne soit pas trop près de l'ennemi.*

3° *Que la marche en trois colonnes paraît la meilleure, quand le terrain et les subsistances la comportent; attendu qu'elle rapproche l'indicateur ou centre de masse, des têtes des colonnes, qu'elle protège mieux le centre passif, c'est-à-dire, les parcs et convois, et, en outre, qu'elle offre une disposition toute faite pour l'ordre de bataille trinaire, que nous avons considéré comme le meilleur.*

4° *Que la marche sur quatre colonnes, quoiqu'elle rapproche l'indicateur ou centre de masse de la tête des colonnes du centre, l'éloigne trop des têtes des colonnes de flanc, et ne protège pas aussi efficacement les centres passifs des parcs et convois.*

5° *Que notre indicateur doit être toujours plus près que l'indicateur ennemi de nos têtes de colonnes, ce qui fixe la forme, la force, et, le plus souvent, la direction de ces colonnes.*

6° *Qu'un général peut toujours, d'après le principe ci-dessus, calculer aisément, et d'un tour de compas, de combien ses têtes de colonnes doivent se resserrer, pour que le centre de gravité ou indicateur reste et marche dans les limites requises, puisqu'il doit connaître la distance de l'ennemi.*

7° *Que le centre passif des parcs et convois*

doit toujours être couvert par notre centre actif, ce qui détermine entre quelles colonnes nos parcs et convois doivent marcher, autant que possible.

8° *Que les obstacles naturels et parallèles à la marche, comme les rivières, les mers, les monts inaccessibles, couvrant les colonnes qui les touchent, ces colonnes peuvent être supprimées, et portées en augmentation des colonnes découvertes, et que leur route devient alors celle des convois, qui, par-là, en sont mieux couverts, tous les autres principes subsistans.*

9° *Que les positions latérales, protectrices des colonnes, comme les chaînes de monts, sur les plateaux ou côteaux desquels on peut cheminer commodément, ou les rivières, enfin, qui couvrent nos flancs, donnant une force réelle aux colonnes, permettent d'augmenter la distance de ces colonnes à notre centre général, et de diminuer par-là celle où l'on se tient du centre ennemi.*

10° *Que les passages des rivières ayant pour base de porter le centre de gravité ou l'indicateur au-delà de la rive opposée, il faut d'abord porter le centre de gravité en avant, par la conversion des colonnes; puis, le porter plus avant par la progression latérale des ailes ou par des passages isolés, et enfin par une tête de pont, toutes forces artificielles, qui, jointes aux forces réelles, finis-*

sent par placer le centre général ou l'indicateur au-delà de l'obstacle.

11° *Qu'il faut pour cela, nécessairement, que l'ennemi soit trompé sur le point de passage, sans quoi il empêche les passages latéraux, le travail, et il a tout l'avantage.*

12° *Qu'il faut, par conséquent, que son centre de gravité soit éloigné des têtes de passages latéraux d'un temps égal à celui qu'exige le travail total, pour qu'il ne puisse venir le troubler.*

13° *Que dans les passages des monts, le calcul des centres de gravité est modifié par les plans inclinés, pour la marche des colonnes, mais reste toujours appréciable.*

CHAPITRE VII.

Statique des batailles.

Lorsque les armées, après avoir suivi, soit dans leurs marches, soit dans leurs positions en territoire ennemi, les formes qu'on a indiquées pour le meilleur placement provisoire de leurs centres de gravité, sont enfin parvenues à quelques portées de canon, c'est alors que leur développement, pour l'ordre de bataille, doit recevoir l'application des mêmes principes, mais modifiés à un certain point.

Il est clair que c'est ici, plus que jamais, que s'applique le principe constant de porter le *centre de gravité* général, devenu *centre d'activité*, sur les parties faibles de l'ennemi (1), c'est-à-dire, sur ses centres particuliers, en évitant son centre général. En effet, c'est ici que le choc a lieu, et que toutes les dispositions préparatoires doivent aboutir, en confirmant qu'une plus grande force, ou la résultante définitive en un point, culbutera toujours une force plus faible. Mais c'est alors, en même temps, qu'il faut expliquer ce que devient le *centre de gravité* général, *l'indicateur*, et ce que c'est que le *centre d'activité* général, qui va remplacer le précédent, et par quelles conditions il le remplace.

Nous l'avons dit dans le chapitre 1er, tant que les corps ne sont considérés qu'en marche ou en dispositif de positions et de stratégie, l'action n'étant pas immédiate, les centres de mouvement et

---

(1) C'est à présent que le grand principe du général Jomini, celui *de jeter une masse sur le point décisif*, reçoit sa constante application, et confirme tous nos principes émis en 1808, dans le *Mécanisme de la guerre*, au chapitre *des Batailles*.

de force menaçante pour l'ennemi, sont en effet les *centres de gravité;* car il y a autant de corps prêts à agir et à être réunis, qu'il y a de corps pesans ou gravitans. Mais arrivés à portée du choc, comme nous l'avons observé, les considérations changent, se resserrent, et les *centres de gravité* doivent devenir *centres d'activité, de force ou de secours.*

En effet, parvenus sur le champ de bataille, tous les corps composant l'armée ne sont plus corps agissans qu'autant que leurs armes, soit de trait, soit de choc, mais de trait surtout, pourront agir sur l'ennemi, et seront à portée de leur effet. D'où je conclus qu'*on ne peut considérer dès à présent le* CENTRE DE GRAVITÉ *des masses des corps comme* CENTRE D'ACTION, *qu'autant que toutes les parties de ces corps ne seront pas à plus de 600 toises environ de l'ennemi.*

Et en voici la raison.

La portée du mousquet n'excède pas 180 toises au plus, à la vérité; mais on doit y faire entrer le mouvement rapide en avant que peut faire en très-peu de temps le fantassin, mouvement qui peut plus que doubler cette distance. En outre, le feu d'artillerie doit entrer pour beaucoup dans cette force horizontale, et sa portée excède 300 toises de but en blanc. Ajoutons enfin, surtout, l'effet moral d'une grosse troupe en vue, marchant à rangs serrés sur une partie faible, effet moral incontestable, énorme en certains cas, et tel souvent qu'il fait tourner le dos à l'ennemi avant de coup férir. Je crois donc que c'est prendre une moyenne bien modeste, que réduire à 600 toises la sphère, ou plutôt le *cercle d'activité* horizontale des corps pour l'action immédiate en bataille. Et cela est d'autant plus probable, que l'artillerie légère, aujourd'hui, se présente rapidement à de grandes distances, et fait l'effet réel d'une présence continue sur un front donné de 1,000 toises.

Mais, pour se réduire à la plus grande réserve et au *minimum* de distance, nous poserons en principe que, pour les troupes en ligne, le *centre d'activité* n'existe et ne se confond avec le centre de gravité, qu'autant que les élémens ou les hommes ne sont pas à plus de 600 toises de l'ennemi; *et que pour les positions, ou villages, ou mamelons retranchés, cette distance n'excède pas la portée du canon, tant pour se défendre réciproquement que pour régler la distance où ils sont du centre général ennemi; sans cela, ils sont réellement pour l'instant, comme les corps pesans hors de la sphère d'attraction, et ne peuvent entrer dans aucune combinaison avec les autres.*

Qu'il soit permis d'insister constamment sur ce point, parce que ces limites sont indispensables pour baser notre théorie.

Cela posé, et en observant le premier cas, il faut

donc, puisque la position du centre général ennemi doit guider la position du nôtre, connaître ou supposer d'avance la disposition de l'adversaire, ou plutôt, puisqu'il est difficile de ne pas errer souvent dans ces suppositions, avec un ennemi adroit, il faut l'attaquer sur le champ, s'il est possible, dans une position donnée et bien évidente, qui permette toujours de connaître celle de son centre général. Ainsi, sans attendre, en pareil cas, qu'un jour, une nuit, une heure peut-être, ayent fourni à l'ennemi l'occasion de changer son ordre ou d'attaquer lui-même, il faut) à moins qu'il n'occupe une position formidable, cas alors où il ne changera pas de forme, et où l'on sera maître, ou de le laisser, ou de l'attaquer sur une donnée fixe); il faut, dis-je, en suivant l'avis du maréchal de Saxe, marcher à lui sur le champ, après avoir développé nos colonnes de manière à placer notre centre de gravité général en mesure d'écraser ses parties faibles, et à en faire un centre d'activité ou de choc quelconque.

C'est ce que nous allons essayer en diverses positions, en les analysant. Et, pour commencer d'abord par *l'ordre oblique*,

Supposons (*fig.* 26) l'armée ennemie H en plaine et sur une seule ligne. Son centre d'action ou de gravité est au point H, milieu de son front *f h*. Si nos trois colonnes *a*, *b*, *c* se développent devant lui, à quelques portées de canon; suivant un front $a' c'$ en trois corps égaux, notre centre général sera en g, milieu de notre front $a' c'$. D'où l'on voit qu'en marchant à l'ennemi, c'est-à-dire, les deux fronts s'approchant sans cesse, les deux centres de gravité ou d'action g et H, s'approcheront sur une droite g H, où leur choc ne dépendra plus que de la force relative de chacun, c'est-à-dire, du nombre d'hommes et de leur courage; mais tel n'est pas le but d'un ordre de bataille. Ce but est constamment de suppléer, par l'art et le mécanisme, à nos forces réelles, ou d'augmenter leur effet. Il faut donc *chercher le dispositif qui permette de ruiner le centre général ennemi dans ses élémens, c'est-à-dire, dans ses centres de gravité particuliers, pour qu'ainsi réduit et éloigné adroitement du nôtre, il parvienne à être annullé, s'il est possible, ou du moins tellement réduit, qu'il ne soit plus en état de tenir la campagne* (1).

Or, ce but ne peut se remplir qu'en portant d'abord, et à l'improviste, soit dans l'intervalle d'une nuit, soit par un mouvement rapide à la pointe du jour, le centre général g sur une partie faible de l'ennemi, qui est ici l'une de ses ailes et à son extrémité. Il faut donc que notre centre d'action g se

(1) Principe confirmé par le général Jomini, dans son *Traité des grandes opérations militaires*, t. 3, p. 362.

porte, dès le premier instant, sur le point *f* ou *h*, extrémité de l'aile gauche ou droite ennemie, en g''. Mais pour être là, il faut, puisque les colonnes sont toujours autour de leur centre de gravité, placées en raison inverse de leur masse, on ait calculé d'avance, d'après la force numérique des trois colonnes *a*, *b*, *c*, et la nécessité de les faire converger sur le point *h*, les distances auxquelles elles doivent se trouver de la colonne du centre *b*, qui dès le premier instant, marche au point *h*.

Ainsi, les premiers points *a*, *b*, *c*, tête des colonnes à plusieurs portées de canon de l'ennemi, étant bien connus, on doit, dès ce premier instant, étant résolu d'attaquer, faire converger ces têtes au point où l'on veut porter le centre de gravité général, ou plutôt sur la ligne de front a'' c'', qui y passe; ensuite, là, prendre les points q', q''', centres de gravité des colonnes *a* et *c*, à des distances du centre général g'', telles que ces distances soient en raison inverse des forces numériques des colonnes *a* et *c*, le point g'' étant déterminé, et déterminant par là lui-même la position des forces dont il est la résultante (1).

(1) Il est évident qu'il est préférable que ces colonnes soient toujours égales, le centre de gravité étant alors *centre de secours*, et les distances à parcourir par la réserve y placée devenant égales.

Mais à présent, pour que notre *centre de gravité général* devienne centre *d'activité*, il faut que tous ses élémens, comme nous l'avons dit, soient à portée d'agir, ou par l'artillerie, ou par leur trait, et ne soient pas à plus de 600 toises de distance. *Il faut donc, pour que le point g'' soit réellement centre d'activité, que les extrémités a'' c'', ne soient pas à plus de 600 toises du point h ou de l'extrémité de la ligne f h* (1), *et par conséquent prennent d'elles-mêmes la forme courbe a'' r' c''*, dont le centre de gravité ou *d'activité* est toujours en *g''*, et dont tous les points attaquent l'ennemi à portée d'arme également. Or, cette forme, quoique courbe, est à peu près celle que finissent par prendre au deuxième instant toutes les attaques. Quoiqu'on soit censé aborder en ligne droite, le centre se refuse d'abord à un certain point, essuyant tout le feu. Bientôt les ailes brûlent d'aborder, et il se trouve que la ligne de front *a'' c''*, que nous venons de désigner comme ligne des centres de gravité, n'est plus en effet que la corde de l'arc que forme réellement le front de l'assaillant pour pro-

(1) Dans un grand nombre de cas, et, on le répète, vu la grande rapidité des mouvemens de l'artillerie légère, aujourd'hui on pourra étendre le cercle d'activité à 1000 toises au lieu de 600; mais, en principe sévère, ici, on a cru devoir se tenir au-dessous de cette distance.

duire un cercle d'activité. J'en appelle à tous ceux qui ont vu ou conduit de pareilles attaques; ils conviendront que les fronts primitifs ne sont véritablement plus, alors, que les cordes des arcs que forment bientôt les rangs par la réaction des chocs, et par la nécessité d'équilibrer les feux entr'eux.

Il paraît donc qu'on peut raisonner approximativement sur les lignes de front, comme droites au premier instant, en supposant toujours que bientôt la ligne se développe en arc, dont le centre de gravité ou de mouvement reste le même qu'en ligne droite, mais devient bientôt, en effet, *centre d'activité;* parce que tous les corps se sont rapprochés à portée de leur feu, et forment un arc surbaissé à 600 toises du point attaqué de la ligne ennemie.

Ce principe établi, et en opérant ainsi sur la corde de l'arc, on est sûr que les points q', g'', q''', ainsi placés, ont une résultante générale d'activité passant, en effet, au point g'', où elle choque le centre particulier h', de l'extrémité de l'aile ennemie, force qui n'étant en nulle proportion avec cette résultante d'activité, est nécessairement détruite et annullée. Ce grand avantage permet à cette même résultante générale g'' d'avancer successivement dans cet ordre, sur les points ou centres particuliers h', h'', h''', qu'elle trouve pas à pas, et de détruire pied à pied l'armée ennemie, parce que son centre général H est trop éloigné pour pouvoir lutter avec notre résultante générale.

Ce qu'a de mieux à faire l'ennemi H, dans sa fâcheuse position, est donc de changer de front sur le champ, en prenant la position *f'* H. Mais on sent que celui qui a eu l'initiative, a obtenu un avantage immense, si même l'ennemi a le temps de prendre cette position. Car, outre que l'aile *h* est serrée de près à dos si l'on a attaqué vivement, et peut être détruite avant de s'être reformée, tout le feu de l'aile droite *f'* est encore perdu pour l'ennemi, quand tous nos coups, au contraire, portent sur sa partie faible, et pendant le temps entier de la conversion.

C'est ce principe plutôt senti que démontré jusqu'ici, comme nous venons de le faire mécaniquement, qui a mis en faveur l'attaque oblique, et c'est ainsi que les Autrichiens perdirent la fameuse bataille de *Leuthen* ou *Lissa*. Le roi de Prusse attaqua obliquement l'aile gauche avec une grande partie de ses forces, et son centre d'activité général écrasa celui de l'extrémité de cette aile, avec la plus grande facilité. Il est difficile de croire, comme l'assurent quelques historiens, que les Autrichiens n'avaient fait aucun mouvement pour s'opposer à cette manœuvre, connue pour immanquable. Il est plutôt à présumer que la grande célérité du roi de Prusse, en cette affaire, aura rendu nuls les mouvemens successifs que l'armée autrichienne voulut entreprendre ; car personne n'ignore que les mouvemens exécutés sous le feu, ne s'effectuent jamais avec une grande régularité, ou avec la même vivacité en avant, et qu'une bonne initiative en ordre de bataille laisse rarement une grande efficacité aux remèdes qu'on lui oppose.

On ne manquera pas d'objecter ici, que, dans l'attaque oblique, *puisque les extrémités de l'arc d'activité a'' c'' ne peuvent être à plus de 600 ou 1000 toises chacune de l'ennemi, le front courbe ne peut guère excéder 1800 toises, ou douze à à quinze bataillons de front.* Mais il est à observer que c'est ici le cas très-rare de se placer sur plusieurs lignes, ou de les renforcer successivement pour maintenir le *centre d'activité* au même point et au même degré d'énergie, à mesure que les corps s'affaibliront. Ainsi, sur deux lignes seulement, on peut porter contre une seule aile ennemie trente bataillons, ce qui est plus qu'il ne faut pour renverser son centre d'activité partiel.

C'est ce que fit, en effet, le roi de Prusse à Leuthen. Il n'avait pas plus de quinze bataillons et dix pièces de 12, à l'attaque sur la gauche de l'armée autrichienne. Mais il les faisait renforcer successivement, pour que tout le front de ses quinze bataillons fût constamment frais et en action, tandis que le reste contenait la droite et le centre de l'ennemi, qui, au lieu de se former obliquement aussi pour l'envelopper, se borna à appuyer successivement sa gauche, qui, déjà rompue, rompait bientôt à son tour tout ce qui venait la renforcer.

Cette manœuvre, au surplus, que quelques modernes attribuaient mal à propos au roi de Prusse, a été pratiquée, sinon démontrée, dans les guerres anciennes. César, Épaminondas, l'employèrent à Pharsale et à Mantinée.

En poursuivant cette manœuvre, puisqu'il est reconnu que l'armée H ne peut manquer de tenter une conversion la plus rapide qu'il lui sera possible, il est important, dès le premier instant, de prévoir ce mouvement et de s'y opposer, de manière tout à la fois à le contenir et à masquer la marche de notre véritable centre général d'activité. Il est facile, pour cela, de placer une seule ligne en g, et même de faire attaquer le front par des tirailleurs (*fig.* 27), dont le centre isolé g n'affaiblit pas le centre général g'' du sixième de ses forces et occupe le front fh de l'ennemi, qui est écrasé dans son aile, où frappe notre résultante générale, avant de s'être convaincu du peu de profondeur de notre attaque de front. Ajoutons que celle-ci, dans tous les cas, a annullé sa conversion, ou, du moins, l'a ralentie au point de donner à notre attaque latérale toute son efficacité.

L'attaque en échelons (*fig.* 28), *pratiquée quel-*

quefois, paraît vicieuse à tous égards; il suffit, pour le démontrer, de considérer la position de sa résultante, ou du centre général relativement aux centres particuliers. Il est clair qu'en présence de l'armée *h*, notre centre *g* en échelons reste toujours sur la ligne qui joint tous les centres de gravité partiels des échelons, et n'en est pas plus avancé que si le front suivait la ligne oblique *q q'* pour tomber sur le point *h*. De plus, cette marche indique le projet sans l'améliorer, et en y nuisant, au contraire; car le premier échelon *q'* reçoit de front tout le feu de l'aile gauche ennemie *h*, sans que le deuxième échelon puisse le soutenir; et s'il est à portée de soutenir, et à portée du feu, il reçoit plus qu'il ne donne. Il est donc à désirer qu'il soit hors de portée, c'est-à-dire, qu'il soit nul pour son compte, et sacrifie le précédent, ainsi de suite d'échelon en échelon. Le centre d'activité général *g* n'arrivera donc en *h* que par la marche la plus lente, la plus évidente pour l'ennemi, et la plus propre à lui sacrifier provisoirement le plus de monde.

De pareilles manœuvres ne sont bonnes qu'en retraite, et précisément parce que les motifs sont dans un sens inverse.

L'attaque en potence ou angulaire, quoique rarement employée à la guerre, et pratiquée seulement aux camps de manœuvres, présente cependant mécaniquement (*fig.* 29) quelques avantages pour porter à l'improviste le *centre d'activité* sur les points faibles, ce qui est le but constant de toute manœuvre. Car, outre qu'elle sert à masquer la véritable position du centre général, attendu que l'aile reployée est, le plus souvent, masquée par l'autre, elle sert encore à faire de l'angle de rencontre des deux fronts en potence, un point de pivot qui permet au centre général de se présenter partout en force supérieure à l'ennemi. Cette manœuvre lui permet, en outre, de faire pirouetter à volonté l'une ou l'autre face de la potence, sans que le centre de gravité cesse de s'avancer, et de s'avancer dans la position la plus convenable pour devenir centre d'activité, en se trouvant à portée de tir (1).

En effet, le centre ennemi étant toujours au point H sur son front *h f*, celui-ci juge notre centre général sur la colonne *g i* être au point *g* son centre de gravité; mais par l'influence du corps *i r*, le centre général est en effet au point *g'*, et non *g*, sur la ligne *g o* (et en le prenant en raison inverse des forces numériques des lignes *i r* et *i g*). De sorte que l'aile *h* en est réellement bien plus menacée et à portée d'être détruite, avant que le

(1) C'est ce que le général Jomini appelle *attaque en crochet*, et à laquelle il trouve quelques avantages.

centre H vienne à son secours. Le même raisonnement subsiste avec plus d'avantage encore, à mesure que la potence *g i r* s'avance sur l'aile *h*. Et on remarquera, de plus, en cette position, que pour mieux tromper l'ennemi *h*, la colonne *g i* restant la même, une fois arrivée à portée de l'aile *h*, l'aile *i r* se déploie subitement en *i r'*, de sorte que le centre général tombe tout d'un coup sur l'aile *h* en *g''*, quand l'armée *h* croit encore notre centre général en *g*, centre apparent.

On observera surtout que, par cette manœuvre, l'aile *i r* est rapprochée à 600 toises au plus de l'extrémité *h*, et entre ainsi dans le cercle des feux à l'improviste, de même que l'aile *g i*, qui se déploie aussitôt et se rapproche également, de manière que le centre de gravité général *g'* devient réellement centre d'activité, et le devient subitement de manière à tromper l'ennemi. Mais le grand inconvénient de cette manœuvre, est que les conversions sont trop longues à exécuter, et qu'on perd en temps ce qu'on gagne en coup de force.

En appliquant à tous les ordres ce que nous venons de remarquer pour celui-ci, il paraît nécessaire, pour observer la défense pas à pas comme l'attaque, et attendu que l'initiative a toujours l'avantage et ne peut se prévoir; il paraît, dis-je, que *puisque toute initiative doit ordinairement tomber sur les ailes, il faut indispensablement qu'elles soient équilibrées avec le centre général, où se trouve toujours la résultante numérique, soit par des positions équivalentes à des renforts d'hommes, ou par une nombreuse artillerie;* c'est ce qu'on fait le plus souvent, mais ce que, nous osons dire, qu'on ne fait pas assez; car il y a peu de batailles perdues par attaque du centre, à moins qu'il ne soit clair-semé ou annullé par de mauvaises dispositions qui l'empêchent d'être le *centre de gravité effectif*, comme à Hochstet, etc.; mais presque toutes le sont par l'initiative prise sur les ailes trop faibles par elles-mêmes, ou parce que elles sont hors du cercle d'activité. Il semble donc puisque le centre général ou la résultante se trouve presque toujours au centre visuel et statique, qu'il n'en coûte rien de forcer ses ailes, soit pour se défendre puissamment elles-mêmes, soit réciproquement, en n'éloignant pas trop leurs cercles d'activité, pour qu'elles puissent s'envoyer des renforts, soit enfin pour attaquer puissamment l'ennemi par son propre flanc, tout dépendant le plus souvent des chocs latéraux, soit en attaque, soit en défense, d'après ce que nous venons d'exposer par la position des centres de gravité devenus *centres d'activité*. Au surplus, la bataille d'*Austerlitz* donne la limite de cette assertion, car la bataille fut perdue par les alliés pour avoir trop étendu et renforcé leurs ailes; et leur centre fut percé par le corps du général Soult, pour avoir été trop affaibli et avoir cessé d'être *centre d'activité* réel. En effet, ces ailes russes s'étendirent sur un cercle de plus de trois lieues. Pendant la nuit, on les entendait, sur ce développement immense, crier dans l'obscurité, aux troupes françaises : *à Paris! à Paris!* cri de fureur et d'encouragement pour les Russes, mais en même temps qui donnait la mesure de leur dilatation extrême, par les vastes circuits qu'il annonçait sur toute la ligne.

Aussi cette observation nocturne ne fut pas perdue; on vit qu'il fallait opposer la concentration à la dispersion (1); et dès le point du jour ces vastes ailes durent être séparées et refoulées en effet par les corps français, qui percèrent le centre russe, et qui poussèrent les corps *f* et *h* sur les étangs glacés et autres obstacles qui aggravèrent, pour les alliés, les pertes de cette journée, dont, au surplus, ils se sont vengés depuis.

Mais il faut bien remarquer que les alliés formaient un demi-cercle *de trois lieues*, et dès lors dont le *centre d'activité* était absolument nul; cas qui sort de nos règles, qui ne s'appliquent qu'aux corps placés dans *la sphère des feux, dans la sphère*

---

(1) Ces principes sont énoncés en italique, page 298 du 2ᵉ. volume du *Traité des grandes opérations militaires*, du général Jomini.

des mouvemens exécutables en dix minutes; en un mot, *dans la sphère d'activité.*

Cependant, une attaque par le centre et un succès par suite ne sont pas toujours décisifs, et cela, par le motif que le centre général d'activité peut ne pas changer de position et de succès possible, toutes les fois que les corps dont il est la résultante, quoique divisés, n'ont pas leur centre particulier plus près du centre ennemi que du nôtre.

En effet, supposons (*fig.* 30) l'armée *h* séparée en deux par notre colonne *g*; les deux centres particuliers des parties séparées *f* et *h*, de l'armée *h*, ont toujours leur résultante ou centre général en H, en face de notre centre général *g*, pourvu toutefois que les distances H *f*, H *h* n'excèdent pas 600 ou 1000 toises, rayon des cercles d'activité; car, sans cela, il n'y a plus de corps agissans, par conséquent plus de centre à calculer. Il y a, à la vérité, ici une déperdition de forces, ou plutôt de vîtesse, par le plus grand détour des ordres à porter autour de la colonne *g*; mais ce défaut est plus que compensé par la perte qu'éprouve un ordre profond par l'effet de l'artillerie.

Si l'on dit à présent que l'armée *h*, une fois séparée en deux corps, bien que son centre général H reste toujours en présence du nôtre, la colonne *g* se mouvera et refoulera l'une ou l'autre aile *f* ou *h*, comme nous l'avons supposé dans une attaque latérale (*fig.* 27.), nous observerons que le cas est bien différent; car, dans une attaque latérale, notre centre général n'a affaire qu'au centre de gravité particulier du dernier corps formant aile, au lieu qu'ici l'aile non refoulée *f* se porte à dos de la colonne *g*, et la met entre deux feux *f* et *h*, ce qui réalise l'effet positif du centre général H, qui, bien que paraissant toujours un point idéal, est bien en effet ici un point actif où passe la résultante des forces, même quand elles sont divisées. Il s'ensuit que cette résultante reste en effet en H, parce que l'une ou l'autre force latérale *f* ou *h* peut agir à dos, et se trouvant à 600 toises au plus, a une véritable résultante en H, centre du cercle d'activité.

Si l'on suppose à présent que la colonne *g*, après avoir percé le centre H (*fig.* 30), se divise alors en deux fronts refoulant les flancs *f* et *h*, on conviendra que cette manœuvre est la meilleure en pareil cas, et qu'elle est très-dangereuse pour nous. Mais cependant elle n'est pas entièrement décisive, tant que notre centre général H sera aussi rapproché de ses centres particuliers que l'est le centre ennemi *g*, qui doit les écraser isolément. Car alors l'effet, en apparence idéal, mais bien démontré du centre H, quoique tombant sur un terrain qui n'est plus à lui n'en existe pas moins par les effets des corps isolés agissant sur la grosse colonne g, tant qu'ils sont à 600 ou 1000 toises au plus.

Fontenai en est une preuve bien célèbre et bien marquante. La fameuse colonne anglaise, après avoir passé entre le village d'*Anthoin* et la redoute de *Barri*, et s'être comprimée en colonne, plutôt par la force des circonstances et par la nécessité d'éviter les feux de flanc que par projet, chassait et séparait ce qui se présentait devant elle. Rien ne pouvait résister à une force de masse, à une artillerie, à un ensemble, enfin, qui, marchant d'un pas égal, foudroyait tout ce qui s'opposait à son passage. Mais le principe des centres d'activité, malgré l'éparpillage des masses françaises, n'en subsistait pas moins. La colonne anglaise resta colonne, et ne se divisa pas en deux grands fronts, refoulant les petits corps français *f* et *h*. Ainsi, la colonne anglaise gagnait du terrain de front, à la vérité, et non pas en flanc. Les corps isolés français n'en avaient pas moins leur résultante sur des points faibles de cette colonne même; et quoique plusieurs régimens, tels que *Royal-Vaisseaux*, *Piémont*, etc., entraînés par leur ardeur, vinssent s'éteindre trop isolément, et faire consumer leur centre partiel par ce volcan, il n'en est pas moins vrai que l'attaque simultanée qui eût lieu enfin sur tous les points, fit sentir l'avantage des flancs et (en ce cas seulement) de l'ordre mince, ceignant de feux et d'artillerie surtout, cette masse formidable. Cela, parce que, outre que notre résultante générale, variable à volonté, portait sur la colonne ennemie, dont le centre était fixe et moins maniable, on avait, de plus, l'avantage que chaque coup de l'artillerie emportait un plus grand nombre d'hommes dans l'ordre profond de l'ennemi.

Mais observons qu'il fallait, pour cet effet, que nos centres partiels *f*, *h*, ne fussent pas plus éloignés du centre anglais *g*, qu'ils annullèrent en détail, que celui-ci ne l'était d'aucun corps isolé qu'il eût voulu absorber, c'est-à-dire, que les corps français fussent tous dans le cercle d'activité et à moins de 600 toises entr'eux, ce qui eut lieu en effet à la fin. Sans cela le succès de la colonne eût été complet, et les régimens français isolés qui en firent l'expérience d'abord, ne démontrent que trop la justesse de ce principe.

La bataille de Marengo (*fig* 31), quoique sur un tout autre plan, prouve encore mieux les inconvéniens définitifs d'une seule attaque en grosse masse, soit par colonnes de front, soit par ligne épaisse de face, en même temps qu'elle prouve la faiblesse de l'attaque, ou de la résistance par échelons hors de portée.

L'armée autrichienne *a b* déboucha d'Alexandrie, à la pointe du jour, et se trouva en bataille en avant de la Bormida, surprenant l'armée française postée en échelons, la droite à Castel-Ceriolo, et les autres divisions en arrière, en divers villages ou cassines, *la Barbotta*, *Marengo*, etc. Le centre général ennemi *g*, infiniment plus fort comparativement que les centres partiels *q*, *q'* des divisions françaises, dut les faire reculer au commencement de la bataille, et les poursuivit depuis San-Juliano. Mais, loin de marcher directement sur chacun d'eux isolément, et de les absorber ainsi successivement par une force relative incomparablement plus grande, le général Mélas dirigea son centre général sur une ligne droite, précisément au gros de l'armée française et à son centre d'activité *h*, résultant de la réunion de toutes les divisions qui avaient battu en retraite, ainsi que des corps qui n'avaient pas donné, et de la division Desaix, qui arrivait.

Cette faute majeure du général ennemi, de diriger son centre général *g* sur le centre français *h*, au lieu de le diriger sur les centres partiels affaiblis, fut une première cause de la perte de ses succès, et, par suite, de la bataille. Par-là, il marcha de plein gré à la plus grande résistance, et annulla le premier effet de son centre d'activité. En vain il voulut diriger latéralement sa réserve de grenadiers *k*, commandée par le général Zach, sur *m*, ce qui était une bonne opération de flanc : la première faute en annullait le résultat; car la lutte s'étant engagée entre les deux centres généraux, la partie restait égale quant aux deux gros des armées. Quant à l'attaque latérale, l'effet en fut contrebalancé, et détruit par une contre-attaque latérale *z* de cavalerie, sous les ordres du général Kellermann fils ; attaque brillante, hardie, qui décida la journée, et la marche en avant du centre principal français *h*, qui vint d'abord en *h'*, et successivement en *h''*, *h'''*, etc., jusqu'à ce que le centre ennemi *g* se fût reployé sous Alexandrie.

D'après les principes de statique militaire, il semble que si l'armée autrichienne, au lieu de se déployer comme à la parade, et de marcher parallèlement à son premier front toute la journée, eût porté subitement son centre d'activité général en arrière de *Castel-Ceriolo*, en *g'*, non-seulement il eût coupé d'abord la division *Victor*, mais il fût tombé d'un second temps avec toutes ses forces sur la seconde division en *q*, qu'il eût absorbée également. De là, se formant en *a' b'*, il eût porté de nouveau son centre général *g''* sur l'aile française *n*, très-affaiblie par les pertes des divisions précédentes, et qui n'eût pu soutenir le choc avec avantage. On ne peut dire quel eût été le résultat définitif; mais on peut assurer que, mathématiquement, les Français auraient été attaqués avec succès.

En général, il est de principe qu'il ne faut pas

pousser son ennemi en retraite à se coaguler de lui-même, comme les Autrichiens eurent l'imprudence de le faire (1).

En résumant : *cette observation, attentivement faite de la différence qui existe entre le* CENTRE DE GRAVITÉ *et le* CENTRE D'ACTIVITÉ, *paraît, en tactique, la base de toute attaque immédiate. Qu'on considère le* CENTRE DE GRAVITÉ *pour toutes les opérations et manœuvres préparatoires, apparentes, et propres à intimider l'ennemi ou à prévenir les attaques ; puis le* CENTRE D'ACTIVITÉ *ou de secours pour les chocs immédiats, on aura des données certaines, à part les caprices du sort.*

J'ose dire plus, c'est que cette distinction des deux centres paraît être le nœud de la question éternelle sur le meilleur ordre à choisir entre le *profond* et le *mince*, et devoir déterminer les cas où il faut employer l'un ou l'autre ; car je ne pense

---

(1) Les plans de la bataille ont été refaits six fois au dépôt de la guerre, avant de convenir à Bonaparte. Il est constant que les pertes depuis San-Juliano furent affreuses ; on cherchait à les dissimuler dans le rapport et le plan ; mais ce qu'il y a de certain, c'est le succès de la réserve, qui rétablit et décida tout.

Au surplus, la victoire fait encore moins d'honneur à Bonaparte, que les admirables dispositions qui l'avaient précédée, et qui, coupant l'ennemi de tous ses magasins, le forçaient à céder, même en cas de victoire douteuse.

pas qu'on puisse résoudre une telle question autrement que par des applications. En thèse générale, ce sont des frivolités, que vouloir choisir exclusivement tel ou tel ordre pour l'adopter dans tous les cas. On pourra en citer mille exemples, et notamment, comme nous venons de le dire, celui de *Fontenoi*, où les Anglais triomphèrent d'abord par *l'ordre profond*, et finirent par être chassés par *l'ordre mince* qui les enveloppait. A *Marengo*, les Autrichiens attaquèrent sur plusieurs lignes parallèles serrées, espèce d'ordre profond, et finirent par être repoussés par l'ordre mince, qui l'enveloppait de front et de flanc.

On pourrait en citer mille autres exemples moins récens, et toujours par le même motif que le centre d'activité est plus maniable avec l'ordre profond; d'où il semble résulter *que la première attaque se fait avantageusement en portant le centre d'activité d'une forte colonne sur une aile, ou sur le milieu du front ennemi; mais en développant aussitôt cette colonne de manière que tous les corps ou élémens soient dans le cercle d'activité*. Sans cela, la plupart ne pouvant agir sont nuls pour la détermination du centre général : c'est ce qui arriva dans la colonne anglaise, dont les rangs épais du milieu recevaient notre feu d'artillerie sans pouvoir y répondre.

Ceci nous amène naturellement aux ordres de

bataille sur plusieurs lignes, méthode ancienne peu usitée aujourd'hui, excepté chez les Russes, mais qui mérite d'être discutée en observant les *centres d'activité*, seule base de toute manœuvre de choc.

On voit clairement (*fig.* 32) qu'une armée sur deux lignes a nécessairement son centre de gravité plus en arrière en *g* que sur le milieu de la première ligne, de sorte qu'une armée sur deux lignes parallèles, *lorsqu'elle attaque de front ou obliquement, n'a d'autre résultat que de tenir son* CENTRE DE GRAVITÉ *plus en arrière et plus éloigné de devenir centre d'activité, ce qui est loin d'être un avantage.* Car, pour les manœuvres d'intervalle d'une ligne remplaçant l'autre, il n'y faut guère compter en action générale, et cela ne s'exécute bien qu'aux parades. Dans les batailles, une ligne forcée entraîne presque toujours l'autre; et l'on joint, au désavantage d'avoir eu *un centre d'activité* primitif plus faible, celui de faire entraîner par lui-même la deuxième ligne.

Il semblerait donc que l'on peut conclure, d'abord, qu'une attaque sur deux lignes parallèles n'a d'autre effet que de retarder la marche du *centre d'activité*, et que c'est annuller l'art volontairement, ainsi que les ressources du maniement de ce centre. Mais si, au lieu d'une seconde ligne parallèle devant percer la première en un grand nombre de points, pour entrer en activité, on la place en trois colonnes perpendiculaires à la première ligne, et presque contiguës à elle ; savoir : une au centre, et une débordant chaque aile (*fig.* 32), l'opération est fort bonne. Alors, non-seulement *le centre d'activité* se trouve plus rapproché de l'ennemi, mais il se confond même avec le premier, et y ajoute tout son poids, si les colonnes latérales s'élancent à portée du cercle d'activité, une fois l'ennemi ébranlé, et l'enveloppent d'un ordre mince dont le *centre d'activité g'*, tombant sans cesse sur une partie faible de l'ennemi, doit l'absorber nécessairement.

Ajoutons d'ailleurs que ces colonnes éclairent les ailes, s'opposent aux mouvemens d'enveloppe de la part de l'ennemi, pour nous déborder, et accélèrent la ruine de son centre, surtout si elles sont munies d'une forte artillerie, comme on le propose, et comme Frédéric eut soin de le faire à *Leuthen*.

Cet ordre est celui que les Russes emploient ordinairement ; il est très-bon et mathématiquement calculé : c'est celui qu'ils observaient à la journée de Preussich-Eylau (*fig.* 34). Leur supériorité numérique (car ils avaient réuni plus de 80,000 hommes contre les seules divisions françaises Saint-Hilaire, Legrand, Desjardins, Heudelet, etc., pour l'infanterie, et les divisions d'Hautpoult, Grouchy, Clein et Milhaud, cavalerie, qui, compris la garde, ne formaient guère, dit-on, plus de 55,000 hommes); cette supériorité, dis-je, facilitait la formation des Russes en colonnes appuyant leurs lignes. Aussi obtinrent-ils d'abord de grands succès sur l'aile droite, qui, égarée par le brouillard, la neige, dit-on, mais véritablement enfoncée maintes fois, et poussée avec son chef, le maréchal Augereau, fut acculée à l'église et au cimetière d'Eylau. Mais c'est là aussi que cette redoutable masse russe, entourée par les colonnes agiles et développées en ordre mince des Français, fut enfin forcée à la retraite, par l'attaque latérale concertée avec le maréchal Davoust.

C'est ici le cas d'observer la grande efficacité de cette attaque, préparée par Bonaparte, en détachant latéralement le maréchal Davoust. Ce corps n'eut jamais produit, à beaucoup près, en ligne, l'effet de cette disposition. Par elle seule, le centre d'activité combiné de l'armée française g et de la division Davoust q, se trouvait d'abord en g', où il entamait et dépassait déjà graphiquement l'aile gauche russe qui avait du succès. La marche progressive du maréchal Davoust en avant, jointe aux efforts soutenus de l'armée française sur l'église d'Eylau, portait sans cesse le centre d'activité plus loin en g'', jusqu'à ce que le mouvement général de retraite devint indispensable aux Russes par cette seule disposition.

On ne peut donc trop répéter que les attaques

latérales, quand on résiste vigoureusement de front, sont d'une efficacité prodigieuse; et la preuve, plus que mathématique, s'il est possible, est que tous les grands généraux ne manquent jamais d'en faire (1).

Sans rappeler encore Frédéric à Leuthen, on trouve dans les guerres modernes, et même récentes, des exemples décisifs en faveur de cette grande manœuvre de flanc. *Waterloo*, surtout, en est une vive et triste apologie; car Bonaparte fut la victime du même procédé qu'il avait employé si souvent avec succès. En effet, les Français, les 17 et 18 juin, eurent des avantages positifs sur les Anglais et les Prussiens réunis à Fleurus et à Ligny; mais ils prirent pour une retraite forcée ce qui n'était sans doute qu'une combinaison adroite du général Wellington. Les Anglais se retirèrent sur *Belle-Alliance* et *la ferme d'Hougomont*, qu'ils fortifièrent à la hâte, en se retranchant sur toute leur aile gauche, suivant leur utile coutume, couvrant leur front d'une immense artillerie, et laissant quelques intervalles pour faire charger leur cavalerie sur les plateaux légèrement inclinés, que

---

(1) Ces principes, émis en 1808, sont vivement recommandés depuis par le général Jomini, tome 1, page 298, et appuyés de citations brillantes prises également à *Leuthen*, *Eylau*, etc.

la cavalerie française avait de la peine à remonter rapidement pour venir à eux, ce que les cuirassiers français, malgré leurs belles charges, n'éprouvèrent que trop.

Les Prussiens, de leur côté, se retirèrent sur Namur, en apparence, et s'engagèrent dans les gorges de la Meuse, où il était impossible de les attaquer autrement qu'en les suivant sans grand résultat et sans pouvoir les prendre de flanc ni en tête, où ils avaient cette forte place.

Cette disposition faite, il est évident que les Français ne pouvaient attaquer que l'armée anglo-alliée, la seule qui offrît réellement la bataille et un engagement praticable. Wellington connaissait d'ailleurs le caractère de son adversaire, et son désir extrême de marcher sur Bruxelles : dès lors son plan de bataille dut être arrêté.

Se laisser attaquer de front, et pendant l'action préparer à propos une vigoureuse attaque de flanc par les Prussiens, tel dut être son projet ; tel il a été exécuté, du moins, et tel, sans doute, devaient le prévoir ceux qui voyaient la séparation volontaire des deux armées alliées, sans défaite assez notoire, ceux qui voyaient l'armée prussienne inattaquable (dans sa position évasive), et la certitude, dans tous les cas, que l'une des deux armées une fois engagée, l'autre viendrait sur le champ prendre les Français en flanc ou en queue.

C'est cependant cette manœuvre, pratiquée si souvent par le héros français lui-même, qui lui échappa cette fois, et qui précipita sa chute ; c'est cette attaque latérale, si efficace pour lui à *Eylau*, *Lutzen*, etc., qu'il éprouvait et ne voulait pas même croire, lorsque déjà l'artillerie prussienne repoussait son aile droite. L'aveuglement était tel, que lorsque les officiers instruits qui entouraient Bonaparte, jugeant, d'après les principes, assuraient que c'était Bulow qu'on entendait, Bonaparte n'en voulait rien croire..... Enfin, la canonnade devenant épouvantable, comme son erreur, il persista à soutenir que c'était le général Grouchy qui appuyait sa droite contre les Prussiens (comme en effet il devait l'espérer, si Bulow ne lui eût échappé), jusqu'à ce qu'une déroute irremédiable vînt l'avertir de sa méprise inconcevable et de la nécessité d'une prompte retraite.

Au surplus, qu'on remarque ici le grand effet de cette disposition fourchue des alliés, surtout une des deux armées étant inabordable, dans la vallée de la Meuse : 1° l'armée prussienne, attaquable par la seule largeur étroite de la vallée, devait ne point être entamée, ou l'être sans résultat utile ; elle pouvait, si les Français se portaient sur l'armée anglo-alliée, ressortir rapidement, comme elle le fit, et à l'improviste, de cette même vallée qui la dérobait à nos yeux, tandis qu'on la croyait retirée dans Namur; elle gagnait six lieues de marche, flanquait de toutes ses forces l'armée anglaise, et accablait les Français, déjà très-ébranlés par l'attaque de front; 2° elle avait la chance que si l'attaque de front des Français eût réussi, malgré la ferme contenance des troupes anglaises, dont le 5e régiment et quelques corps écossais furent réduits au sixième de leur effectif, l'arrivée subite des troupes prussiennes, fraîches et munies d'une immense artillerie, rétablissait l'action, remettait totalement en question l'issue de la journée, et soumettait les Français, très-affaiblis, à une deuxième épreuve.

De tels calculs, basés sur la science militaire, n'étonnent point chez des généraux instruits et expérimentés; mais en voir victimes ceux mêmes qui ont pratiqué avec tant de succès ce genre de manœuvres, il faut penser que des causes occultes, peut-être des trahisons, mais surtout les conséquences terribles d'une défaite unique qui décidait tout, l'ont emporté sur le genie de Bonaparte en cette terrible journée.

Ce que l'on dit ici pour deux lignes parallèles, considérées comme défectueuses, a lieu, à plus forte raison, pour trois ou quatre. Je pense donc qu'on peut affirmer *que l'on ne peut placer des troupes en seconde ligne, qu'en se formant en colonne sur les ailes, et tout au plus sur un seul centre pour se porter en avant aussitôt l'affaire engagée, et entrer dans le cercle d'activité. Sans cela c'est une partie morte dès le commencement de l'action, et absolument nulle.*

Ce principe est à peu de chose près celui de Folard, et se rapproche beaucoup de celui de M. de Ménil-Durand, qui avait en vue de prendre *un milieu* entre l'ordre profond et l'ordre *mince*, terme qui n'est pas admissible, attendu que l'un ou l'autre ordre ont leur efficacité en temps et lieu; mais il n'en est pas moins vrai que cet habile tacticien avait senti ce principe, s'il ne l'avait pas calculé.

Ce que nous venons d'observer pour deux lignes, sur l'annihilation des centres d'activité par la position et les distances des lignes parallèles, a lieu également pour les distances latérales. C'est ainsi qu'à Fontenoi, les redoutes *d'Anthoin* et de *Barri*, étant trop éloignées, et leurs feux ne se croisant point, il en résulta que le centre d'activité n'existait pas, et que la colonne anglaise ne trouvant aucune résistance de choc entre elles, passa presque sans perte. C'est ainsi, surtout, qu'à la bataille *d'Hochstet*, journée déplorable, les vingt bataillons jetés dans *Bleinheim*, et les quinze bataillons dans *Lutzengen*, villages à plus d'une lieue l'un de l'autre, ne pouvant se porter aucun secours, il en résulta que le cercle d'activité partiel de *Bleinheim* ne pouvant avoir que 600 toises, et réciproquement celui de *Lutzengen* 600 toises également, ces forces n'avaient point de centre général commun. Elles étaient relativement, l'une à l'autre, hors du cercle d'activité, et elles ne se combinaient qu'avec le peu de troupes qui se trouvait latéralement à cette distance, et nullement avec le reste de l'armée. Aussi ces ailes, volontairement mortes dès le commencement de l'action, virent-elles le milieu de la ligne enfoncé avec une extrême facilité, et sans y pouvoir porter un grand secours; car Marlborough fit forcer aisément ces lignes clair-semées d'infanterie éparse et de cavalerie non-soutenues, par deux colonnes de grosse infanterie serrée qui passèrent le ruisseau et enfoncèrent ce centre presqu'imaginaire. Alors ces ailes furent absorbées à leur tour par le centre d'activité ennemi, qui, après avoir écrasé le nôtre, tomba à son gré sur les deux villages retranchés, dont on n'eut pas même l'idée ou le temps de faire reployer au plutôt les troupes en colonnes pour se reformer en arrière : c'est ce que demandaient les régimens de *Navarre*, *Piémont* et autres, qui, désespérés de leur inaction et de se rendre prisonniers sans coup férir, enterrèrent leurs drapeaux. Mais une mauvaise disposition en initiative est souvent sans remède ultérieur.

On remarquera, à ce sujet, avec quelle habileté le prince Eugène de Savoie, le héros de son siècle, et qui le sera de tout temps pour les guerriers qui sentent le mérite du calcul et de l'exécution réunis au plus haut degré ; on admirera, dis-je, avec quelle justesse, quelle constance de principes cet habile général a constamment porté son *centre d'activité* sur les parties faibles de l'ennemi, et surtout attiré celui de l'ennemi sur le sien même, c'est-à-dire, sur la plus grande résistance, quand il était attaqué. C'est ainsi qu'à la bataille de *Chiari*, il eut l'adresse de faire présumer, par des démonstrations latérales, que *Chiari*, son centre, n'était pas armé, jusqu'à ce que l'armée française, qui s'y porta témérairement, en fut avertie par le volcan de feu et de mousqueterie qui en sortit.

C'est ainsi encore qu'à Hochstet, il remarqua du premier coup-d'œil, la faute énorme des quarante bataillons français paralysés dans *Bleinheim* et *Lutzengen*. Il vit déjà le centre d'activité, résultat de ces forces, nul par leur distance, et réduit aux seules forces réelles de la ligne de front, composée plus absurdement encore, et uniquement de cavalerie. C'est là donc qu'il porta de suite son *centre d'activité*, par une vigoureuse infanterie serrée et bien appuyée, et qu'une fois ce centre percé, les bastions de Bleinheim et de Lutzengen, morts dès le commencement de l'action, s'écroulèrent, puisque la courtine de cavalerie, pour ainsi dire ponctuée et simulée, avait disparu, et que, d'ailleurs, les bastions latéraux entre les deux villages susdits étaient hors de portée des feux, c'est-à-dire, hors du cercle d'activité.

Même coup-d'œil, même but à Malplaquet (*fig.* 35). Sans doute, si M. de Villars, plus libre d'agir suivant ses idées, à cette bataille, au lieu de placer ses lignes d'infanterie derrière les bois de Sars et de Blangies, bien au-delà d'une trouée existante entre les deux bois, et par laquelle l'ennemi était forcé d'attaquer, les eût placées latéralement ou en forme courbe, de manière à ce que son centre d'activité restât au débouché en *g*, après les premiers retranchemens emportés (succès qui avait déjà coûté 6,000 hommes à l'ennemi), j'ose croire que le feu convergeant de l'armée française eût écrasé les colonnes qui s'avancèrent après avoir forcé les lignes. Loin de là, il n'y avait au centre *c* que de la cavalerie, quoiqu'excellente, c'est-à-dire, la maison du Roi, qui chargea et réussit au premier instant, mais qui finit par être écrasée par l'infanterie serrée, comme cela devait être. Après cet échec, les centres d'infanterie française *a* et *b*, hors du cercle d'activité entr'elles, ne tirant que dans le bois, et ne se protégeant point, leur centre devenait nul, et l'ennemi ne trouvait devant lui que le centre d'activité particulier des troupes du milieu *c*. Ce centre hors de proportion avec le sien, une fois ployé, entraîna nécessairement le ploiement des ailes *a* et b sans coup férir, et par la seule crainte qu'elles n'éprouvassent le sort des troupes de Bleinheim et de Lutzengen, parce que les fautes et le cas étaient à peu près les mêmes.

C'est par-là que, quoique la perte de l'ennemi fût réellement beaucoup plus forte en hommes, la nullité volontaire des ailes fit perdre une bataille mémorable qui mit la France à deux doigts de sa perte. Mais si le prince Eugène profita habilement de la faute de l'ennemi, d'avoir affaibli et éloigné les centres d'activité à Malplaquet, il éprouva lui-même l'inconvénient de l'avoir laissé commettre même dans les lignes de communication, cas où il sera souvent presqu'impossible de l'éviter, quand elles auront une grande étendue.

Denain détruisit en un seul jour, par l'oubli de ce principe, l'avantage qui résultait de l'avoir adopté en plusieurs journées mémorables, et sert à la fois, en un seul homme, à le confirmer pour jamais.

On ne peut finir ce chapitre sans avouer que, quelqu'exactitude, quelque précision qu'on établisse pour le placement *des centres d'activité ou d'effet*, tant de chances, de circonstances s'y combinent, qu'il est presqu'impossible que ce placement soit mathématiquement exact, et ne soit pas altéré; que c'est à cette cause que doivent être attribuées la plupart des défaites. Mais, on conviendra aussi que c'est à l'observation du principe que sont dus la plupart des succès ; et que si, dans ce jeu terrible, la fortune a la première influence, encore est-il vrai que le bien joué doit finir par l'emporter, surtout quand les dés peuvent être également heureux à l'un ou l'autre adversaire.

En résumant les principes statiques relatifs aux batailles, il résulte que :

1° *Les centres de gravité deviennent ici centres d'activité.*

2° *On ne peut considérer dès à présent le centre de gravité des masses des corps comme centre d'activité, qu'autant que toutes les parties de ce corps ne seront pas à plus de 600 toises de l'ennemi, ou 1000 toises avec de l'artillerie légère.*

3° *Les centres d'activité des positions ou villages, ou mamelons retranchés, ne doivent pas être hors de la portée du canon, tant pour leur défense réciproque que pour la distance où ils sont du centre général ennemi ; sans cela, ils sont réellement, pour l'instant, comme des corps pesans hors de la sphère d'attraction, et ne peuvent entrer dans aucune combinaison statique.*

4° *On doit toujours chercher un dispositif qui permette de ruiner le centre général ennemi dans ses élémens, c'est-à-dire, dans ses centres de gravité partiels, pour qu'ainsi réduit et éloigné adroitement du nôtre, on parvienne à l'annuller, s'il est possible, ou, du moins, à le mettre hors d'état de tenir la campagne. Tel est le but et le mode d'appréciation de tout ordre de bataille.*

5° *Il faut, pour qu'un point soit réellement centre d'activité, que les extrémités de la ligne dont il est le centre, ne soient pas à plus de* 600 *ou* 1000 *toises du centre partiel ennemi attaqué, et par conséquent ces extrémités prennent d'elles-mêmes la forme d'une courbe dont le centre partiel ennemi est le centre.* (V. Leuthen.)

6° *Puisque les extrémités de l'arc d'activité ne peuvent être à plus de* 600 *toises chacune de l'ennemi, le front courbe ne peut guères excéder* 1800 *toises, ou* 12 *à* 15 *bataillons de front. Ceci s'applique surtout à l'attaque oblique.* (V. Leuthen, Hochstet, Malplaquet.)

7° *Il est nécessaire, dans l'attaque oblique, de faire attaquer le front par des tirailleurs, dont le centre isolé n'affaiblit pas le centre général du sixième de ses forces, et occupe le front de l'ennemi.*

8° *L'attaque en échelons, pratiquée quelquefois, paraît vicieuse à tous égards. Il suffit, pour le démontrer, de considérer la position de sa résultante ou du centre général, relativement aux centres particuliers.*

9° *De pareilles manœuvres ne sont bonnes qu'en retraite, et précisément parce que les motifs sont dans un sens inverse, et qu'on sacrifie successivement un échelon pour sauver les autres.*

10° *L'attaque en potence ou angulaire, dite en* crochet, *quoique non usitée à la guerre, et pratiquée seulement aux camps de manœuvres, présente cependant, mécaniquement, quelques avantages.*

11° *Puisque toute initiative tombe ordinairement sur les ailes, il faut indispensablement qu'elles soient équilibrées avec le centre général, où se trouve la résultante générale numérique, et qu'elles le soient par des positions équivalentes à des renforts d'hommes, ou par une nombreuse artillerie.*

12° *Une attaque par le centre et un succès par suite ne sont pas entièrement décisifs, quoiqu'une armée soit par-là séparée à un certain point : cela par le motif que le centre général d'activité battu peut ne pas changer de position et d'espoir de succès toutes les fois que les corps dont il est la résultante, quoique divisés, n'ont pas encore leur centre particulier plus près du centre ennemi que du nôtre, et par conséquent ne risquent pas d'être absorbés isolément.* (V. Fontenoy, Eylau.)

13° *La différence qui existe entre le centre de gravité et le centre d'activité paraît devoir être, en tactique, le guide de toute attaque. Qu'on considère le centre de gravité pour toutes les opérations et manœuvres préparatoires apparentes, et propres à intimider l'ennemi, ou à prévenir ses attaques, puis le centre d'activité ou de secours pour les chocs immédiats, on aura des données certaines, à part les caprices du sort et les circonstances imprévues.*

14° *La première attaque en tout ordre se fait avantageusement en portant le centre d'activité général, ou du moins celui d'une forte colonne, sur un centre partiel ennemi, puis développant la colonne de manière à ce que tous ses élémens soient dans le cercle d'activité.*

15° *On ne peut placer des troupes en seconde ligne, qu'en les appuyant immédiatement en colonnes sur les ailes de la première, et tout au plus sur un seul centre, pour se porter en avant par les intervalles, aussitôt l'affaire engagée, et entrer dans le cercle d'activité; sans cela c'est une partie morte dès le commencement de l'action, et absolument nulle.*

16° *Les attaques latérales à l'improviste ont la plus grande efficacité, et font faire des progrès rapides au centre d'activité général, qui entame ainsi l'aile ennemie par l'effet seul de sa position mathématique.* (V. Marengo, Eylau, Waterloo.)

17° *En un mot, et dans tous les dispositifs possibles, il est à désirer que les divisions soient égales pour que le centre de gravité ou d'activité soit aussi celui de secours, et qu'on y place la réserve, qui, par-là, aura le plus court chemin à faire pour se porter où besoin sera.*

CHAPITRE VIII.

Statique des retraites.

Les événemens et les exemples nombreux qui se sont succédés depuis la publication du *Mécanisme de la guerre*, en 1808; les conclusions et les observations qu'en a tiré judicieusement le général Jomini, m'ont obligé à refondre et modifier la *Statique des retraites*, où j'ai reconnu le vice de trop généraliser le principe de Lloyd et de Bulow, même en le rectifiant par les nouvelles additions que j'y avais produites dans le temps.

Car *les retraites excentriques* ont perdu beaucoup de leur crédit, depuis les échecs notables des armées prussiennes, après la bataille d'Jéna, où leur subdivision en quatre colonnes divergentes, à Magdebourg, Lubeck, Berlin et Prinzlow, les fit battre, couper ou prendre successivement. Les retraites de Wurmser, en Italie, suivant les mêmes principes, ont eu à peu près les mêmes résultats fâcheux; celles de Mack, en Souabe, également; toutes sont contre ce système, par le fait.

D'autre part, *les retraites centrales ou rectilignes* que conseille le général Jomini, ont contre elles presque toutes les retraites désastreuses des Français, excepté celle du général Moreau, qui n'était pas forcée, mais *retraite de position*. Les belles *retraites centrales* du prince Charles, en 1796, n'étaient pas également commandées impérieusement par des échecs ou par des manœuvres latérales décisives. Elles étaient à peu près volontaires, et il l'a prouvé par ses retours offensifs en Souabe.

Mais malgré ces exemples exceptionels, les retraites de *Moscou*, de *Leipsick*, de *Waterloo*, démontrent les graves inconvéniens d'une retraite *absolument concentrique*. En vain le général Jomini dira qu'il les conseille sur plusieurs colonnes à portée de se secourir. Cette condition est rarement possible, et presque toujours impraticable dans les pays peu habités, comme la Russie, ou insurgés, comme l'était l'Allemagne en 1813; et même dans les états bien coupés par des routes, où la nature du sol et les dispositions neutres ou propices des habitans nous favorisent, il est impossible d'espérer que les colonnes, surtout en retraite forcée, et souvent en *retraite-fuite*, se soutiennent et puissent être à portée de se soutenir, puisqu'elles n'ont pu le faire avant leur grand échec.

D'ailleurs, l'ennemi, comme en convient le général Jomini, aura toujours l'initiative pour tomber à son choix sur l'une des colonnes en retraite, la couper, la séparer et la prendre aussi bien que les *colonnes excentriques* d'armée. L'inconvénient sera donc à-peu près le même, à moins qu'on ne suppose que toute armée battue est parfaitement en état de recommencer le lendemain, ce qui se voit quelquefois, mais fort rarement, surtout avec une armée dont le moral se frappe vivement par les revers.

Je pense donc qu'il faut seulement distinguer ici, pour trouver la solution exacte ou la limite des deux propositions, c'est-à-dire, distinguer *les retraites de combinaison* ou *de demi-revers*, et les *retraites-déroute*. Cette distinction me paraît établir la limite des deux procédés *concentrique* et *excentrique*. Dans le premier cas, on peut marcher sur plusieurs colonnes rapprochées, manœuvrer et se réunir, au besoin, pour tenter une bataille, si on est trop serré à dos ou en flanc. Dans le deuxième cas, la *subdivision excentrique* paraît réellement le moyen le plus sûr d'échapper au vainqueur et de sauver une grande partie de l'immense matériel en artillerie qui suit les armées actuelles; condition majeure, et qui, surtout, procure les moyens et la possibilité de subsister des ressources fournies par les villages situés à portée de la route : ce qui est impraticable si *l'armée entière* y passe, attendu que les premiers corps dévorent tout et que les derniers meurent de faim ou s'éparpillent et se perdent pour vivre. C'est ce qu'on a vu dans les retraites de *Moscou* et de *Leipsick*, tandis que l'armée, divisée par tiers, aurait pu vivre sur trois directions, et sauver au moins son artillerie.

Nous admettrons donc cette distinction et ce principe, toutefois en suivant les conditions et les préceptes modifiés que j'avais cru pouvoir établir. Les voici :

Les retraites sont *simples* ou *composées*.

Simples, quand la déroute est générale, et qu'il ne s'agit que de soustraire au vainqueur la plus grande quantité possible d'hommes et d'élémens de la guerre, c'est-à-dire, *nos centres actifs et passifs*;

Composées, quand elles sont la suite d'un changement de position obligé, en ayant l'ennemi sur ses flancs ou d'autres corps d'armée, ou quand il ne s'agit que de la perte du champ de bataille et de partie des attirails de guerre qui s'y trouvent; qu'enfin on peut songer aux moyens les plus prompts de se réunir, soit pour prendre l'offensive latérale, soit pour résister à l'abri des places et des fortes positions.

Examinons brièvement les *retraites simples*, qui seules demandent un examen particulier, les retraites composées étant une combinaison de celles-ci avec ce qui a été dit à l'article des *positions*, *marches et combats*.

Dans les *retraites simples ou déroutes*, quand le vaincu est enfoncé de toutes parts, il est constant que c'est par la cause indubitable que le centre d'activité général ennemi a écrasé et absorbé les centres d'activité partiels de l'armée défaite. Réunir ces centres partiels, déjà très-réduits, serait une témérité et presqu'une absurdité, puisque le *centre de gravité* ennemi qui les talonne, ne leur en laisserait pas le temps, et d'ailleurs, intact lui-même, ne ferait que poursuivre ses avantages sur le même plan, avec un plus grand espoir de succès. Les centres partiels vaincus doivent donc s'isoler au lieu de se réunir, et se diviser de manière à ce que le centre de gravité ennemi, forcé de choisir, n'absorbe que l'un ou un très-petit nombre d'entre eux, et ne puisse jamais atteindre le centre général ou *l'indicateur* (1) de l'armée défaite, et par conséquent la majorité de ses divisions. Ainsi donc, l'armée battue doit, si son revers est médiocre, se retirer alors sur *plusieurs colonnes* à portée

(1) Ici nous rentrons en stratégie, le choc cesse et les centres d'activité redeviennent centres de gravité ou *indicateurs*.

de se secourir et de réunir leurs centres de gravité particuliers, de manière que le *centre général* soit, autant que possible, plus près du centre général ennemi, que le dernier ne le sera de nos colonnes éparses; sans cela, il écrasera toujours une des colonnes.

Mais *si la déroute est complète*, et l'armée démoralisée, elle doit diverger incontestablement suivant ces conditions.

Une figure fera mieux entendre les divers cas. Soient H l'armée victorieuse, *g* l'armée battue (*fig.* 36); cette dernière ployée en quatre corps d'armée en retraite, et dont le centre de gravité ou *l'indicateur* est en *g*. Si la déroute est totale, comme nous le supposons, les quatre corps *f*, *q*, *h*, *i*, ne pouvant plus espérer de s'appuyer, étant réduits, puisqu'ils ne l'ont pu faire étant intacts, doivent évidemment se partager pour que le centre H, s'il reste entier, ne s'attache qu'à l'un d'eux sur un des rayons *ff'*, *hh'*, *qq'*, *ii'*, où ils devront marcher en divergeant. Mais divergeront-ils indifféremment et sans limites, ainsi que l'ont avancé ceux qui ont émis ce principe général? Nous allons voir que ce serait commettre de nouvelles fautes, que ne pas suivre des règles statiques, tracées suivant les divers cas, et de ne pas s'y astreindre, même en s'éparpillant, comme ce cas-ci semble le vouloir.

Car, si les quatre corps *f*, *q*, *h*, *i* battus, se divisent suivant les rayons indiqués *ff'*, *gg'*, *hh'* et *ii'*, dont le premier et le dernier se rapprochent beaucoup du diamètre du cercle, ainsi que certains tacticiens l'ont proposé sans réflexion, il est évident que ce sont ceux-là auxquels le vainqueur ne s'attachera point d'abord, bien sûr de les retrouver à temps. Le centre vainqueur H se portera directement sur les corps *g'* et *h'*, dont il absorbera les centres partiels, ou du moins qu'il affaiblira encore par sa grande prépondérance numérique. Il cherchera à arriver aussitôt qu'eux sur la base d'opérations ou la frontière; et une fois maître en partie de ces corps, il est sûr, en longeant cette frontière de droite ou de gauche, d'intercepter les corps défaits *h'* et *i'*, qui auront eu beaucoup plus de chemin à parcourir.

Il paraît donc qu'en admettant le principe de divergence, en cas de déroute, la première limite à poser, c'est *que les corps latéraux, en divergeant, prennent pour limite du dernier rayon de divergence, des lignes* g m, g n, *tirées de leur position actuelle aux places fortes* m n, *formant les extrémités de la base*. Par ce moyen, elles y arrivent tout en divergeant par la voie la plus courte, elles y trouvent un abri, tandis que les corps intermédiaires se dérobent autant qu'ils peuvent, par marches forcées, aux attaques à dos, cherchent à gagner eux-mêmes l'appui des places de la frontière ou de la base d'opération, et à y faire arriver le centre de gravité général ou *l'indicateur*, le plutôt possible.

Il est évident qu'une divergence outrée, comme celle qu'on a proposée en beaucoup d'ouvrages, non-seulement entraîne les inconvéniens de détail exposés ci-dessus, mais tend à éloigner le centre général de l'armée battue, de sa frontière. En effet, le centre combiné des corps q' et h' est en g', déjà assez avancé près de la base d'opération. Il s'en éloignerait peu si les corps f' et i' étaient rapprochés de cette direction; mais au contraire ces derniers corps, par la direction qu'ils ont prise, ont leur centre de gravité en g'', lequel combiné avec le précédent g', recule le centre définitif ou *l'indicateur* en g'''. Ainsi, l'effet de ces corps trop divergens, en se sauvant eux-mêmes pour le moment (car ils seront ressaisis après), est de retarder la marche du centre général g''' de plusieurs journées, et son arrivée sur la ligne d'opérations où il serait sauvé.

La conséquence de cet inconvénient est que les limites extrêmes de divergence sont les places extrêmes de la base, toutefois encore *lorsque les distances de ces places aux centres partiels des corps, lors de la bataille, ne sont pas plus grandes, et sont même plus courtes que la distance du centre général de l'armée victorieuse au centre c de la base d'opération ou des forces restantes sur la frontière*; et la raison en est claire, car si l'ennemi se porte droit au point *c*, centre de gravité de la frontière, rapidement, comme il doit le faire, c'est là qu'il paralyse non-seulement les forces mobiles restant disponibles sur la base d'opérations, et qu'il empêche les réunions des garnisons ou autres forces qui pourraient tenter de nous protéger, en se portant en avant; mais encore, c'est par-là qu'il peut, en détachant, dès le principe, du point H, un corps nombreux qui marche sur *m* ou *n*, battre les corps *f* et *i* qui s'y dirigent, et y arriver avant ou aussitôt qu'eux, si la ligne *q m* n'est pas plus courte que H *c*. Cet exemple est précisément le cas où s'est trouvée l'armée prussienne après Jéna. Celle-ci s'est subdivisée en quatre corps, et l'armée française s'est dirigée par la ligne centrale sur Berlin, *centre de gravité* de la ligne d'opérations ennemie; d'où ses forces latérales se sont jetées sur les colonnes éparses et *excentriques* prussiennes, qu'elles ont dû absorber à *Lubeck*, *Magdebourg* et *Prinzlow*,

Mais il faut observer qu'ici la frontière prussienne était presque nulle en places fortes, n'ayant que *Magdebourg*, très-fort à la vérité, mais *Wittemberg*, après lui, à peine couvert de quelques redoutes, puis Torgau fortifié, mais assez éloigné, et ne formant pas système. Cependant, il est vraisemblable que, malgré cette faible ligne nullement coordonnée, les Prussiens auraient mieux fait, comme nous l'avons déjà dit, de défendre l'Elbe et de se coaguler en couvrant Berlin, que de l'abandonner en s'éparpillant, et livrant la Prusse sans défense; mais ils étaient frappés et découragés par ce grand revers, et c'était vraisemblablement une espece de *retraite-déroute*; cas exclusif, et seul admis par nous pour l'*excentrique*.

Il suit de ce que nous venons d'exposer sur la nécessité de regagner la frontière *excentriquement*, mais sans excès, en cas *de déroute* ou de démoralisation de l'armée, que les frontières rentrantes ou concaves présentent de grands avantages; car, le centre de gravité *c* y est toujours plus éloigné, relativement, de l'armée victorieuse, tandis que les places fortes *m* et *n*, situées à l'extrémité de l'arc, se rapprochent le plus possible des ailes battues, et leur présentent leur appui. Qu'on ne dise pas, à ce sujet, que notre centre général battu aura aussi plus de chemin à faire pour y arriver; cette objection est nulle, parce qu'il suffit que le centre général battu arrive ou en masse ou isolément sur quelques places de la ligne d'opération, pour être à couvert. Au contraire, le centre ennemi H n'y étant pas abrité, et restant en rase campagne, n'exercera véritablement d'influence funeste qu'autant qu'il parviendra, en effet, au centre *c*, pour de là se jeter, suivant les cas, à droite ou à gauche, sur les convois ou garnisons sortantes, seule opération qu'il puisse tenter jusqu'à l'entreprise des siéges.

Ainsi (*fig.* 36) les *frontières rentrantes, armées de places fortes, sont les plus efficaces pour protéger les retraites, atténuer les succès du vainqueur, ainsi que pour recueillir les corps latéraux divergens.* Car l'on voit aisément que si la ligne des places était droite, comme *m n*, ou saillante, comme *m c' n*, l'ennemi, ou son centre général H, arriverait beaucoup plutôt sur le centre général des bases d'opérations *c'*, et que les corps divergens en retraite recevraient moins d'appui des places latérales, en même temps qu'ils risqueraient beaucoup plus d'être coupés.

Voyons à présent quelles distances les corps battus doivent observer entr'eux, et quelle direction ils doivent prendre suivant les progrés du vainqueur, même en adoptant les premières limites que nous venons de fixer, c'est-à-dire, le concours aux places extrêmes avec les conditions proposées.

Si l'armée victorieuse ou son centre H (*fig.* 37) s'acharne après l'aile *i*, et que cela soit très-évident, après le premier jour de retraite, les autres corps d'armées *f*, *q*, *h*, auront pris la position divergente *f*, *q*, *h*, autour du centre primitif H, et auront fait toutes le même chemin autour de lui, mais non le même pour se rapprocher de la frontière. Cette première divergence ayant suffi pour décider le projet de l'ennemi, on voit clairement qu'il n'est plus nécessaire de diverger autant pour remplir le but qu'on se propose ; il en résulterait un plus long espace parcouru, un moindre rapprochement de la frontière ou des positions fortes. Il est évident, en outre, que le centre de divergence étant constamment le point H, ou l'armée victorieuse dans toutes ses marches successives, c'est à compter de ce point désormais, dans toutes ses positions H', qu'il faudrait tirer des rayons d'une longueur, telle que chaque corps fût plus éloigné du point H' que celui qui le précède ; c'est-à-dire, que les rayons H' *h*, H' *q*, H' *f*, fussent toujours plus grands que H' *i*, puisque le vainqueur, à considération égale, cherchera toujours à absorber le corps le plus près de lui.

Il s'ensuit donc qu'en décrivant déjà des arcs de cercle du point H', comme centre, avec la distance des corps d'armée, *f*, *q*, *h*, si chacun des rayons est beaucoup plus grand que H' *i*, on sera déjà en sûreté. Mais comme le vainqueur, mieux servi en moyens, peut gagner de vitesse, il faut une nouvelle limite à cette cessation de divergence ; sans quoi, avant d'arriver sur la frontière par les tangentes ff', qq', aux deux arcs décrits du nouveau centre H', on aurait pu être atteint et détruit partiellement. Il semble donc que les colonnes en retraite ne peuvent commencer à prendre la direction tangentielle aux arcs décrits du centre ennemi H', avec un rayon plus grand que H' i, et parallèles entr'elles, tomber perpendiculairement sur la frontière, qu'au moment où le point H' se sera éloigné assez des colonnes pour que le centre de chacune d'elles soit aussi près de la frontière que de lui, c'est-à-dire, que lorsque les tangentes ff', qq' seront égales aux rayons f H', q H' ; et cela est clair, car alors on aura moins de chemin et de temps pour arriver sur la base ou frontière que l'ennemi, qui ne pourra plus nous y devancer.

Ainsi, d'après ce principe, que les tangentes ou chemins pour gagner la frontière soient égales aux rayons ayant pour centre le vainqueur, c'est-à-dire, égales à la distance où l'on est de lui, on voit que la colonne la plus éloignée f, peut commencer beaucoup plutôt que le corps q, sa marche tangentielle et perpendiculaire à la frontière. Car, étant la plus éloignée de l'ennemi H', c'est la première dont le rayon étant le plus grand sera égal à la distance de la frontière ou à la tangente ff'. Le second corps q suivra a quelque temps près, et dès qu'arrivé en q, la tangente qq'

sera égale au rayon q H', ou à la distance de l'ennemi, il prendra aussi sa marche perpendiculaire. Quant au troisième corps, il doit évidemment prendre une marche divergente en s'éloignant du point H', et non en suivant le premier rayon Hh, qui le rapprochait de la direction ennemie Hi, et quand il aura quelques marches d'avance sur le vainqueur, qui s'est attaché au corps i, il devra prendre de suite la marche tangentielle et perpendiculaire à la frontière sur laquelle il cherche son refuge.

On observera sans doute, à ce sujet, que le centre ennemi H', changeant à chaque instant en se mouvant sur le rayon primitif H i, les corps f, q, h, qui se meuvent aussi eux-mêmes sur d'autres rayons, décriront ainsi des courbes inexécutables dans la pratique. Nous observerons que loin de les prescrire, nous ne songeons pas même à les calculer, et qu'il suffit dans la pratique que le mouvement du centre ennemi H', étant bien avéré, bien connu dès le principe, on chemine en divergeant d'après nos limites sur les premiers rayons. Puis, lorsque l'on sent qu'on est à une grande distance de l'ennemi, relativement à la frontière, il suffit qu'on fasse alors ce petit calcul si simple, d'après la connaissance métrique de l'éloignement de la base, et qu'on se dirige sur elle, dès qu'on saura que cette distance égale celle où l'on est de l'ennemi dans sa position actuelle.

Ainsi, en résumant ce dernier point, *les colonnes doivent diverger dans les limites prescrites, jusqu'à ce que leur centre particulier soit aussi près de la frontière qu'il est loin de l'ennemi. Dès ce moment, elles peuvent se diriger perpendiculairement à la frontière, l'ennemi ne pouvant y arriver avant elles, ni sur elles, pendant la marche.*

Supposons actuellement (*fig.* 38) que le vainqueur H fasse ce qu'il fera indubitablement s'il calcule bien ses chances, c'est-à-dire, qu'il marche directement sur nos colonnes du centre, et que cherchant à les anéantir, il poursuive sa marche directement sur le centre général de la frontière *c*, il est clair que les quatre corps qui auront divergé dès le premier jour du point H, comme centre, devront à plus forte raison diverger du point H', comme nouveau centre, en s'en éloignant encore davantage. Ainsi les corps, au lieu de diverger sur les rayons primitifs H *f*, H *q*, H *h*, H *i*, en continuant, divergeront de suite dès le lendemain, suivant les rayons H' *f'*, H' *q'*, H' *h'*, H' *i'*, jusqu'à ce que parvenus chacun à des points *f'*, *q'*, *h'*, *i'*, tels que leur distance du centre ennemi égale leur distance aux seules places extrêmes où ils peuvent concourir, ils s'y dirigent tous enfin, non perpendiculairement à la frontière (ce qui les rapprocherait trop du centre H', qui marche sur *c*, et qui peut se jeter à droite ou à gauche à volonté); mais en marchant directement aux places *m n*, qui sont leurs seuls refuges.

D'où il suit pour principe, que: *quand l'ennemi vainqueur se dirige en droite ligne sur la frontière, les corps battus, après avoir divergé d'abord, ne doivent pas s'y diriger perpendiculairement, mais seulement obliquement, et quand ils sont parvenus à une distance égale du vainqueur et de la frontière, converger de nouveau sur les places, extrémités de la base.* Mais, ce calcul s'est trouvé inexécutable pour le duc de Brunswik, en 1806, par la forme de la mauvaise frontière prussienne, plutôt saillante que rentrante.

Quant aux *retraites défensives* et même *offensives*, ou *combinées*, leurs opérations se composant de ce que nous venons de dire sur les *retraites*, et de ce qui a été dit sur les *positions et marches des colonnes*, on en conclura facilement la position des centres de gravité ou *indicateurs* pour la meilleure offensive, dans tous les cas.

De tout cela il résulte pour les retraites:

1° *Que l'armée battue doit, si son revers est médiocre, ou sa force encore très-grande, ou enfin son moral très-énergique encore, se retirer sur plusieurs colonnes à portée de se secourir, de manœuvrer et se remettre en ligne.*

2° *Qu'il en est de même, à plus forte raison, s'il s'agit d'une retraite de combinaison, ou de position, en ayant une armée ou deux sur ses flancs menacés, comme firent Moreau et le prince Charles en Souabe ; en un mot, que tous les principes du général Jomini sont exacts, et parfaitement applicables aux deux cas ci-dessus.*

Mais, s'il s'agit de *retraites-déroutes*, la nécécessité de sauver l'immense matériel des armées modernes, et celle de pourvoir vivre sur la route directe, et de ses seules ressources, oblige indispensablement à la subdivision par des marches excentriques, pour ne pas voir prendre l'artillerie en masse, comme on l'a vu dans plusieurs grandes retraites modernes, et dont le souvenir est si pénible aux Français. Cette marche multiplie les chances de salut et de succès partiels, et procure les moyens de vivre sans s'éparpiller ou marauder. C'est sous ces rapports principaux, *le salut du matériel*, dont la perte totale est décisive pour la campagne, et la nécésité de vivre au jour le jour, que nous maintiendrons nos principes pour les *retraites-déroutes* ou *excentriques*, et qui sont les suivans :

3° *Les corps latéraux divergens en retraite, prennent pour limite du dernier rayon de diver-*

gence des lignes g m, g n, *tirées de leur position actuelle aux places fortes* m, n, *extrémités de la frontière.*

4° *Ce principe n'a lieu néanmoins, que lorsque les distances de ces places aux centres partiels, lors des batailles, sont plus courtes que la distance du centre général vainqueur, au centre de gravité de la frontière.*

5° *Les frontières rentrantes, armées de places fortes, sont les plus efficaces pour protéger les retraites, atténuer les succès du vainqueur, ainsi que pour recueillir les corps latéraux divergens.*

6° *Lorsque le centre de gravité ennemi s'est prononcé pour suivre un des corps, les autres doivent diverger à compter de ce centre dans toutes ses positions, jusqu'à ce qu'ils soient aussi près de la frontière qu'éloignés de lui; dès ce moment ils peuvent se diriger perpendiculairement à la frontière.*

7° *Lorsque l'ennemi vainqueur se porte en droite ligne au centre de gravité de la frontière, les corps battus ne doivent pas, dans ce cas, s'y diriger perpendiculairement, mais obliquement; et, quand ils sont parvenus à une distance égale du vainqueur et de la frontière, se diriger sur les places extrémité de la base.*

CHAPITRE IX.

Statique abrégée des magasins et subsistances.

Il est évident que les corps militaires deviennent sans puissance par la privation totale d'alimens, comme les corps mécaniques par défaut de gravitation ou de force motrice.

Dès que *les centres passifs* ou magasins et convois n'existent plus, soit par l'excès des distances, soit par la prise qu'en fait l'ennemi, soit par la privation des ressources locales et latérales, sur lesquelles il comptait, il est évident qu'alors les *centres actifs* n'existeront plus également, ou, du moins, seront tellement affaiblis, que leur action et nos calculs subséquens tombent alors d'eux-mêmes pour la majorité des cas de guerre.

On sent qu'on force ici le principe, et qu'il ne s'agit pas des petits corps pouvant vivre partout et par tous moyens, ni même de l'armée entière pendant un ou deux jours. Mais, en grand et en thèse générale, et pour toute une campagne, il est de la première importance d'examiner sur quelles bases on doit asseoir *l'approvisionnement, le mouvement* et la *distribution des vivres*, *fourrages et munitions* des armées; pour que tout ce que nous avons dit ci-dessus sur les *statiques de détail et d'opérations* précédentes, conservent leurs lois et leur application.

Ainsi donc, il est nécessaire de suivre d'abord les *forces alimentaires* et *leur centre de gravité*, depuis la base d'opérations ou la frontière, jusqu'au *point objectif*, pour que les quantités soient suffisantes, et la distance de l'ennemi convenable; deux conditions essentielles.

Ensuite, nous les suivrons dans les directions latérales, pour en fixer le cercle et l'étendue suivant la nature du pays, la proximité de l'ennemi et la disposition des habitans; causes majeures très-influentes, et susceptibles également d'accroître ou d'annuller les forces alimentaires *de la base*.

Enfin, nous comparerons les systêmes anciens et modernes d'approvisionnemens, et nous démontrerons la nécessité absolue, avec les armées énormes de nos jours, de marcher par *réquisitions régulières et payées* (1), soit pour les vivres, soit pour les transports, et de fixer les opérations et les directions des colonnes les plus avantageuses,

(1) On verra par la suite le mode régulier et juste que nous proposons en pays ami ou ennemi.

statiquement, d'après cette nécessité aujourd'hui reconnue.

Soit donc (*fig.* 66) la base d'opérations M N appuyée sur les places M N et P approvisionnées pour fournir un corps d'armée de cent mille hommes, tant pour son séjour en *armée d'observation*, que pour sa marche en avant jusqu'aux premières stations, où il devra être formé de nouveaux magasins partiels par le pays occupé, afin de pourvoir à la subsistance progressive de cette même armée.

Les calculs les plus simples puisés dans les auteurs militaires, permettent de connaître les quantités nécessaires pour nourrir l'armée susdite jusqu'à sa base alimentaire en pays ennemi; mais, avant d'aller plus loin, il convient de décider une question importante, celle de la formation, même projetée, de grands magasins sur la ligne agressive d'opérations en pays ennemi, et celle d'en faire une des bases du plan de campagne, précaution recommandée et tracée méthodiquement par les anciens tacticiens, tels que *Lloyd*, *Tempelhoff*, etc., et à laquelle ils subordonnent souvent toutes les marches et opérations. Car, d'autre part, le général Jomini semble blâmer, au contraire, toutes les opérations stratégiques qui auraient pour base coërcitive ou restrictive *l'existence*, *la formation* ou même *la position* de ces magasins, et qui en feraient dépendre essentiellement les opérations.

Certainement nous sommes loin du temps où les *Condé*, les *Turenne*, les *Montécuculli*, etc., en coupant, interceptant ou détruisant les faibles magasins d'une armée de 15 à 20,000 ennemis, *maximum* de leurs forces, paralysaient leurs adversaires, et où leur loyauté envers le pays théâtre de la guerre, le rendant neutre, pour ainsi dire, permettait de subordonner la subsistance des troupes à l'existence unique de gros magasins militaires propriété du prince attaquant ou attaqué, sans obérer l'habitant. Nos guerres d'invasion depuis trente-trois ans, les systèmes politiques qui ont enveloppé les peuples eux-mêmes dans les luttes, les sacrifices ou les dépenses militaires, le nombre presqu'illimité des troupes, par les *conscriptions énormes*, les *landwher*, etc., qui, en rendant les habitans *soldats*, en même-temps qu'ils sont propriétaires du sol, les ont constitués responsables des dommages qu'ils causent aussi en se battant ; tous ces motifs réunis ont obligé d'abjurer en forte partie le système des *grands magasins d'état* préparés d'avance sur les lignes de base ou de flancs d'opérations, même en pays allié ou ami ; préparatifs qui deviendraient réellement gigantesques et presqu'incompatibles avec les mouvemens rapides variables, imprévus, et souvent décisifs des énormes armées d'invasions modernes, dont ils auraient indiqué et surtout ralenti la marche.

Bonaparte, le premier, dans ses belles campagnes d'Italie, surprit et déconcerta entièrement Beaulieu, Wurmser, Alvinzi et tous ses adversaires, par son nouveau système d'entretien des troupes sur *place*, par *réquisitions* subites, et de compter pour rien, dans ses mouvemens, la position de ses magasins présens et futurs ; tandis que les généraux autrichiens, asservis à leurs antiques usages ou principes, ne faisaient point un pas sans y combiner la nourriture du jour ou celle du lendemain, ainsi que la position de leurs magasins, et se croyaient perdus s'ils en étaient coupés ou séparés en partie, comme à *Marengo*, à *Mantoue*, etc. Cependant, avec les mêmes moyens de réquisition subite, mais régulière, qu'ils ont fini par adopter depuis, ils auraient évité des revers fâcheux, suites de leur ténacité dans cette doctrine opiniâtre, quoiqu'estimable au fond, puisqu'elle ne pressurait pas le malheureux, et utile dans l'avenir, en ne le forçant pas à devenir hostile, comme les Français l'ont éprouvé dans tous les pays *à réquisition forcée*, c'est-à-dire, dans toute l'Europe, quand ils y ont éprouvé des revers.

Que faire donc dans cette triple et fâcheuse alternative; entre l'impossibilité de former et de traîner souvent à sa suite une partie de ces énormes magasins; entre l'inconvénient d'exaspérer le pays par des réquisitions énormes et gratuites, à mesure qu'on avance, et même, par fois, l'impossibilité qu'elles suffisent, vu les distances? Il semble qu'entre ces trois écueils il faut prendre un *mezzo termine*, c'est-à-dire, établir d'abord de grands magasins sur la frontière d'opérations; mais magasins calculés uniquement sur le nombre, le séjour et les premiers mouvemens présumés de l'armée d'invasion, et nullement pour ses *pas ultérieurs*, et seulement jusqu'aux premières stations, le tout cependant largement calculé et en quantité double et triple de ce but, pour être en mesure en cas de revers et de retour sur notre frontière.

Ce premier calcul fait, et les opérations d'invasion bien arrêtées, on connaît la quotité des rations en vivres et fourrages nécessaires pour arriver à certaines villes désignées pour première station alimentaire. Mais, ici, une nouvelle et grande difficulté s'élèverait dans ce but, celle des transports, si l'armée est très-nombreuse et coagulée, comme le désire le général Jomini; et c'est là tout ce qui modifie le système actuel.

Pour partir d'une première base dans toute sa latitude et ses difficultés d'exécution, et en ne faisant porter que pour quatre jours de vivres au soldat, en biscuit, farine, etc. (quantité que nous étendrons beaucoup par la suite et au besoin), examinons ce qui arrivera d'abord de ce *maximum d'impedimenta*, suite des armées gigantesques actuelles, si l'on veut loyalement et politiquement avec l'habitant, et prenons ce cas *extrême* pour base de toute comparaison des systèmes anciens et modernes. La difficulté en sera plus évidente, les obstacles en seront plus sentis, les retraites plus difficiles, et l'application aux cas intermédiaires ou inférieurs, deviendra plus facile à faire.

Pour cela supposons une armée de cent mille hommes sur la frontière M N P (*fig.* 66); admettons que pour gagner, sur trois colonnes, les places A B C, première station, il faille huit journées de marche. D'après l'usage actuel, nous avons fixé à celles de quatre jours les stations à porter par le soldat. Le général Rognat les fixe à huit; mais c'est un *maximum* qui ne doit avoir lieu que pour les cas d'expéditions rapides, et l'on doit se borner à quatre au commencement de la campagne. Ainsi, ayant huit jours de marche pour regagner ces villes ou dépôts de la première station proposée, ce seraient donc, en outre, les rations de quatre jours à faire porter ou arriver par convois, à la suite des colonnes, parce que le soldat en porte déjà quatre.

Or, les tacticiens estiment aujourd'hui le nombre des voitures des *vivres*, *manutention*, *boulangerie* et *approvisionnemens* nécessaires se monter à cent caissons, y compris l'ambulance, pour une armée de 30,000 hommes. En admettant ce *mini-*

mum forcé (1), ce serait donc au moins 333 chariots à quatre colliers pour l'armée de 100,000 hommes ; et avec les fourgons de l'état-major et ceux du génie, on peut les évaluer en totalité à 400, qui occuperont 4000 toises ou deux lieues, vu les intervalles.

Actuellement, on remarquera qu'une pareille armée comporte en cavalerie ou chevaux d'artillerie ou de trait, au moins 40,000 chevaux, d'après le système actuel. Admettons que ces 40,000 chevaux puissent vivre entièrement sur la route avec les fourrages trouvés dans les villages à portée, et qu'il ne faille absolument aucune voiture pour les fourrages, en revanche on remarquera cependant qu'il faut à une pareille armée au moins 200 pièces d'artillerie et autant de caissons, sans compter ceux des régimens, et surtout les équipages de ponts et de parcs évalués à plus de 50. Il s'ensuit que ces 450 nouveaux attirails à quatre et six chevaux, occuperont à leur tour plus de 4500 toises ou deux lieues un quart géométriques, qui, jointes aux deux lieues auxquelles nous avons réduit l'es-

(1) Le général Rognat les porte à 400 en totalité, et à deux lieues de file seulement, *y compris le train d'artillerie;* mais ce calcul nous paraît trop faible, attendu qu'il n'y fait absolument entrer aucuns convois de vivres, si souvent indispensables.

pace des charriots et équipages précédens (en admettant que la cavalerie vivra entièrement des ressources de la route et de son rayon rapproché, ou de ce que l'on porte personnellement), n'en feront pas moins monter encore la ligne totale des convois et trains d'artillerie à quatre lieues et demie de file à la queue de la grande armée.

Ce calcul, qui n'est réellement point forcé, prouve donc, dès le principe et dès les premiers jours, l'impossibilité absolue de traîner actuellement des convois de vivres à sa suite, même en petite quantité. Il prouve *la nécessité de diviser la grande armée en plusieurs colonnes parallèles*, et enfin l'impossibilité de vivre autrement que par les produits des pays envahis. Il renverse entièrement toute la vieille théorie des gros magasins, des grandes bases d'opérations pour s'alimenter, depuis la base, théorie exécutable seulement pour de petites armées; il prouve, en outre, l'absolue nécessité d'établir seulement des dépôts et magasins provisoires sur les directions et les points où passe l'armée d'invasion. Mais cette dernière précaution est impossible *en avant*, à moins qu'on ne soit en pays ouvertement ami ou allié, ou que l'ennemi ne se soit retiré. On ne peut donc songer à établir de pareils magasins qu'à la suite des armées, progressivement, et étant couvert par des avant-gardes. C'est ce que l'on pratique, et ce qui prouve en même temps l'inutilité, aujourd'hui, de forcer et d'exagérer les premiers approvisionnemens de la grande base ou frontière, *puisque dès les premiers jours, le transport en devient impossible, dans les proportions requises*, avec des armées aussi énormes, et surtout en pays de montagnes.

On est donc forcé indispensablement de former les approvisionnemens futurs dans le rayon des places et dépôts de la première station, qui eux-mêmes ne doivent avoir que la quantité nécessaire pour faire arriver les troupes à la deuxième station, quantité qu'on doublera ou triplera seulement pour le cas de retraite. Cette précaution unit à l'avantage de ne pas gaspiller les ressources locales et perdre l'affection du pays, celui de ne pas laisser à l'ennemi une ration de plus que ce que nous aurions consommé en cas de retraite, et il nous dispense enfin de lui léguer des magasins tout faits, dont seuls nous aurions payé le prix, par la haine ou l'injustice.

Ainsi donc, en résumant ces principes, l'armée partant de la base M N P (*fig.* 66), après huit jours de marche, auxquels nous avons réduit le maximum des progrès pour ne pas avoir des premiers convois démesurés, arrivera, sur une ou deux colonnes parallèlles, aux places A, B, C, où elle s'emparera des ressources locales, qu'elle payera ou requerra comme contribution, suivant le système politique admis, en traitant le pays comme ami ou comme ennemi. De-là, portant son avant-garde plus loin, les magasins nouveaux seront établis et requis dans les places A, B, C de première station, en y rassemblant les ressources locales, dans l'auréole environnante de chaque dépôt, et tirées des villages R, S, T, V, X, Y, Z, dans le rayon prescrit, 4 à 5 lieues au plus, suivant la nature du pays ou les dispositions des habitans, pour que les charrettes de paysans puissent parvenir dans une journée, ou que les troupes d'exécution, pour les faire arriver, puissent rentrer à temps au corps, et suivre l'armée.

De-là, même procédé pour gagner les places ou dépôts futurs de deuxième station G, H, L, censées à-peu-près à même distance, et par les mêmes motifs, jusqu'à ce qu'enfin les colonnes diverses se réunissent au point objectif (O) pour livrer bataille, ou pour occuper la capitale ou le point décisif, comme on le suppose ordinairement.

Mais à présent sur quelles lois, quelles bases, quelle distance asseoir le mode de perception de rentrées ou de requisitions de vivres et fourrages, dans le cercle de chaque ville ou dépôt fixé à chacune des grandes stations? Les considérations qui doivent déterminer ici sont : 1°, la proximité de l'ennemi qui doit resserrer *le cercle nourricier* en proportion de sa force et du voisinage même de ses troupes légères ; 2° l'abondance ou la stérilité du pays, et la disposition favorable, neutre ou hostile des habitans ; 3° la facilité ou les difficultés du transport, en un temps donné et souvent limité par l'urgence.

Ainsi, supposons que la première station et les avant-gardes portées en avant des places A, B, C, les colonnes concurrentes puissent requérir et s'approvisionner dans *le cercle nourricier* de 5 lieues, des villages R, S, T, V, etc., il est certain que la deuxième station G, H, L, et même les avant-gardes encore, protégeant les nouveaux dépôts, *les cercles nourriciers* ou auréoles de deuxième station de ces colonnes devront se réduire en raison du plus grand voisinage certain de l'ennemi. Ils se borneront alors aux *cercles nourriciers x, y, z*, à un rayon de 3 lieues, par exemple, au lieu de 5, et même de 1 ou 2 lieues, suivant la nature et le nombre des troupes légères ennemies, telles que cosaques et corps francs, désespoir constant des approvisionnemens réguliers.

Ainsi donc, il est évident qu'à mesure qu'on avance au sommet de la *pyramide objective*, ou même simplement sur les deux directions latérales, ou enfin même sur une seule marche concentrique, comme le veut en général M. de Jomini (quoiqu'il exagère ce principe, souvent impossible avec de fortes armées), les *cercles nourriciers* X, Y, Z, T, V, etc., autour des places-dépôts, se resserrent suivant une progression évidente, et même calculable en certains cas donnés, tels que seraient (comme nous l'avons dit) la nature et la disposition du pays, mais surtout *le voisinage de l'ennemi* et celui de ses troupes légères. De sorte (*fig.* 66) que les superficies des *cercles nourriciers* et leurs produits sont pour ainsi dire en *raison inverse* du voisinage de l'ennemi, et *directe* de l'abondance ou des bonnes dispositions de l'habitant; qu'on pourrait, dans une supposition donnée, former une loi décroissante calculable des produits des surfaces alimentaires ou des cercles nutritifs locaux, et qu'elle serait susceptible d'être mise en *tableau*, ou *échelle de proportion*, jusqu'à ce qu'en présence de l'ennemi, chaque *cercle nourricier* devienne en effet *nul*, puisqu'on ne peut faire un pas sans combattre, et que le rayon du cercle est alors zéro.

Il résulte de cette observation statique, qui paraît juste, que les invasions *fourchues*, ou par lignes d'opérations doubles, et rapprochées sur une base moyenne, ont, *quant aux approvisionnemens*, et surtout à leur sûreté, un avantage réel sur les *marches* concentriques ou directes. Car, si l'on va plus vîte par la marche concentrique en commençant, les approvisionnemens, en revanche, deviennent beaucoup plus difficiles, puisque dans le procédé contraire, les deux lignes d'opérations couvrent réciproquement leurs flancs; que *les cercles nourriciers* intérieurs sont conservés dans toute leur intégrité interne, entre *y* et *z*, où l'ennemi ne peut pénétrer; qu'enfin les *demi-cercles nourriciers* extérieurs seuls sont attaquables par les troupes légères ennemies. Tandis que dans la marche concentrique et directe (voy: *fig.* 66, au-dessous de M P), *les cercles nourriciers* sont attaquables sur leurs deux demi-cercles latéraux, et que le demi-cercle intérieur est protégé et sauvé au contraire dans les doubles marches d'opérations, ou les doubles colonnes.

C'est ce qu'on a pu juger, en effet, dans les marches à-peu-près concentriques de Bonaparte en Russie et en Saxe. Ses *cercles nourriciers* se réduisaient progressivement à mesure qu'il avançait à *Smolensk*, *Viazma*, *Mojaisk*, etc.; en s'éloignant de sa base, en Pologne. Ses flancs n'étant pas protégés, *Witgenstein*, *Titchakoff*, et leurs innombrables cosaques, réduisaient ses approvisionnemens au petit cercle environnant des ressources de la route directe. Qu'en arrivait-il? que l'ennemi défendait avec opiniâtreté de gros magasins centraux qui avaient épuisé le pays, et qu'après avoir tué beaucoup de monde aux Français, à Smolensk, par exemple, ils brûlaient ces gros magasins en partant, ce qui rejetait l'armée concentrique dans un embarras beaucoup plus grand, puisque le pays direct était épuisé, et que les ressources latérales devenaient impossibles, n'occupant pas les flancs, dominés au contraire par l'ennemi (1). Il semble donc que, dans un pays peu habité, les marches concentriques et les approvisionnemens qu'elles entraînent en ligne directe et par excès, offrent de doubles inconvéniens.

Entre ces deux inconvéniens, il faut peut-être prendre un milieu, et n'appeler *marche centrale concentrique*, que la marche sur plusieurs colonnes parallèles à-peu-près, et à une distance respective suffisante pour se soutenir au besoin, et ne pas laisser pénétrer l'ennemi entr'elles; mais il faut que le pays s'y prête. Par ce moyen on suit au fond le procédé de la double ligne d'approvisionnemens, et des dépôts modérés que nous avons conseillés sur les lignes concurrentes d'*opé-*

(1) Les marches latérales du duc de Tarente, sur Riga, et du prince de Schwartzenberg, sur la Galicie, ne sont point considérées comme lignes ou colonnes concurrentes, car leurs distances étaient si grandes de l'armée principale et concentrique, que l'on ne pouvait les considérer que comme des diversions.

rations (système rejeté, cependant, en général, pour ses graves inconvéniens, et à cause de la diminution des forces sur le point central, *à moins qu'on ne soit en quantité numérique double de l'ennemi, et que la base ne soit moyenne*) (V. *Statique des grandes opérations*). Les *cercles nourriciers* sont alors *doubles, triples* en surface, et conservés intacts ; tandis qu'ils seraient *simples* et attaquables en suivant une seule ligne directe, comme on l'a vu en Russie.

En Saxe, avant et après la journée de Leipsick, les inconvéniens ci-dessus exposés ont été les mêmes, par la concentration malheureuse de l'armée, et d'après l'immensité des troupes légères et corps francs jetés en essaims sur nos flancs, par les généraux *Czernicheff*, *Téttenborn*, *Tielmann*, et d'autres chefs actifs. Il en est résulté la réduction des *cercles nourriciers*, à ceux de *Leipsick*, *Dresde*, *Marbourg*, *Erfurt*, et quelques postes sur la Saal, en un mot, de la route directe, et presqu'en une seule colonne. Et cependant, en ce pays, bien coupé de routes et bien approvisionné, la facilité des colonnes parallèles ou concurrentes était bien plus grande qu'en Russie, pays moins peuplé et sans routes parallèles ou analogues au but.

Ainsi définitivement, en examinant la figure 66, on reconnaît la loi décroissante des *cercles nourriciers*, leur protection réciproque ou leur altération par demi-cercles attaquables, suivant que la pyramide formée par les colonnes, soit d'opérations, soit de marche combinée et concentrique, devient plus aiguë relativement à sa base. Car, à mesure que les points M, N, P, A, B, C, G, H, L, se rapprochent, les *cercles nourriciers* X, Y, Z, T, se coupent, se rognent réciproquement, jusqu'à ce que les points A, B, M, N, S, se confondent entièrement sur la ligne du milieu N O'. Alors ces cercles (comme dans la figure en dessous de la ligne M' N, P) se réduisent à un seul, pour chaque station sur l'axe N O' de la nouvelle pyramide inférieure R', O', S', et sont une cause évidente alors de disette, et d'attaque latérale plus facile par l'ennemi.

Au surplus, ce tracé si simple R' O' S' d'une seule marche pyramidale concentrique trop aiguë, est l'exposé statique de la pointe funeste de *Moscou*, et il en démontre le vice radical mathématique, même en pays peuplé et de climat tempéré, comme l'était la Saxe.

Ces calculs faits, et ces premières démonstrations établies, quant aux *cercles nourriciers*, à leur décroissement et à leur protection réciproque à établir en *marchant sur plusieurs colonnes*, voyons à présent les *transports* y relatifs. Car, dira-t-on : «C'est toujours, malgré vos utiles réductions dans le nombre, et malgré vos protections réciproques, supposer une masse de plus de 1,500 charriots, y compris ceux du train d'artillerie et des parcs. Comment s'approvisionner de ces trains énormes ? » Je répondrai qu'on en a réellement reconnu aujourd'hui l'impossibilité absolue ; que tous les trains préparés à l'avance dans les arsenaux, se bornent aux fourgons des régimens et des ambulances, et des parcs d'artillerie et du génie ; que tout l'attirail des vivres et des convois qui les portent accidentellement à la queue des colonnes ou aux dépôts-magasins des stations, doit être inévitablement fourni désormais par le pays occupé, comme les vivres même. Enfin, on sent que c'est une double nécessité qui s'enchaîne par l'énormité de la masse à porter, et par la faculté plus grande du transport, puisque le véhicule se trouve par-là à côté du grenier ; c'est-à-dire, la charrette à côté du grain et du fourrage, ce qui évite de l'aller chercher, en doublant le chemin et les chances.

Ainsi donc, c'est un simple calcul à faire pour les commissaires des guerres ou intendans militaires, que celui du nombre de charriots ou charrettes nécessaires pour transporter, par exemple, 100,000 rations à telle ville-dépôt ou magasin désigné à chaque *ligne de stations* : 1° d'après ce que chaque charriot du pays peut porter ; 2° d'après la nature des chemins ; 3° d'après le genre des bêtes de trait, chevaux ou bœufs, pour que le tout arrive en quantité et en temps utile, et surtout en payant tous ces transports de suite et à jour fixe, au moins *en bons*, pour engager le paysan à s'y prêter, et même en lui offrant des primes pour le premier arrivé, système que nous proposons, et que les anglais ont souvent et noblement réalisé en Portugal et en Espagne, et même en Allemagne et en Flandres (1).

---

(1) Au surplus, cette nouvelle théorie régulière paraît être à peu près celle qui avait été adoptée pour l'expédition d'Espagne, en 1823, que nous prenons ici pour type (en projet, mais non, certes, en exécution), parce qu'elle offrait un spectacle nouveau dans l'art de la guerre. En effet, il fallait ici conquérir sans dépouiller, sans irriter l'habitant économe et pauvre en général, il fallait s'approvisionner et marcher en payant, soit qu'on requît, soit qu'on consommât sur place. Tout semblait porter à réaliser ce plan d'équité et de noble calcul. Un prince généralissime vertueux et brave, dévoré du désir de se faire aimer, même de ceux qu'il allait combattre, décidé à ne pas causer une violence inutile, une dépense vaine; cent mille Français à ses ordres, résolus à ne pas s'écarter de cette discipline sévère qu'il leur recommandait comme une gloire toute nouvelle à acquérir, et comme une nécessité dans un pays rancuneux et pauvre; enfin, les yeux de toute l'Europe, fixés sur cette tactique amicale et forte, qui voulait montrer le pouvoir royal désormais dans toute sa grandeur et son admirable désintéressement, en le

Ces principes établis, comparons brièvement ce mode régulier proposé (dont l'exécution, au surplus, a été si fautive en Espagne), au mode ancien

---

comparant à toutes les sources d'invasions désastreuses faites depuis trente ans.

Que de motifs pour organiser un tel système d'approvisionnement de la manière la plus économe et la plus irréprochable! Faut-il que le défaut de calcul, et même du calcul le plus simple, ait dénaturé le but le plus noble, les moyens les plus étendus!

En effet, l'armée partie de *Bayonne, Pau*, etc., devait arriver à *Pampelune*, *Saint-Sébastien*, etc., première station. L'invasion une fois résolue, et le calcul fait du nombre de charriots ou mulets nécessaires pour approvisionner après nous Pampelune et Saint-Sébastien, ce dernier but devenait la nécessité dominante, puisque sans lui la majorité des approvisionnemens restait et s'avariait dans nos magasins. Et pourtant, le croirait-on, ce premier mobile, ces moyens de véhicule manquaient entièrement, et ils ont servi de prétexte pour accepter en impromptu un marché *de transports* tout à fait illusoire! et ainsi la partie entraînant le tout, les transports ont fini par emporter les vivres, dans le cabinet comme sur les routes.

Chacun sent avec indignation le vice radical de mettre en entreprise *arbitraire* des transports et des magasins, qui, fournis d'abord en entier par la France, désormais devaient l'être par le pays conquis, et de doubler ainsi les prix et les abus. Mais l'intrigue et mille motifs honteux ont prévalu. Qu'en est-il résulté? une dépense presque double et une adopté pour les *magasins-dépôts des Autrichiens, Prussiens*, etc., et reconnaissons combien leur système était vicieux, d'après les armées nombreuses qu'ils avaient à entretenir, et dont il gênait tous les mouvemens.

Suivant *Lloyd, Bulow, Tempelhoff*, etc., les

---

perte de moitié pour les pauvres habitans qui ont livré par *rachat* leurs créances réelles au fournisseur général, qui n'a rien fourni ; ainsi, par-là, lésion d'outre-moitié des deux parts, et faute quadruple pour les deux royaumes.

Des administrateurs militaires bien choisis et expérimentés, auraient mis en honneur la nouvelle théorie proposée, qui fut toujours dans leur âme. Les *Villemanzy*, les *Daru*, les *Andréossy*, ont fait des prodiges, aux anciennes armées, *avec rien* ; que n'auraient-ils pas fait ayant des trésors en main, comme dans la guerre d'Espagne !

Ces agens fidèles auraient produit une économie énorme ; ils auraient pu employer également tous ces petits moyens d'émulation pour les transports, ces primes que la cupidité invente si facilement, mais que le véritable zèle trouve tout aussi bien, et pratique plus loyalement.

En résumé, le projet d'entrer dans la péninsule avec un nouveau système, en payant tout à jour, et régularisant le payement des réquisitions sur les contributions générales, aurait pu et dû servir de modèle à jamais ; l'exécution de détail, même, il faut l'avouer, n'a pas été mauvaise par sa célérité et par la bonne disposition momentanée des Espagnols. On ne blâme que l'inutilité *du marché*, l'énormité des prix, et la perte inutile de l'habitant pour enrichir des intrigans.

magasins placés sur la grande base d'opérations et sur les points objectifs latéraux, devaient alimenter progressivement l'armée en avant ou sur ses flancs, par des convois nécessairement énormes, quoiqu'à un moindre degré. Les armées de leur temps étaient inférieurs en nombre, à la vérité; néanmoins nous croyons avoir démontré (page 201 ci-dessus) l'impossibilité absolue de suivre ce système, d'après l'attirail immense, impraticable qu'il entraîne aujourd'hui, et d'après les détails numériques dans lesquels nous sommes entrés sur la longueur des convois, et leurs risques, par suite, même avec des magasins latéraux. Il nous reste à démontrer le vice stratégique de ce même système, et à le confirmre par des exemples.

Quand les armées françaises, russes et autrichiennes menaçaient l'armée de Frédéric, en Saxe, en 1756, chacune d'elles avait une base d'opérations et de ressources alimentaires. Les Autrichiens appuyés sur la ligne de la Bohême, les Français sur le Hanovre, et les Russes sur la Prusse même, après avoir traversé la Silésie. Tous avaient formé leurs magasins sur ces bases fondamentales, et ils comptaient en faire la souche de leurs opérations. Frédéric, au contraire, placé au centre, en Saxe, à Dresde, avait l'initiative pour s'élancer de sa position centrale sur celle des armées menaçantes qu'il jugeait la plus attaquable, le concert n'existant point entre ces alliés, du moins au point convenable.

Il coupait donc d'abord les communications de l'armée qui le menaçait, avec ses magasins, par des partis nombreux, en anéantissant par-là les ressources de l'ennemi; et l'infatigable Ziéthen en était le principal destructeur.

Ainsi les lignes alimentaires *a o*, *b o*, *m o* (*fig.* 67), *p o*, ou *r o*, *s o*, étaient constamment tourmentées. Pendant ces préliminaires d'attaques, Frédéric se portait, avec la rapidité de l'éclair, sur l'armée ennemie la plus à portée et en position la plus défavorable. On remarquera ici que sa marche centrale était toujours *concentrique* (étant *seul* au centre sans inconvénient); qu'il vivait, pour ainsi dire, au jour le jour, ou des magasins amassés par le vieux système ennemi, et qu'il préludait ainsi au système de *réquisition locale*, par la force de son génie et par la nécessité où il se plaçait; comme Bonaparte le fit par la suite. Ainsi, ses *cercles nourriciers*, dans un pays abondant, lui suffisaient entièrement, et se doublaient presque toujours par la prise de gros magasins de l'ennemi, quand il gagnait du terrain. En perdait-il? il retrouvait toujours son centre protecteur, et rencontrait encore quelque magasin à prendre sur une des directions innombrables hasardées par une des trois armées ennemies.

Cet exemple mémorable d'une armée centrale improvisant sans cesse ses coups et ses alimens, et marchant presque toujours sans magasins contre trois armées qui subordonnaient aux leurs tous les mouvemens; enfin, le succès qui a couronné Frédéric, doivent décider à jamais la question.

Le général Jomini trouve en vain que Frédéric n'improvisait pas assez sur ce point et ne se décidait pas assez vite dans ses premiers plans; il ne remarque pas assez, peut-être, que toute opération entraîne des préparatifs, recrutemens, munitions, et que la célérité du roi pour réparer ses pertes antérieures était encore triple de celle de l'ennemi en toute occasion, et surtout de celle du maréchal Daun et des Russes.

Les succès de Bonaparte, en Italie, où cette improvisation d'alimens a déjoué toute la théorie allemande, confirme encore notre assertion; car *a*, *b*, *c* est ici la ligne des magasins de Beaulieu et Mélas, à Plaisance et sur la ligne du Milanais. Dès que Bonaparte, après avoir passé le Saint-Bernard, fut venu sur la direction *m o*, au point F, couper Mélas de sa ligne alimentaire, ce dernier fut étourdi de cette hardiesse; la bataille de Marengo fut donnée, et douteuse, par les pertes réciproques; mais Mélas, coupé de sa ligne d'opérations et de ses boulangeries, se crut perdu et s'avoua vaincu; tandis que Bonaparte et des Russes auraient vécu opimaîtrément des ressources du Piémont fertile, et eussent bravé les clameurs et la haine de l'habitant, pour renouveler leurs attaques.

Il en fut de même en Allemagne, à Ulm, où Bonaparte courut attaquer les gros magasins de l'ennemi, en vivant lui-même, pour ainsi dire, sans prévoyance, et des ressources locales. L'ennemi coupé encore (dans son opinion) de ses lignes d'opération et de ses farines, capitula en partie; le reste se retira précipitamment sous la conduite de l'archiduc Ferdinand, dont la constance et l'existence par réquisition forcée dans sa retraite précipitée, prouvent encore que le système moderne est le seul praticable, puisque la nécessité y conduit d'elle-même et en prouve le succès, même dans les cas de revers.

Mais il ne faut pas conclure de ces succès brillans, l'avantage et la possibilité de réussir, et même d'exister toujours sans magasins et dépôts sagement amassés sur ses *bases progressives d'opérations, et même de stations*. Ce serait une grande erreur; je veux seulement dire que ces magasins ne doivent pas être la *cause dominante* et le *régulateur principal*, comme ils l'ont été trop souvent pour les Autrichiens; que s'il faut s'écarter habilement et à propos, pendant quelques jours, de la routine alimentaire, et savoir exister, dans l'occasion, *à la tartare, de tout et de toutes manières*,

16

surtout dans certaines attaques vives, pour étourdir l'ennemi, il n'en faut pas moins, le plutôt possible, revenir à la *guerre de méthode* et à la base solide des *magasins progressifs, sans excès*, et à celles des *dépôts et hôpitaux* propres à secourir le soldat mourant de faim ou blessé. Sans ces sages précautions, nul succès n'est durable, nulle conquête n'est assurée, et tout revers devient un désastre complet. Je dirai plus : c'est que, par-là, on trompe et déroute deux fois son ennemi, c'est-à-dire, par l'absence ou l'existence *alternative* de la méthode, à laquelle il ne s'attend pas.

J'ajouterai, au surplus, qu'il ne faut pas pour cela se jeter dans l'excès opposé, en outrant les précautions, bien qu'on doive convenir que cette vieille erreur allemande, *l'excès*, est estimable en principes; qu'elle se puise dans les antiques souvenirs des *Turenne*, des *prince Eugène*, des *Montécuculli*, qui voulaient isoler les peuples des malheurs de la guerre. Mais reconnaissons aussi que la participation actuelle et forcée des peuples aux violences guerrières, et surtout l'évidence et la nécessité absolue, détruisent à jamais le système des *grands magasins* et des *grandes précautions*, qui faisaient la base de toutes les opérations militaires.

De ce qui a été dit, je crois pouvoir conclure :

1° *Que les grandes armées actuelles ne peuvent plus exister et marcher en avant, que par la formation des magasins progressifs établis par stations graduées en pays ennemi, et non par des magasins gigantesques formés sur la base ou frontière, et intransportables.*

2° *Que les opérations militaires doivent se combiner d'après les vues stratégiques coordonnées à ce but simultané et indispensable.*

3° *Que les premiers magasins établis sur la base d'opérations, ou la frontière, doivent se réduire aux quantités nécessaires pour le séjour, comme armées d'observations, et à la fourniture de l'armée jusqu'aux premières stations, ainsi que pour le retour en cas de retraite. Mais que tout le surplus serait inutile, le transport en devenant impossible dans les proportions requises.*

4° *Que la figure* 66 *prouve la nécessité de marcher d'une station à l'autre sur plusieurs colonnes parallèles ou concurrentes, pour doubler et protéger réciproquement les* cercles nourriciers, *et en augmenter les surfaces. Elle prouve, de plus, les inconvéniens de resserrer la pyramide de marche, en rognant et annullant ainsi les* cercles nourriciers, *et les rendant plus attaquables, jusqu'à ce que la pyramide réduite à la ligne directe* N O', *annullerait presque entièrement les ressources latérales, et nous rendrait attaquables sur tous nos flancs, et surtout dans les pays déserts ou insurgés.*

5° *Cette même figure prouve la même nécessité, mais encore plus grande, pour les transports et l'artillerie, toujours plus allongés et plus compromis en ligne directe; enfin, elle démontre que le système de marche pyramidale, ou parallèle en colonnes, se protégeant réciproquement, ne doit pas excéder, autant que possible, pour les cercles* nourriciers, 5 *lieues de rayon à la première station*, 3 *à la seconde, et forme une loi décroissante et calculable, suivant la proximité de l'ennemi, et la nature ou l'activité de ses troupes légères.*

Nous ajouterons, pour terminer, *que le système de réquisitions, loyalement payées, est le seul mode praticable aujourd'hui, et le seul juste et politique pour faire abonder les vivres sans fatiguer et exaspérer le pays, ou s'exposer à des disettes, maraudes et massacres latéraux; et qu'enfin le payement des bons doit être imputé en masse sur les contributions générales imposées au pays vaincu, pour que les provinces frontières ne soient pas seules accablées : de même que la généralité des provinces du pays conquérant paye ces mêmes dépenses, si le traité de paix ne l'en dédommage pas.*

CHAPITRE X.

Statique des siéges, et nouvelles théories appliquées à la défense des places par la force de la vapeur.

On n'a point ici le projet de donner les détails de la marche d'un siége, et d'en prescrire les procédés. Outre qu'il faudrait des volumes entiers, ces opérations sont consignées avec le plus grand soin dans les ouvrages immortels de Vauban, dans ceux de Cormontaigne, de Bousmard, et surtout dans la doctrine manuscrite d'un corps respectable et célèbre (1). On n'a eu ici pour but que de suivre la marche des centres de gravité dans les siéges, d'y reconnaître combien elle s'accorde avec les procédés indiqués de tout temps par la pratique, le raisonnement et les maîtres de l'art. Cette marche

(1) On pourrait ajouter encore, et dans les Mémoires particuliers et précieux du premier inspecteur-général du génie, et d'autres inspecteurs de ce corps, dont la modestie se borne à l'application silencieuse et utile de leurs idées, à la fois sages et neuves, aux travaux que Sa Majesté fait exécuter.

reconnue entièrement conforme à la théorie usitée, on aura droit d'en conclure, ce me semble, son exactitude en tactique, puisque dans la partie de la guerre la plus exactement et même la plus mathématiquement calculée, c'est-à-dire, les siéges, les deux théories sont absolument analogues, et se confirment ainsi réciproquement.

Mais nous tirerons de cette théorie même la preuve de son insuffisance dans la *défense des places*, et la nécessité d'y créer un système nouveau, terrible, et basé sur les progrès des sciences physiques, système que nous exposerons à la fin de ce chapitre.

Observons d'abord ce qui se passe dans le système actuel.

Une place de guerre est la réunion de plusieurs fronts de fortification, ou plutôt un système coordonné de forces, dont le centre de gravité général *h* (*fig.* 40) est, par son essence, immobile, quoique ses centres partiels ou la force des fronts aient une puissance réelle, dès que l'ennemi entre dans le rayon d'activité, c'est-à-dire, à portée du canon. Mais ces centres partiels n'en sont pas moins immobiles comme le centre général, par la forme déterminée du polygone de la place. Il faut donc nécessairement que le centre général ou *indicateur* *g* de l'armée attaquante marche sur le centre ennemi, et pour y parvenir, qu'il pénètre dans le front *h'* qui lui est opposé. Comment y parviendra-t-il ? Si ce front de fortification, au lieu d'être en maçonnerie et terre, était uniquement composé d'infanterie rangée dans cet ordre, il faudrait y appliquer ce que nous avons dit, à l'article des chocs et batailles, sur la lutte des centres d'activité, et sur le meilleur moyen de faire absorber l'un par l'autre. Mais, ici, des remparts verticaux changent le problême, et nous forcent à marcher de notre côté avec des précautions verticales ou mantelets en terre qu'on nomme *tranchées*, qui servent à la fois à couvrir les hommes et à faire avancer, jusqu'au pied des remparts ennemis, l'artillerie et tous les moyens matériels destinés à les renverser.

Avant de s'avancer par des *tranchées* vers le front de fortification ennemi, chacun sait que l'on prélude par *l'investissement* de la place pour en fermer les avenues, intercepter les secours, et assurer d'avance les dépôts de matériaux, fascines, artillerie, etc., qui doivent alimenter les tranchées et les batteries.

L'investissement se faisant hors de la portée du canon de la place, par des corps de cavalerie d'abord détachés en avant, et postés par intervalles circulairement autour de la ville, puis par de l'infanterie prenant position suivant les facilités du terrain, on peut y appliquer tout ce que nous avons dit au chapitre des *marches et positions;* en considérant que la lutte des centres de gravité, si elle a lieu, ne peut consister que dans le choc des corps d'investissement avec les corps ennemis forcés de rentrer dans la place, attendu que cette dernière est encore trop éloignée, et son centre général sans effet sur nous. Il n'y a donc rien de nouveau à considérer sur cette lutte préliminaire; mais c'est le cas peut-être d'examiner brièvement la nécessité, non-seulement de ne pas faire des lignes continues, mais encore celle de se porter rapidement au-devant d'une armée de secours, en cas d'attaque imminente, dût-on abandonner momentanément le siége.

La question de savoir s'il faut des lignes continues de circonvallation et contrevallation, paraît aujourd'hui résolue. Il est reconnu que les lignes continues sont la perte des armées de siége, si l'ennemi a une forte armée de secours, s'il s'apprête à en porter à la place, et que l'assiégeant reste dans ses lignes. Mais peut-être n'est-il pas hors de propos de le démontrer mécaniquement en passant, comme toutes les propositions militaires déjà connues, que nous avons essayé de confirmer mathématiquement : c'est, on le répète, le seul but de cet ouvrage, qui n'est point de créer des paradoxes dans un art si difficile et si délicat, mais de prouver statiquement ce qui n'avait été généralement adopté que comme probable ou usité, surtout en tactique.

Essayons donc de faire sentir le vice des lignes de circonvallation continues.

Soient les lignes de circonvallation indiquées (*fig.* 40, pl. 4) et f, f', f'', f''', etc., les centres partiels de gravité des corps militaires répandus autour des lignes; il est clair que le centre de gravité général de ce système de corps est au point g, centre du polygone des lignes, en les supposant homogènes, c'est-à-dire, en supposant les corps de troupe répandus uniformément ou également forts, soit par leur nombre, soit par les positions qui y ajoutent. Actuellement, si l'ennemi ou son centre général h, marche pour attaquer les lignes en un point quelconque de leur enceinte, il est évident que n'y trouvant que le centre partiel f, il l'absorbera facilement par sa grande prépondérance numérique, et quelle que soit la force additionnelle du revêtement en terre et de son artillerie, l'assaillant en ayant aussi de son côté. Il en serait de même si l'attaquant marchait sur les autres fronts f', f'', etc.; le centre général g, tant que les corps particuliers du système ou polygone garderont ces positions circulaires, conservera la sienne, et ne portera aucun secours au point d'attaque. Mais si les corps f', f'', f''', etc., se portent dès le principe au point menacé f, et convergent tous à ce point, dès-lors le centre général ou *indicateur g* s'y trouve porté par ce concours, et tombe au point *f* même, ou à peu près. Alors la partie devient égale entre l'armée de secours et celle de siége, et le résultat dépend uniquement du courage des troupes ou des actions partielles, qui ont une si prodigieuse influence à la guerre.

Il est donc prouvé par ce simple exposé, ou que les lignes sont inutiles à faire, si l'ennemi est trop éloigné pour songer à les attaquer à temps, ou que, s'il est en mesure d'attaque, on doit se coaguler sur le champ pour se porter au-devant de lui à demi-journée au plus de la place, cas où les lignes sont encore plus évidemment superflues (1).

L'exemple funeste des lignes de Turin, forcées par une armée beaucoup plus faible que celle qui les occupait en 1704, sont un exemple mémorable et terrible d'une vicieuse disposition en disséminant ses forces, lorsque l'ennemi se porte sur un seul point. Tandis qu'au contraire, l'exemple brillant dans la guerre d'Italie, de la levée momentanée du siége de Mantoue pour donner bataille, est une

(1) Pareille démonstration a lieu par la théorie du *polygone flexible* en mécanique (*fig.* 40), où l'on voit que l'attaquant ne trouve sur chaque front que la force de tension *f* isolée du polygone, et non une force égale à la somme des tensions, ou le centre général, c'est-à-dire, l'armée entière.

démonstration frappante de l'excellence de ce principe, de se coaguler et de se porter au-devant de l'ennemi, dût-on abandonner momentanément quelque artillerie de siége, qu'on perdrait également dans une attaque de lignes, et qu'ici l'on est sûr de reprendre après, si l'on est vainqueur.

Il est donc préférable, et c'est ce qui s'est pratiqué dans toutes les dernières campagnes (quoiqu'on ait abusé du principe), de placer circulairement des corps suffisans aux principales avenues, le plus gros corps du côté de l'ennemi, et de fortifier isolément à la légère les corps faibles, tenant toujours l'armée de siége mobile et disponible pour une bataille, tandis que l'on fait marcher l'artillerie et des troupes sans cesse renouvelées à l'attaque du front ou des fronts de fortification assiégés.

Cela posé, quelle sera pour ce dernier point la marche du centre de gravité?

Si on porte des travailleurs la nuit à 300 toises environ des remparts du front *h* (*fig.* 39, *pl.* 4), qu'on les dispose en forme courbe, de manière à embrasser ce front, qu'on appuie les extrémités de cette ligne par des crochets ou de bonnes redoutes, et qu'au jour, l'assiégeant, après le travail de la nuit, se soit formé un bon parapet de terre contre les coups de la place, non-seulement il aura rempli le but de constituer solidement déjà son centre de gravité ou d'activité au point *g*, centre de gravité de la courbe; mais il aura assuré les moyens d'établir ses batteries, et de commencer à ruiner les défenses de l'ennemi.

Laissons l'examen du temps et des moyens de détail pour la construction des premières batteries, objets consignés en mille ouvrages, et suivons la marche du centre de gravité général vers la place.

Ce centre une fois établi au point *g*, cherchons à le porter plus avant, toujours avec sûreté.

Si l'on tire par le milieu des angles des bastions et de la demi-lune du front *h*, les lignes ponctuées qu'on nomme capitales, et qu'au point, ou à peu près, où ces lignes coupent notre première courbe ou parallèle *a b c*, on dispose la nuit des travailleurs soutenus par des piquets de troupes, et qu'on trace le chemin qu'ils doivent tenir en avant, de manière à ce que les coups de l'ennemi n'enfilent jamais les communications par lesquelles passent les travailleurs et les troupes, on aura fait des progrès réels, et on en aura fait faire en avant au centre général *g*. Quel sera le moyen de remplir ce double but? C'est de marcher en zig-zags sur les trois capitales, de manière que la direction de ces zig-zags dépasse toujours le saillant des chemins couverts de l'ennemi, et même quelque chose de plus. Alors les pièces d'artillerie qu'il pourrait y mettre à barbette, et même celles qu'il ferait sortir la nuit sur le glacis, n'enfileront point nos communications, qui s'établiront et se consolideront. De plus, les centres de gravité partiels de ces forces matérielles f, f', ou des boyaux de communication, ayant leur résultante déjà plus avant sur la ligne $g\ h$, qui, elle-même, est la ligne de cheminement du centre général, ces résultantes feront réellement les progrès indiqués (*fig.* 39), et porteront de proche en proche le centre g au point o, à 150 toises de la place; tandis que les batteries de la première parallèle auront déjà tourmenté les feux des remparts, et facilité nos projets ultérieurs.

Les têtes des zig-zags, parvenues à 150 toises, quel serait le moyen de faire faire de suite un chemin rapide et assuré au centre général g? Ce serait de développer de suite une deuxième courbe ou parallèle $m\ n\ o$, par les mêmes procédés nocturnes qu'on a suivis pour la première, et de se trouver, au jour, développé et muni d'un bon parapet sur tout le contour de l'arc $m\ n\ o$, dont on affermira fortement encore les extrémités par de petites places d'armes ou des redoutes. Par ce moyen, le centre d'activité g se trouve porté de suite au point g', centre de la courbe $m\ n\ o$. Qu'on transporte bientôt à cette deuxième parallèle, par les mêmes procédés, les batteries de la première qui ne peuvent plus exercer leur effet; qu'on y dispose des batteries de mortiers pour jeter des bombes dans les flancs, les demi-lunes et les places d'armes, où l'assiégé tient son monde prêt aux sorties; en un mot, qu'on consolide le centre g', soit par la forme de la deuxième courbe ou parallèle *m n o*, soit par l'action verticale des batteries qui l'appuient, ce centre aura fait définitivement le chemin $g\,g'$ en avant.

Actuellement, si, à partir de la deuxième parallèle ou courbe *m n o*, on suit les mêmes procédés pour faire cheminer plus loin le centre d'activité, on partira des points *n* et *o*, voisins des capitales, par des boyaux en zig-zags, dirigés toujours comme les précédens, de manière à ne pas s'enfiler des saillans des chemins couverts. On les tiendra, dans cette vue, plus courts et plus multipliés, et, arrivé à la demi-distance de la deuxième parallèle aux saillans, on développera aussitôt, par la même opération nocturne perfectionnée pendant le jour ou les jours suivans, une troisième parallèle ou nouvelle courbe *r s t*, qui, quand elle sera armée, munie de ses batteries de mortiers, et du feu de mousqueterie qu'elle doit commencer à nourrir, portera, par cela même, son centre de gravité ou d'activité au centre de la troisième courbe *r s t*, ou point g'', où elle se consolidera en résistant aux sorties par la force de son infanterie, et préparera ses succès ultérieurs, en éteignant encore davantage, au moyen de son artillerie, les feux de la place. On observera qu'avant de parvenir à ce point, le centre g' aura fait ses progrès graduels, par ceux en avant des trois têtes de zig-zags, et surtout par l'appui des demi-places d'armes, exécutées à demi-distances de la deuxième à la troisième parallèle, et qui sont nécessaires pour abriter de forts détachemens prêts à repousser les sorties de l'assiégé, sorties que sa proximité rend ici redoutables, surtout la nuit.

Il en sera de même pour procéder pied à pied, par les parties circulaires, conduites soit à la sappe volante, soit à la sappe pleine, au couronnement du chemin couvert. Les progrès de toutes les têtes de sappes, ceux des parties circulaires feront toujours, par la progression en avant de leurs centres partiels, arriver le centre général g'', plus avant, jusqu'à ce qu'environnant de feux les remparts même, dont les batteries du couronnement voient enfin le pied, on puisse battre en brèche et donner l'assaut, détail ultérieur et important dans lequel nous n'entrons point.

Il résulte de ceci, néanmoins, que toute la marche des mouvemens des centres de gravité en avant, jusqu'aux batteries de brèche, exige, pour ses plus grands progrès, le développement des courbes successives et des zig-zags que nous venons de prescrire. Or ces zig-zags et courbes sont précisément le tracé des parallèles et de la théorie des siéges, consacrés par le calcul, le raisonnement, et surtout par l'expérience. Ainsi, la théorie des centres de gravité nous en paraît donc prouvée réciproquement, et son application à la tactique paraît incontestable, puisque *la tactique n'est réellement que l'art d'assiéger les corps découverts.*

Nous ne parlons point ici du choc même, qui est, pour les siéges, l'art de renverser, par des moyens d'industrie, le rempart et les ressources qui abritent l'ennemi, pas plus que nous n'avons parlé, en tactique, du choc, corps à corps, des troupes; on s'est borné, comme ici, à amener le centre de gravité ou d'activité général, en présence, et dans la meilleure position possible : le reste, tant pour les assauts des places que pour les charges à découvert en tactique, est le résultat d'armes connues, ainsi que du courage et des événemens, terme de toute théorie.

Nous observerons seulement que l'artillerie faisant presque tous les frais des siéges, nos procédés ont visé constamment à faire cheminer cette artillerie, source des progrès principaux des centres de gravité, dont elle constitue la plus grande force; que c'est par-là que les feux de la place, bientôt éteints, permettent enfin d'approcher, et que l'artillerie de l'assiégé, constamment réduite au silence plutôt ou plus tard, dans tous les siéges, sera à jamais la source de l'infériorité de la défense sur l'attaque, tant qu'on n'aura pas songé davantage *à la fortification verticale*, pour se couvrir d'abord des pluies de fer et de feu, et surtout à rendre les places fortes ce qu'elles devraient être, de véritables *volcans*, propres à anéantir tout ce qui en approche.

Il est temps, d'après les découvertes nouvelles, et la puissance presqu'illimitée des *machines à vapeur et à gaz*, de donner à la fortification son véritable essor, et de la tirer de cet état d'infériorité où la constitue la lutte simple de l'artillerie, toujours plus favorable pour l'assiégeant, et en nombre supérieur. Il est temps, enfin, de créer une artillerie défensive *gigantesque*, intransportable, impossible même pour l'assiégeant, mais tellement exécutable, décisive et supérieure pour l'assiégé lui seul, qu'elle rende alors les places ce qu'elles doivent être, presqu'imprenables.

J'avais proposé, en 1808, dans le *Mécanisme de la guerre*, des *casemates à pièces indémontables* (*fig.* 41 et 42, *pl.* 3), qui tiraient par-dessus la voûte extérieure, rentraient immédiatement par le recul pour être rechargées, et pouvaient fournir un feu soutenu sur tous les fronts, et à l'épreuve même de la bombe.

Ce système, qui paraît ingénieux au premier coup-d'œil, et qui a été cité dans plus d'un traité de fortifications, ne vaut rien au fond, je le confesse, surtout d'après les vastes découvertes modernes. Après y avoir mûrement réfléchi, je l'ai trouvé faible, insuffisant, quoique préférable, cependant, aux batteries découvertes; en un mot, il ne répond nullement à la grandeur des moyens nouveaux. Je supprime donc ici tout le calcul inutile et détaillé des *affûts à bascule verticaux*, sur lequel je m'étais étendu dans le *Mécanisme de la guerre*, pour offrir ici une théorie définitive, nouvelle, plus vaste, plus foudroyante, et applicable à toutes les places ou fronts de fortifications existans.

C'est la construction sur chaque front d'attaque d'une *machine à vapeur ou à gaz*, du plus grand volume (*fig.* 68), parfaitement couverte et défilée des vues et feux de l'assiégeant, voûtée doublement, et à l'épreuve de la bombe, et, en outre, blindée triplement en temps de siége. Cette machine amassera la vapeur et le gaz dans deux vastes réservoirs différens sur chaque front de fortification, d'où le gaz serait porté par des conduits en fer ou en maçonnerie bien cimentée, jusque sous les emplacemens ordinaires des contre-batteries ennemies, où seraient pratiquées à l'avance des galeries et fourneanx vides, dans lesquels le gaz et la vapeur se condenseraient à volonté et à l'excès, au besoin, par l'action de la machine à vapeur. De fortes soupapes adaptées aux tuyaux conducteurs, et ayant une queue ou levier susceptible d'être graduée dans ses mouvemens et sa résistance, par des poids proportionnés dans ce but, permettraient au gaz de se porter et se condenser dans les fourneaux au degré nécessaire calculé pour l'explosion méditée. Cette explosion aurait lieu à la volonté de l'assiégé, par l'action d'un double fil d'archal tirant une détente à poudre fulminante, placée dans chaque fourneau. On sent que le tir de ce fil d'archal, et son extrémité déposée dans une cage de fer bien fermée, dépendrait uniquement des chefs des mineurs ou de celui de la place.

Par ces moyens réunis on voit l'impossibilité, pour l'assiégeant, d'établir ses contre-batteries, d'autant qu'on pourra placer trois rangs de fourneaux étagés et obliques, comme dans les mines ordinaires, et faire sauter trois fois l'emplacement, en graduant les fourneaux et leurs charges par le même gros tuyau conducteur, dont la soupape sera construite dans ce but, au moyen de sa queue à bascule plus ou moins lourde, suivant la force du gaz qu'on veut introduire pour tel fourneau.

Mais, dira-t-on, « une fois cet emplacement des
» contre-batteries sauté et bouleversé, comme
» dans les mines ordinaires, avec de grandes pertes
» pour l'assiégeant, à la vérité, vos fourneaux
» n'existant plus, et vos tuyaux n'aboutissant alors

» qu'à des entonnoirs à ciel ouvert et à un terrain » bouleversé; on pourra établir les contre-batte- » ries, enfin, et battre en brèche pour donner » l'assaut?... » Je répondrai que ce sera déjà beaucoup de temps et de sang perdu pour l'assiégeant, sans autre frais pour nous que ceux du charbon; et, en outre, que si, en effet, la guerre souterraine du gaz et de la vapeur cesse par l'interruption des gros tuyaux conducteurs et celle des fourneaux qui ont joué avec une grande perte d'hommes et de temps, il ne nous restera pas moins, après, une guerre verticale terrible et nouvelle à faire encore au moyen de ce même gaz, et en voici les moyens:

Il sera établi *deux immenses mortiers à vapeur et à gaz*, à côté de chaque machine à vapeur, et sous une voûte ouverte verticalement sur le front de fortification. Ces vastes mortiers, chargés à vapeur et à gaz condensé, lanceront à la fois chacun vingt-cinq obus ou petites bombes. La portée et la charge en seront calculés, aussi bien que ceux des *mortiers à perdreaux*, de Vauban, dont ils seront une imitation beaucoup plus en grand; mais ils auront sur eux un immense avantage, celui de porter des obus au lieu de grenades, et en nombre bien supérieur, et à une plus grande distance, s'il le faut. En outre, n'étant point lancés par la poudre enflammée, les projectiles ne seront pas sujets à partir et s'enflammer d'avance, puisqu'ils ne seront lancés que par le gaz et la vapeur non enflammés, pour éclater à point nommé sur l'assiégeant.

Ces deux mortiers terribles sur chaque front, et adossés à chaque machine à vapeur, lanceront un feu continuel sur les tranchées et batteries du chemin couvert de la troisième parallèle, suivant la force calculée de la charge du gaz. Un fort blindage sur la voûte, puis un mantelet mobile sur rouleaux, couvrirait le fossé, l'orifice vertical de la casemate, où est le vaste mortier : il le préserverait ainsi des bombes que l'assiégeant ne manquerait pas de diriger sans cesse sur ce point central ; il serait facile même de faire mouvoir le blindage et le mantelet, par l'action même du gaz, quand le mortier part.

Les Turcs, au siége de Rhodes, avaient imaginé aussi des mortiers immenses creusés dans le roc même ; mais, outre qu'ils ne pouvaient ainsi leur donner aucune direction, ils étaient trop ignorans pour calculer les charges, les portées, et n'en purent tirer le vrai parti. Ici, le mortier, son épaisseur et son volume, le gaz, les portées, tout serait calculable et calculé. La force du gaz et sa faculté d'agir, *enflammé ou non*, en lui adjoignant la vapeur, double les avantages et sauve les inconvéniens de la combustion des obus et des bombes ; enfin, la pluie épouvantable de feu et de fer sur l'assiégeant, ne rebrousserait jamais sur l'assiégé ; en un mot, on n'aurait point à craindre, dans les places, l'explosion si terrible et si redoutée des magasins à poudre, car celle des réservoirs à gaz dût-elle même avoir lieu par une bombe ennemie, avec quelle facilité ne répare-t-on pas le gaz perdu! Le charbon de terre et l'eau suffisent; une couche de six pieds de terre abrite le combustible; et cette poudre nouvelle devient intarissable pour l'assiégé, quand le salpêtre ordinaire lui manque, ou le fait sauter dans les bombardemens ordinaires.

En définitive, on remarquera que ce volcan central et sur chaque front, est additionnel à tout ce qui existe, et centuple les résistances sans nuire à tout ce qui se pratiquait précédemment pour l'artillerie mobile des remparts, pour celle des chemins couverts et des sorties, quoique nous soyons convaincus qu'elle même sera toute entière à gaz et à vapeur avant peu d'années (1).

(1) Le général Carnot, en me faisant don de son excellent *Traité de la défense des places fortes*, entra avec moi dans quelques détails sur *la guerre verticale*, son projet favori en général. Je lui proposai pour cela l'emploi *de la force de la vapeur*, et des mortiers gigantesques par ce moyen nouveau. Il approuva cette idée autant qu'il avait repoussé *mes affûts à bascule et casematés*, qu'il regardait comme *trop machines* et trop difficiles à exécuter en nombre suffisant (voyez leur réfutation, page 346 *de l'attaque des places fortes*, de Carnot); et je crois pouvoir citer son opinion, en général, pour ou contre mes propositions, comme une véritable autorité.

MÉMOIRES

PARTICULIERS, MINISTÉRIELS,

OU CONFIDENTIELS,

RELATIFS A DES GÉNÉRAUX CÉLÈBRES ET A DES ÉVÉNEMENS MARQUANS DE LA RÉVOLUTION,

INVENTIONS MILITAIRES,

ET DÉCISIONS DU COMITÉ DES FORTIFICATIONS Y RELATIVES.

MÉMOIRES

PARTICULIERS, MINISTÉRIELS

OU CONFIDENTIELS,

RELATIFS A DES GÉNÉRAUX CÉLÈBRES ET A DES ÉVÉNEMENS MARQUANS DE LA RÉVOLUTION,

INVENTIONS MILITAIRES,

ET DÉCISIONS DU COMITÉ DES FORTIFICATIONS Y RELATIVES.

Tout ce qui intéresse l'art militaire semble pouvoir trouver place dans ce traité, parce qu'on en peut tirer des conclusions pour les cas semblables. D'ailleurs, plusieurs Mémoires anecdotiques relatifs à des hommes ou à des événemens célèbres de notre temps, pourront offrir de l'intérêt : c'est ce motif qui engage l'auteur à publier cette série de Mémoires, Projets ou Inventions militaires, ainsi que le narré succinct des événemens qui les ont produits.

PREMIER MÉMOIRE.

Observations sur le plan d'attaque du général Dumouriez, en 1792, pour l'entrée en Belgique.

Sa Majesté le roi Louis XVI jugea à propos de former, en 1792, un comité central de la guerre. Il siégeait à l'hôtel Choiseul. Ce comité était composé du ministre (1), président; du général Dumouriez, du général Darçon (du génie), du général d'Aboville (de l'artillerie), des deux comtes de Noailles (pour l'infanterie), du marquis de Lambert (pour la cavalerie), etc. L'adjudant-général Alexandre Berthier en était rapporteur. Appelé à Paris par le ministre comte Louis de Narbonne (voyez note 2, à la fin), comme capitaine du génie, et adjoint à l'état-major attaché au ministère de la guerre, l'auteur de cet ouvrage, M. de R**, était chargé d'une partie des procès-verbaux de rédaction, et écrivait par fois sous la dictée de Dumouriez, qui dominait entièrement ce comité.

M. de R** fut mandé à une séance particulière tenue le 20 avril 1792, pour rédiger sur notes les dernières instructions à envoyer aux armées qu'on

(1) L'auteur y a vu, en trois mois, le comte Louis de Narbonne, le comte de Graves et le général Servan!

assemblait à Lille, Givet, Sedan et dans les Ardennes, ainsi que dans la Flandre maritime, pour pénétrer à la fois en Belgique.

D'après ces instructions, le maréchal de Rochambeau, qui commandait un corps d'armée de 35,000 hommes, devait pénétrer par *Ath, Tournai* et *Mons*. Le général La Fayette, commandant l'armée dite *du centre*, pouvait réunir 20 à 25,000 hommes à *Givet*, après les garnisons laissées dans les places fortes de sa base. Il devait se diriger sur *Namur*, s'en emparer, et de-là marcher à *Liége* et *Bruxelles*.

Ainsi, on calculait sur 50 à 60,000 hommes environ, pour s'emparer des Pays-Bas.

D'après ces bases, M. de R** écrivit conformément aux instructions de Dumourriez (que les autres membres laissaient proposer, conclure et même parler seul), les ordres pour les quartiers-généraux des deux armées.

L'auteur n'a point conservé de copie de ces ordres, et ne peut consigner ici que les observations particulières et secrètes qu'il se permit de faire sur ce plan, et qui, trouvées par Dumouriez dans son registre, lui attirèrent une vigoureuse réprimande, car ce général ne souffrait pas de contradictions, mêmes cachées et silencieuses. Il y avait du Bonaparte dans ses manières, mais non, certes, dans ses conceptions (2). M. de R** était, d'ailleurs, fort jeune, et Dumouriez n'aimait pas les officiers du génie. Cependant les vues de l'auteur étaient pures, franches, mathématiquement calculées, comme elles le furent toujours; et les événemens ayant confirmé ses tristes prédictions à cette première époque de la guerre, il croit pouvoir soumettre ici au lecteur les observations à la fois politiques et militaires qu'il s'était permises par par zèle pour la cause du Roi, qu'il voyait miner sourdement chaque jour.

Observations sur le projet du général Dumouriez.

1° Ce projet est une déclaration de guerre formelle et prématurée; il entraîne subitement la France, déjà divisée, dans une guerre certaine et à laquelle elle n'est pas suffisamment préparée dans ses moyens et ses dispositions politiques et militaires;

2° Ce projet d'attaque place le Roi dans une

(2) On ne dit point pour cela que Dumouriez fût un homme ordinaire; il avait de vastes connaissances, du courage, l'esprit de combinaison militaire et politique au plus haut degré. Il aimait sincèrement le Roi et la constitution: il l'a prouvé, en voulant deux fois marcher sur Paris pour les soutenir; mais malheureusement il n'a rien su ou pu faire en temps opportun.

position fausse et insidieuse; car s'il est question de dissoudre les rassemblemens d'émigrés formés à *Ath*, *Tournay*, *Coblentz*, etc., quoique ces rassemblemens ne soient pas assez nombreux pour inquiéter sérieusement la frontière, on s'expose à s'attirer sur les bras l'Autriche, qui est encore incertaine et muette dans ses camps (3), et, en cas de revers, à augmenter leur parti dans l'intérieur, en même temps qu'on rendrait, dans l'opinion publique, la famille royale responsable de ces revers;

3° Le général *Albert de Saxe-Teschen*, qui commande en Belgique, a une armée médiocre en nombre, à la vérité, mais composée de vieilles troupes autrichienes qui ont fait la guerre des Turcs, tandis que notre infanterie n'a pas vu le feu depuis la campagne d'Amérique, et même en très-petit nombre; il faut accoutumer cette dernière, par des actions progressives, ménagées à l'abri de nos places, et non par une offensive brusque qui entraîne de grandes opérations auxquelles les troupes ne sont nullement propres, soit sous le rapport des manœuvres, soit sous celui de la confiance;

---

(3) La note foudroyante de M. de Cobentzel existait, à la vérité; mais il y a loin de la haine politique et des notes diplomatiques aux coups de canon, surtout avec l'Autriche, si lente, en général, à se décider.

4° Le projet de faire entrer le général La Fayette par *Givet*, en laissant de côté *Luxembourg*, offre de graves inconvéniens. Il est hors d'état, avec une armée de 25,000 hommes, d'entreprendre des siéges, et il ne peut laisser sur son flanc cette forte place sans s'exposer à être coupé de sa base d'opérations. Quoique nous soyons supérieurs en nombre à l'ennemi, l'infériorité de l'expérience militaire compense cette différence, et il paraîtrait préférable, si on est décidé absolument à l'offensive, de faire une attaque concentrique en réunissant les deux armées sous Valenciennes, pour se porter en masse sur Mons;

5° L'incursion prescrite du général Carle, sur *Furnes*, avec 1,200 hommes seulement, est une pointe téméraire, et ne peut amener aucun résultat utile;

6° Plusieurs généraux, et entr'autres le général Dillon (voyez leur rapport), sont d'avis que les troupes sont encore trop novices à la guerre et trop indisciplinées pour réussir dans une offensive méthodique contre une armée exercée, et qu'il est indispensable d'aguerrir les troupes par des actions de détails avant de se livrer aux grandes opérations (4);

---

(4) Les événemens ne confirmèrent que trop ces prédictions: car peu de jours après, Biron s'avança de Valenciennes sur

7° Un petit traité *des affaires de postes et des moyens défensifs*, mis à la portée des troupes de nouvelle levée, pourrait être d'une grande utilité. Il conviendrait d'en charger un officier instruit ayant fait la guerre d'Amérique, la seule qui fournisse quelques officiers expérimentés en France (5).

Quévrain et Boussu, avec 10,000 hommes; Beaulieu n'en avait pas 2,500; à sa vue seule, deux régimens de dragons français se mettent à fuir en criant : *On est coupé; sauve qui peut!* l'infanterie, entraînée, les suit à la course; Biron, Rochambeau fils, etc., cherchent en vain à les rallier : toute l'armée s'enfuit à Valenciennes, où elle veut massacrer le maréchal de Rochambeau; et cela, parce qu'elle *a vu l'ennemi*, et qu'elle *est trahie!* C'était un véritable propos de recrues, qui, seul, indiquait le noviciat le plus complet. Et cependant, ces mêmes hommes, à *Bavay* et *Pont-à-Marque*, dans des affaires partielles, firent, peu de temps après, des merveilles. C'était donc par de petites affaires de poste qu'il fallait commencer, ainsi que le proposait le Mémoire. Le même jour, le maréchal-de-camp Théobald Dillon sort de Lille avec 3000 hommes, et arrive à Baisieux; 900 Autrichiens y paraissent. Soudain la cavalerie française fait les mêmes cris que celle de Biron, passe sur le corps à son infanterie, et s'enfuit à Lille, où elle massacre Dillon, le colonel du génie Berthois, etc. On attribue vainement à des trahisons cette lâcheté, qui n'était réellement que l'effet de l'inexpérience des troupes, qu'il fallait aguerrir avant de faire des plans stratégiques fort inutiles, quand on ne se bat pas.

(5) M. de R** désignait par-là l'adjudant-général Dumas

Nota. C'est ce traité que l'auteur essaya de produire alors, et qu'il a réduit depuis (dans le douzième Mémoire qui termine cet ouvrage), à ce qu'il croit absolument neuf; renvoyant pour le reste à *Clairac* et aux ouvrages connus sur la guerre de campagne.

---

un des officiers les plus distingués de tout l'état-major, ou l'adjudant-général Alexandre Berthier. qui avait servi avec distinction en Amérique, et auquel il espérait faire adopter une partie de son travail, étant un de ses adjoints. L'adjudant-général Berthier, depuis prince de Neufchâtel, était dès lors et déjà le vrai major-général au ministère, dirigeant tout l'ensemble avec précision et célérité. Il n'avait pas une très-grande instruction, mais un brillant courage, le tact militaire, une activité sans égale, une probité rare, et surtout une mémoire locale inouie, qualités qui en firent pour Bonaparte le meilleur major-général qu'il pût choisir, voulant penser seul et agir avec la vivacité de l'éclair. D'après ce choix mille fois justifié, ce qu'on fait dire à Napoléon, à Sainte-Hélène, sur les facultés morales de son *ami*, de son *confident intime*, pendant vingt-cinq ans, ne peut être qu'une fable ou l'expression injuste du dépit d'avoir perdu l'appui d'un honnête homme qui a dû tenir ses nouveaux sermens, et, suivant une cruelle apparence, leur a sacrifié noblement sa vie, dans la fausse position où il se trouvait.

DEUXIÈME MÉMOIRE.

Projet de défense pour le château des Tuileries, attaqué le 10 août 1792, *donné au général Vittinghof, commandant la division de Paris, le 5 août.*

Les affaires malheureuses de Baisieux et de Mons ayant refroidi les projets offensifs sur la Belgique, on ne songea plus, pour le moment, qu'à exercer les troupes et les gardes nationales par des actions partielles ou des défenses de postes retranchés. L'auteur saisit ce moment favorable pour soumettre au ministre de la guerre, *l'Agenda défensif*, ou *Traité succinct de la petite guerre défensive*, à l'usage des troupes de nouvelle levée, traité dont il a été parlé au chapitre précédent, et reproduit depuis au comité des fortifications, qui l'approuva en grande partie (voyez à la fin, aux notes, les conclusions du rapport du colonel Pâris). M. de R** crut devoir remettre, comme un hommage particulier, une copie de cet ouvrage au vénérable lieutenant-général Vittinghoff, son chef, commandant alors la 17e division (Paris, en 1792), et auquel il portait chaque jour à signer les ordres et la correspondance générale, qu'il rédigeait en qualité d'adjoint à l'état-major chargé de ce service. L'auteur y joignit, ou plutôt y glissa à dessein, le 5 août, parmi les projets des postes retranchés, en général, *un plan et projet de défense du palais d'un roi* (sans désigner nommément le château des Tuileries; mais le plan seul disait tout; voyez ce plan, *fig.* 69).

Les troubles affreux qui se préparaient, les bruits qui se répandaient à chaque instant dans Paris, d'une attaque prochaine du château, depuis l'invasion populaire du 20 juin; tout motivait ce projet de défense, que l'auteur soumettait avec l'ardeur et la confiance d'un jeune homme, à un vieux guerrier attaché, comme lui, sincèrement au Roi; mais placé dans une position trop difficile pour son grand âge.

Le général comprit et parcourut le projet avec émotion; puis levant les yeux au ciel, ce respectable vieillard rendit le plan en disant d'une voix altérée : « Mon pauvre R**, nous ne pouvons rien » ici! *demain je donne ma démission.* »

L'auteur resta altéré. Sans ajouter un mot, le général rentra dans son cabinet, paraissant navré de douleur (1).

(1) Quelques jours après, M. de R** reçut une lettre du lieutenant-général de Boissieu, nommé commandant en chef de la 17e division. Ce général était l'ancien colonel du régiment d'Austrasie, qui avait servi si brillamment dans l'Inde, sous M. de Bussy, et gagné en partie la bataille de

C'est ce projet de défense que l'auteur soumet ici au lecteur, ne se permettant pas de juger si la

---

Goudelour. M. de Boissieu enjoignait à l'auteur de préparer et lui porter à signer au château les ordres et avis pour les généraux des subdivisions, et leur annoncer qu'il prênait le commandement. La lettre est du 9 août (voyez la avec les pièces, à la fin, n° 3). Le 10 août, cet officier se rendit donc au pavillon de Marsan, où se tenait alors l'état-major-général de la division, pour faire signer les ordres. Il eut beaucoup de peine à pénétrer, en habit bourgeois, par la petite porte du côté de la rue de Rivoli; car ce côté du Carousel était inondé de marseillais, de bretons, de révoltés en tumulte et la mèche aux canons. Ne doutant point que M. de Boissieu ne fût au pavillon du centre, près du Roi, M. de R** courait l'y rejoindre par la cour, quand la canonnade des révoltés commença; la porte du côté de la rue de Rivoli fut forcée, la sentinelle suisse fut enlevée et massacrée sous nos yeux! N'ayant pas encore pris son uniforme chez le suisse de la porte, suivant l'usage d'alors, M. de R**, fut, heureusement pour lui, confondu dans la cohue des assaillans qui avaient pénétré et rempli la cour de ce côté.

Cependant la riposte des gardes suisses devant le château faisait un effet terrible. Par ce premier feu roulant, la foule fut repoussée comme une masse, ou plutôt comme un trait, jusqu'à la rue Saint-Nicaise, et avec une telle violence que M. de R** se sentit porté entièrement et entraîné malgré lui. Dans un moment la place fut nétoyée; on n'entendait que le cri de l'épouvante et de *sauve qui peut!* Réfugié avec ce mélange hideux de marseillais, bretons et piquiers dans la troisième allée à gauche de la rue Saint-Nicaise, là situation politique et horriblement compliquée de la France, à cette époque, eût couronné son adop-

---

cet officier fut témoin de la facilité avec laquelle la marche rapide et en avant des suisses, par colonnes serrées eût refoulé et chassé au loin cette cohue aussi lâche que cruelle; car tous ces fuyards étaient consternés, résignés même, et plusieurs blessés assez grièvement.

Pendant ce temps la fusillade continuait; mais les bonnets rouges rassemblés dans cette cour, furieux, serraient de près l'échappé du château.... Son costume trop élégant les faisait rugir : il fut saisi; il allait être fouillé. Ayant sur lui les ordres de l'état major, il était perdu.... lorsque parut tout à coup sur la porte un boulanger les bras nus, ivre, et qui criait à tue-tête : « Revenez, vous autres! il a abandonné » le château! c'est nous qui allons en avant. »

Ce cri fut celui de l'enfer; toute la cohue des bonnets rouges quitta sa victime et se précipita sur le Carousel. Désespéré de ce retour inattendu, M. de R** partit et se rendit, en traversant des bandes d'assassins de toute espèce, à la rue Feydeau, où il demeurait. Une heure après, M. D*** de N*** et son fils, tous deux grenadiers du bataillon des Filles-Saint-Thomas, vinrent cacher chez lui leurs fusils et témoigner leur douleur d'avoir vu tous leurs efforts et ceux de leurs amis aussi inutiles.

Quelques jours après, l'auteur reçut un courrier de son beau-frère, B*** de P***, l'ex-constitutant et chef du génie de l'armée du général La Fayette (voyez la note à la fin du livre, nº 4); il annonçait la révolte d'une partie des troupes, et l'influence épouvantable des jacobins, qui forçait lui, *MM. de La Fayette*, *Latour-Maubourg* et *Al. La-*

tion d'un succès complet; mais il est convaincu, au moins, que le Roi et la famille royale eussent été sauvés de leur personne. Retiré en Normandie, Louis XVI eût pu concilier là sa dignité et ses promesses, dicter des lois à tous les partis, et, dans tous les cas, sauver aux révoltés le crime affreux du 21 janvier.

Plan et projet de défense du Palais des Tuileries (fig. 69), *remis au général en chef, le 5 août* 1792.

» La première défense d'un monarque est l'amour du peuple; mais quand ce peuple est égaré par des

---

meth, à quitter l'armée et à se retirer en Allemagne. M. de R** vit tous nos malheurs comblés; il vit que les vrais constitutionnels, les plus sincères amis du monarque, étaient et seraient les victimes de leur amour du bien public, comme le seront malheureusement, en tout temps et en tous pays, les gens sages et droits, les véritables indépendans que les factieux des deux bords ne comprennent jamais et détestent toujours.

Tels sont l'issue et quelques détails de cette horrible journée, dont l'auteur faillit être victime. Nul doute que le Roi ne fût resté avec ses défenseurs, s'il eût été seul. Ses derniers momens, si sublimes, prouvent qu'il ne tenait pas à la vie, et que toutes ses craintes étaient pour sa famille adorée et pour l'effusion du sang. (Voyez note n° 5, à la fin.)

factieux, la force et la vigueur deviennent indispensables au souverain, et lui rallient tous ceux que l'incertitude finit par entraîner au parti contraire.

» Les gardes suisses sont fidèles et dévoués; deux de leurs bataillons incomplets sont bivouaqués dans la cour du château et dans les barraques; mais ils ne forment que 1,200 hommes au plus, qui ne suffisent point.

» Les bataillons des gardes nationales des Filles-Saint-Thomas, du Louvre, de Bonne-Nouvelle, etc., offrent leurs services; ils sont remplis de zèle et de dévouement. Composés de jeunes gens du commerce et de la classe aisée et bien pensante, ils défendront le Roi jusqu'au dernier soupir. D'ailleurs, ce mélange de troupes constitutionnelles avec celles de la ligne, même étrangère, produira un excellent effet, et rassurera les amis du Roi et ceux d'une sage liberté.

» Leur réunion pourra former un corps de 7 à 8,000 hommes environ; mais il est sans artillerie; et, privé de cette arme, tout poste est sans force, d'autant qu'ici les révoltés ont des pièces de 4.

» Il est indispensable et pressant de faire sur le champ les dispositions suivantes :

» 1° Dépaver les cours sur une largeur de dix toises en avant du front de bataille et du château (voyez le plan, *fig.* 69);

» 2° Élever un parapet ou retranchement angulaire de sept pieds d'épaisseur, en terre, M N, M N, dont les terres seront fournies par le fossé à redans (*fig.* 69, suivant le tracé ci-joint);

» 3° Élever aux deux angles rentrans du château, deux batteries A B, A B avec épaulement, chacune de quatre pièces de 8 ou de 12, tirant à feux croisés et à mitraille sur le débouché de la grande cour, et couvrant le front de bataille et le grand redan M N;

» 4° Masquer deux pièces ou obusiers C, avec mamelon et épaulement dans le premier guichet du quai, en avant du mur de la cour du château, pour prendre à revers les révoltés;

» 5° En placer deux autres dans la maison D, située à l'angle de la cour particulière du pavillon de Marsan, pour défendre les approches;

» 6° Faire une large coupure intérieure, et du haut en bas, à la galerie du Louvre, avec une traverse en sacs à terre et ballots de coton, pour éviter les incursions et surprises par cette aile des Tuileries, et tirer, au besoin, par dessus cette traverse;

» 7° Pratiquer une fougasse continue au pied du mur en brique C D de la grande cour, pour l'abattre d'un trait, si les révoltés l'escaladaient ou gagnaient du terrain, et les accabler à la fois par le feu masqué des batteries croisées et celui des retranchemens;

» 8° Ce premier feu effectué, les prendre en flanc par une attaque en colonne débouchant de l'hôtel B D et de la galerie du Louvre C;

» 9° Du côté du jardin, déblayer tout le derrière du mur P P, de la terrasse de l'eau, pour éviter l'escalade; y pratiquer un fossé de trois pieds de largeur au fond et huit en haut, avec parapet et abbatis au fond du fossé formés des branchages aiguisés; ce fossé sera enfilé par deux pièces de 12, R, adossées au rez de chaussée du pavillon de Flore (2), et couvertes d'un petit épaulement pour tirer à barbette;

» 10° Deux pièces, Q, adossées au rez de chaussée du pavillon Marsan, et avec épaulement, à barbette, enfileront également la terrasse des Feuillans, et une bonne estacade parallèle sera faite, ainsi qu'un fort abbatis T V avec les gros arbres, qui suffiront, avec cette batterie, pour arrêter les premiers assaillans;

» 11° Un petit retranchement R V Q, à redans, couvrira le château du côté du jardin, et le feu croisé des quatre pièces aux angles des pavillons

(2) Ces travaux seront exécutés aisément en vingt-quatre heures, par les suisses et les bataillons zélés de la garde nationale

Marsan et de Flore les soutiendra dans leurs branches-palissadées; une sortie F F, y sera pratiquée pour le passage du carosse du Roi;

» 12° Des traverses et abbatis continus le long de la grande allée, protégeront le passage jusqu'au pont tournant, où une bonne traverse et un avant-poste des suisses, très-fort, assureront ce point de sortie;

» 13° Ne considérer, au surplus, toute cette défense que comme un moyen de couvrir la retraite prompte et *indispensable* du Roi, sur Ruel, Evreux, et les côtes de la Normandie; mais retraite prévue, volontaire, et dans le but seul d'éviter de nouveaux *crimes* aux factieux; une voiture doublée en fer, avec vasistas en fer, préservera des coups perdus, et partira du château par le jardin;

» 14° Les gardes suisses, échelonnées à Ruel et à Evreux, ainsi que quelques troupes fidèles bien choisies, protégeront la marche rapide du Roi et de la famille royale (3);

» 15° Cent cavaliers d'élite et déterminés, mais

(3) M. de R** avait écrit depuis quelques jours plusieurs ordres donnés par le général Witinghoff, pour les rassemblemens de certains corps à Evreux, et échelonés sur cette direction. Il ignore si le choix de ces corps et ces ordres coïncidaient avec un projet analogue au sien. Il le croit; mais ne peut l'affirmer.

vêtus de l'uniforme de la garde nationale, serviront d'escorte; cent autres se trouveront à cinq lieues, pour les relever de poste en poste, ainsi de suite, et ils suffiront, les révoltés n'ayant point de cavalerie (4);

» 16° Les bataillons des suisses et ceux qui auront défendu le château, se retireront en colonne serrée, et formeront l'arrière garde avec leurs pièces;

» 17° Enfin, *ne pas brûler une amorce* que les factieux n'aient tiré le canon; il faut prouver que notre bon et malheureux Roi ne fait que se défendre contre des assassins. »

---

(4) L'auteur ne vit sur le Carousel, le 10 août, pour appuyer les marseillais, qu'une cinquantaine de cavaliers bretons vêtus en rouge. C'était tout; et ils périrent la plupart, étant pris pour des suisses qui se sauvaient.

TROISIÈME MÉMOIRE.

Treize vendémiaire an 1795; camps sous Paris; Bonaparte général en chef à Paris; nouvelles tentes à lui proposées pour la cavalerie de ces camps.

Si Bonaparte eût commandé la division de Paris, le 10 août 1792, comme il en eut le commandement en 1795, nul doute qu'il eût pu sauver le Roi et dissiper les rebelles. Assurément il eût désiré, conseillé en secret des concessions politiques; car il était constitutionnel alors, comme la grande majorité des officiers d'artillerie et du génie, *bons calculateurs* pour le bien général ainsi que dans leur art. Mais l'inflexible fermeté de Napoléon et son énergie étonnante eussent assuré le succès de la cause royale, quand on n'y a vu, chacun l'avoue, malgré le zèle et la bonne volonté des serviteurs du Roi, qu'indécision absolue et le désordre le plus déplorable.

Quel beau rôle eût joué alors Napoléon! il eût été le Monck français (1)! Nommé généralissime

(1) Pichegru, Moreau et d'autres maréchaux que je ne nomme pas, ont failli jouer aussi ce beau rôle de Monck, et cependant ils avaient aussi conduit nos armées à la victoire. Ce n'était donc pas cesser d'être français, mais cesser d'être républicain; système impraticable en Europe aujourd'hui, d'après l'opposition collective des grandes puissances.

par le monarque, vainqueur des ennemis intérieurs et extérieurs, toutes ses victoires eussent été aussi belles et plus légitimes; et rien alors n'eût manqué à sa gloire.

Que de royalistes constitutionnels ont cru à ce songe flatteur, et l'ont adopté follement encore le 13 vendémiaire! Mais la faiblesse honteuse de la convention, devenue usurpatrice en violant la constitution, et pour cela réduite à appeler à son secours un petit général jusqu'alors ignoré, fit juger d'un coup-d'œil à Bonaparte tout son brillant avenir.

Oui, cette lâcheté, cette usurpation de la convention, créèrent seuls l'ambition de Napoléon.

Que vit en effet ce grand homme naissant? six cents orateurs infatigables, énergumènes par fois éloquens, mais sans cesse décrétant le vol, l'assassinat, ou s'égorgeant mutuellement par de basses délations, sans qu'il se fût jamais montré parmi eux un seul homme intrépide prêt à tirer l'épée, même pour sa défense personnelle. Napoléon se rappelait ces vigoureuses diètes polonaises, et leurs milliers de sabres étincelans dans les airs, au moindre mot pour la patrie ou l'honneur; il se rappelait les vieilles républiques grecques et romaine, et leur colossale énergie, tandis qu'il ne voyait dans notre sénat loquace que la peur et de lâches intrigues. Il sentit que la force militaire (2) serait tout, en face de ces législateurs timorés, et le 13 vendémiaire *fut pour lui, en perspective, l'aurore de la journée de Saint-Cloud.*

On ne peut douter de ce rêve précoce de Bonaparte (déjà nommé, au reste, en secret, général de l'armée d'Italie), quand le lendemain même de son succès contre les sections de Paris, justement insurgées, puisque la convention voulait se perpétuer, malgré le vœu général et des élections régulières, on vit cet homme intrépide prendre déjà le ton impérieux d'un conquérant, en présence même du comité militaire de la convention, qui l'avait nommé. En effet, il nous rassembla, c'est-à-dire, les commissaires et l'état-major de la division, à minuit, à l'hôtel Mondragon, rue d'Antin, où il établit son quartier-général; et là il demanda au commandant du génie, à celui de l'artillerie et au commissaire ordonnateur les renseignemens et détails les plus précis sur leur service et le placement de *son armée* (c'est ainsi qu'il l'appelait déjà), tout cela absolument du même ton qu'on lui a vu

(2) Il y eut certainement quelques exceptions consolantes dans cette multitude : Barras montra du courage, Carnot du génie; Boissy-d'Anglas fut sublime au 13 prairial; les girondins allèrent à la mort comme Socrate...! mais la masse, *la Montagne!* Ah! qu'il a fallu de gloire pour expier tant d'horreur et de lâcheté! (Voyez la note 5, à la fin.)

depuis étant empereur. En un mot, sa précision, la magie de son commandement frappèrent tout le monde, et le comité militaire de la convention lui-même obéit le premier, et sans réplique.

L'auteur remit en séance, à Bonaparte, le rapport qu'il lui demanda, en ces termes : « Où est le » commandant du génie, et combien pouvez-vous » me caserner d'infanterie dans Paris? — 10,000 » hommes environ. — Et de cavalerie? — Point. — » Point! vous me tracerez un camp de 3000 hommes » de cavalerie à la plaine des Sablons; que cela soit » fait demain. — Mais le ministre, les fonds? — Je » m'en charge; il le faut!.. Que faites-vous de l'É- » cole-Militaire? (à ce mot on voyait un souvenir » d'intérêt). — Elle est occupée par des magasins » de grains et des dépôts. — Qu'on me chasse tout » cela; j'y veux une vaste caserne et des écuries » pour 800 chevaux, à la cour du polygone. Je » vous ferai donner les ordres; en attendant *je veux* » un rapport sur les projets et l'exécution. »

C'est ce rapport que M. de R** remit au général, et qu'il soumet au lecteur, comme offrant quelqu'intérêt de circonstance et des idées nouvelles sur les campemens précipités, surtout ceux de la cavalerie. Préalablement, l'auteur croit devoir exposer brièvement, et comme témoin oculaire, quelques détails militaires sur cette bizarre journée du 13 vendémiaire.

Le matin, il avait parcouru les sections, et d'abord celle de Le Pelletier, qui siégeait dans l'église des Filles-Saint-Thomas. Là, le fameux *Lemaître* pérorait froidement devant les électeurs et la section, quand il fallait agir vivement et se mettre en défense. Que voyait-on ailleurs? le général Danican, franc royaliste, il est vrai, mais cherchant à exploiter la juste résistance des sections, uniquement au profit de la cause vendéenne, et non constitutionnelle. Nulle part de l'ensemble, des vues concentrées, de la bonne foi, et surtout point de chef habile et sincère; dès lors il était facile de prévoir un échec, surtout en analysant les dispositions militaires prises en sens inverse, notamment avec l'artillerie. En effet, on voyait des batteries braquées au Pont-Neuf et au Pont-Royal, empêchant la jonction des sections armées du midi, avec celles du nord de Paris; par-là, réduction évidente des forces insurgées à moitié. On remarquait encore un petit *parc volant* organisé pour se porter rapidement en tous lieux, et qui joua son rôle décisif à Saint-Roch et au cul-de-sac Dauphin. En un mot, en général, on reconnaissait un plan bien conçu, un tacticien, et un résultat probable en sa faveur.

En revanche, que de fautes politiques se joignirent aux fautes militaires, dans le parti opposé!

Le général Menou, qui s'était porté à la section

Le Pelletier avec la gendarmerie et quelques troupes, eut un beau mouvement, il est vrai, en s'élançant entre les deux partis prêts à en venir aux mains ; mais, il est cruel de le dire, cet élan généreux contribua à la défaite de la cause royale constitutionnelle ; car les insurgés, sans artillerie, eussent pu, en ce moment, avoir le dessus contre les troupes de Menou, qui en étaient aussi dépourvues, tandis que, le soir, ces dernières en eurent seules, et en usèrent cruellement.

D'autre part, le général Danican fit rendre aux troupes de la convention, ou du moins des faubourgs ameutés pour elle, les canons qu'ils avaient amenés et qu'on leur avait pris le matin ; et cette double générosité mal entendue livra, le soir, sans artillerie, les sections aux coups des conventionnels. (Voyez la note à la fin, relative au troisième Mémoire, n° 7.)

Témoin oculaire et désolé de toutes ces bévues, l'auteur rentra à l'hôtel Villequier, où étaient placées les administrations militaires de la division, et d'où on entendait les canonnades qui mirent fin à cette déplorable journée, et au juste espoir des royalistes constitutionnels.

A minuit, le lendemain, ainsi qu'on l'a dit, nous fûmes mandés au nouveau quartier-général, et y reçûmes de Bonaparte les ordres, dont j'ai parlé. M. de R** traça en conséquence le camp des Sablons, qui fut occupé de suite par les carabiniers arrivés dans la nuit, et par les 5e et 13e de dragons. Mais ce camp se réduisit à un simple bivouac de quelques jours, puis à un cantonnement dans les villages voisins, quand la soumission de Paris fut assurée; le reste de l'armée, c'est-à-dire, l'infanterie et l'artillerie, bivouaquèrent sur les boulevarts, puis rejoignirent les armées du midi.

Tel est le narré succinct de cette journée et de ce que l'auteur y a vu. Il pourrait donner ici un extrait du rapport demandé au chef du génie, et qui aurait peut-être quelqu'intérêt, par les notes brèves, singulières et caractéristiques de la main de Bonaparte; mais n'offrant, d'ailleurs, rien de neuf sous le rapport de l'art, but de cet ouvrage, l'auteur le réduit à un nouveau mode de campement pour la cavalerie, qu'il crut pouvoir proposer au nouveau général qui ne voulait partout que des *bivouacs*.

Projet d'un nouveau mode de tentes pour la cavalerie, applicable au camp des Sablons.

Le manteau du cavalier une fois mouillé sur lui, est plutôt un fardeau et une cause de maladie qu'un secours et un préservatif; en outre, il ne sert de

rien contre la chaleur ou un soleil ardent, dans les campemens.

On peut l'utiliser avec art, et former, au moyen de sept manteaux réunis, la tente d'une brigade (*fig.* 70 et 71), en les disposant suivant l'ordre ci-après :

1° Deux manteaux A B, A B, développés coniquement et sous l'angle de 110 degrés, et se recouvrant en partie, forment le chapiteau de la tente ;

2° Cinq manteaux C D, C D, développés, placés au-dessous d'eux, plus bas, circulairement, et se recroisant entr'eux comme les pétales d'une fleur à corolle et à cinq pétales, forment le reste de la tente, qui, par ce moyen, a quinze pieds de diamètre développé, ou douze à treize pieds au moins de projection horizontale, ce qui est plus que suffisant pour abriter les neuf cavaliers, couchés, d'une brigade avec son brigadier.

Ces cinq manteaux inférieurs sont accrochés au sommet du faisceau ou mât, par des cordons tenant à des anneaux C, C, fixés au collet.

Cette tente à manteaux est soutenue d'abord au milieu, par quatre lances ou piques en faisceau MB (lances dont se fournira désormais toute la cavalerie, comme arme supplémentaire excellente dans les charges, et, en outre, pour mille usages, notamment dans les campemens).

Les quatre lances sont réunies en faisceau par le cordon de selle de chacune, et forment le mât de tente M B.

Les quatre autres lances ou piques de la brigade, posées en croix de Saint-André, depuis la base M jusqu'aux points A A, servent à soutenir la concavité de la tente; et les cordons attachés au milieu des manteaux à la circonférence, servent à fixer en terre les bases; enfin, des cordons qui passent par des anneaux cousus aux collets, servent à tenir les manteaux en position, à leur centre C, C, outre qu'ils sont enfilés par les piques à chacun des points A, A, ce qui les assure en tous sens.

Avantages de ces tentes.

On est dispensé de l'attirail des tentes ordinaires et des charriots y relatifs.

Le manteau du cavalier est alors vraiment utile contre les grandes pluies, et surtout contre le soleil ardent, dans les longs campemens.

Il sèche sur place au moindre beau temps.

Le manteau peut toujours servir à ses usages de corps ordinaires, dans les routes et les petits bivouacs.

Enfin, les lances fournissent une arme parfaite pour les charges, et dont on se sert trop peu; elles pendent par leur cordon, à l'avant et l'arrière de la selle sans gêner le cavalier.

En cas pressé, on coupe les cordons, et chacun reprend son manteau et sa lance.

On propose cet expédient pour camper les carabiniers et les 5e et 13e de dragons, en attendant un usage plus général.

On fait observer que les deux manteaux restant sur les neuf de la brigade, servent pour le brigadier et la vedette, ou pour remplacement.

QUATRIÈME MÉMOIRE.

Le bombardement général d'une ville de guerre est-il d'une grande utilité?

Doit-on se borner au bombardement des forts et des remparts ou magasins?

Quels sont les meilleurs abris et blindages pour l'habitant?

Envoyé à l'armée du Nord, et laissé dans *Menin*, après le bombardement de cette petite place, en 1794, pour en achever les fortifications en terre, que les alliés avaient relevées d'après l'ancien tracé de Vauban, effacé et détruit par Joseph II, l'auteur a été témoin des avantages et des inconvéniens d'un bombardement général. Celui de *Lille* était récent; ceux de *Valenciennes* et du *Quesnoy* se faisaient entendre de *Menin* même. On pouvait juger, dans cette auréole de feux, de l'effet militaire et politique de cette mesure incendiaire; et on peut hasarder, à ce sujet, de produire une opinion qui rentre dans les détails de la statique militaire générale.

1° Le bombardement général d'une ville de guerre ajoute fort peu au succès de l'attaque, si le commandant est énergique et la garnison vigoureuse et dévouée (1); car s'il existe des casemates, des bâtimens voûtés à l'épreuve de la bombe, et des blindages en nombre et méthode suffisans pour les vivres et les poudres, c'est en vain qu'on écrasera les malheureux habitans, victimes innocentes de ces désastres, la garnison résistera et attendra l'assaut. Or, toutes les grandes villes de guerre du premier ordre, telles que *Lille*, *Luxembourg*, *Mayence*, *Alexandrie*, *Magdebourg*, etc., ont des casemates et magasins voûtés à l'épreuve. Accabler de feux et de projectiles les habitations du centre, n'est qu'une barbarie inutile. La preuve en est que *Lille*, *Alexandrie*, *Mayence*, etc., ont résisté malgré les incendies intérieurs;

---

(1) C'est l'opinion du général Darçon, pages 127 et 312 de ses *Considérations militaires*.

2° S'agit-il de villes du second ordre, telles que *Valenciennes*, *Condé*, *Menin*, *Newport*, *Ostende*, etc., dont la plupart étaient sans casemates, les bombardemens ont-ils beaucoup accéléré la reddition de la place? On ne le croit pas.

Valenciennes, qu'on suppose s'être rendue, en 1793, principalement par suite des clameurs et de la révolte des habitans désespérés, n'a capitulé réellement que par l'effet terrible des nouveaux *globes de compression* des Anglais, qui avaient bouleversé entièrement le front de Famars, ouvert la contrescarpe et ébranlé tout ce côté de la place, comme par un tremblement de terre. Ces mines nouvelles, et portées au dernier degré de force de la poudre, seront remplacées un jour, on n'en doute pas, par les globes à vapeur que nous avons proposés (*fig.* 68), et qui seront d'un effet plus terrible encore. Mais, il n'en est pas moins vrai que, tels qu'ils étaient alors, ceux des Anglais ont accéléré la reddition de Valenciennes bien plus que les incendies.

Newport, *Ostende* et *le Fort de l'Écluse* se sont rendus plutôt par suite des attaques régulières, méthodiques et vigoureuses du général du génie Dejean, sur des digues fort étroites et fort meurtrières, que par l'effet des bombes, qui ne détruisaient que des habitations.

Menin, enfin, que l'auteur avait sous les yeux, et qui, après avoir été pris et repris quatre fois, n'était plus, après les bombardemens, qu'un monceau de ruines où se traînaient de malheureux habitans désolés; *Menin* prouvait, plus que les exemples précédens, l'inutilité de cette barbarie; car les bataillons dits *hanovriens*, et composés presqu'entièrement d'émigrés, qui formaient la garnison, ne se rendirent point, mais firent une sortie nocturne terrible, et s'échappèrent par *Rousselaer*. Au surplus, cette sortie désespérée n'était point l'effet des projectiles verticaux, qui avaient tout détruit, sans cependant faire sauter un seul magasin à poudre, mais l'effet de la nécessité d'abandonner enfin une mauvaise place en terre et en gabionnage à demi-épaisseur; place même ouverte en quelques endroits, et qu'on pouvait emporter de vive force à chaque instant, et sur un développement assez vaste et mal assuré (2).

---

(2) Cette sortie intrépide fut conseillée et dirigée par le chevalier de Saint-Paul, ancien officier du génie, émigré, qui était l'ingénieur en chef des alliés, et frère et fils d'officiers de ce nom, distingués depuis des siècles dans toutes les guerres de Flandres. Croirait-on qu'une petite garnison de 800 hommes, presque tous émigrés, ait pu se rassembler en entier, à minuit, dans les fossés de la place, près du faubourg de Guelves, qui n'en est pas à plus de 80 toises; qu'elle ait pu s'y réunir sans bruit, avec ses canons, caissons et bagages, sortir avec assez de vitesse, d'ordre et de bonheur pour traverser comme l'éclair le faubourg de Guel-

On verra ci-dessous les espèces de blindages que M. de R** proposa de faire exécuter à Menin, pour mettre au moins à l'abri désormais, les malheureux habitans, ainsi que dans toute place bombardée, en général. Mais il croit devoir d'abord poursuivre brièvement ses citations, pour prouver que ces procédés incendiaires n'ont pas une utilité proportionnée à leur atrocité; qu'ils ont un effet politique funeste en définitive, et ne laissent au vainqueur que des ruines et la haine au lieu d'une bonne place en état, d'abris futurs et d'une disposition favorable, en cas de conquête politique à faire.

Prague, en 1759, ne se rendit point par suite du bombardement, mais par la disette de vivres.

Mayence, en 1793, résista également, malgré

---

ves; enfin, qu'elle ait pu gagner Rousselaer par une retraite rapide que la cavalerie chercha en vain à entamer? Il est vrai que les malheureux émigrés entendaient les cris de leurs frères fusillés dès qu'ils étaient pris, et que le désespoir, l'horreur de leur position ajoutait à leur courage.

Du reste, toutes les dispositions du colonel Saint-Paul, pendant le siége, annonçaient un officier du premier ordre. Son tracé de fortifications était parfait; et nous n'eûmes qu'à ajouter des ouvrages extérieurs, auxquels 4,000 pionniers du pays d'Alost furent employés; d'ailleurs, il n'avait pu prendre aucune disposition en faveur des habitans, contre l'effet des bombes; c'est ce qui détermina l'auteur à proposer les mesures ci-dessus indiquées pour l'avenir.

les projectiles verticaux innombrables dont il fut accablé, les fortifications extérieures procurant à la nombreuse garnison des abris et une dissémination favorable en des lignes étendues.

Lyon ne se rendit, en 1793, que d'après la prise des hauteurs qui le dominaient, et nullement par suite du bombardement.

En un mot, Bonaparte, qu'on ne citera pas pour les ménagemens envers ses ennemis, n'employa point les bombardemens généraux, même en Espagne, où une guerre à outrance les eût rendus excusables. Celui de Saint-Sébastien fut fait par les Anglais.

Dans la guerre de Russie, celui de *Smolensk* ne fut que partiel, et dirigé sur les remparts, pour déloger les colonnes russes qui s'y abritaient.

Napoléon se serait bien gardé d'anéantir les magasins qui y faisaient son unique ressource.

En revanche, les Autrichiens et les Anglais ont employé fréquemment cette mesure terrible en France, parce qu'ils faisaient la guerre à la nation et aux citoyens enrégimentés autant qu'aux garnisons. Mais, dans ce but même, ce système ne leur a pas réussi, car il a exaspéré les habitans de toute la zône des frontières Nord et Est, qui furent les plus énergiques et les plus acharnés contre eux en toute occasion, par le souvenir de leurs désastres;

Cette atrocité n'a pas même avancé, militairement, leurs succès, dans leur invasion de 1793; car la destruction de Landrecies électrisa, au contraire, l'armée qui allait délivrer Maubeuge, et ne fit qu'augmenter son énergie sans affaiblir celle des habitans de l'intérieur.

On pourrait étendre beaucoup plus ces citations; celles-ci suffiront pour décider le fond de la question. On passe aux remèdes pour les malheureux citadins, en cas d'incendie général projeté.

Blindages civils.

On ne rappellera point ici les blindages des bâtimens militaires, magasins à poudre, etc., détaillés dans Vauban et autres excellens ouvrages : ce serait une répétition inutile. On se bornera à détailler les préservatifs proposés pour l'habitant malheureux, et qu'on destinait à Menin, pour l'avenir.

Ordinairement les familles, pendant le bombardement, se précipitent et s'entassent dans les caves. Ces demeures souterraines rassurent l'imagination; mais c'est une déception funeste, car les bombes traversent les toits, les planchers, vont, la plupart, crever la voûte des caves, et, y éclatant au milieu des pauvres réfugiés, les tuent en masse (3).

(3) Plusieurs familles entières avaient ainsi péri à Menin,

De petits blindages légers pratiqués dans une cave, à chaque maison, paraissent le préservatif convenable; en voici le dispositif : 1° sacrifier les solives des planchers (*fig.* 72) de une ou deux pièces de chaque maison, pour avoir les bois nécessaires au petit blindage *c d*, quand on n'a pas d'autre ressource en bois de charpente; ce sacrifice est indispensable pour sauver le tout;

2° Pratiquer dans la moitié de la cave destinée à recevoir la famille, un fossé ou égoût à bombes *a*, *b*, *c*, de six pieds de profondeur au milieu; élever sur l'autre moitié, avec les solives retirées des planchers sacrifiés, un petit blindage *c d*, sous l'angle de 30 degrés environ, et recouvert d'un pied de terre *c d*, soutenue par la planche *c*;

3° Transporter la plus grande partie des terres du fossé *a b c*, sur le plancher *m n* du rez-de-chaussée, pour en faire un matelas de terre de trois pieds d'épaisseur, qui, avec l'épaisseur de la voûte, suffira en général pour amortir le choc, de manière que le petit blindage pourra abriter la famille assise sous le blindage *c d f*, pendant la pluie de feu.

---

et même dans la maison où était logé l'ingénieur en chef M. de R**, et qu'avait occupée le duc d'Yorck, avant le siége.

Démonstration.

Une bombe de 18 pouces, tombant à toute volée, ne creuse la terre que de six pieds au plus. Les blindages qu'on oppose à ce choc, obliquement, à la vérité, sont des pièces de charpente de 10 pouces d'épaisseur. Si nous parvenons à amortir le choc de la bombe par des résistances successives, jusqu'à notre petit blindage obliqué également, il n'aura besoin que d'une force proportionnelle à cette réduction, et se réduira aux épaisseurs des solives ordinaires. Or, j'ai calculé que la résistance de trois planchers, celle de trois pieds de terre à percer au rez-de-chaussée, celle de la voûte, ne faisaient tomber la bombe sur le blindage *c d* (qui a un pied de terre et six pouces de bois), qu'avec une force de plus de moitié moindre que lorsqu'elle fait l'excavation de six pieds et qu'elle nécessite un bois de dix pouces d'équarrissage.

Ce blindage, quoique faible, et le seul à portée, résistera donc parfaitement, d'après le calcul.

Ainsi, une bombe R S, après avoir traversé le toit, les planchers, les trois pieds de terre et la voûte du rez-de-chaussée, tombera, aux trois-quarts amortie, sur le blindage oblique *c d*; là, sa chute, rompue par l'angle de 30 degrés, et réduite à moitié encore, la fera rouler immédiatement dans le fossé *a b c*, où elle éclatera sans risques graves pour les réfugiés qui, au moyen d'un courant d'air proposé par une ouverture xy, se préserveront de la suffocation, seul danger réel qui les menace.

Il est inutile de faire remarquer que si la bombe tombe directement dans le fossé, après avoir traversé tous les planchers, voûtes et terres, le danger est encore moindre.

On pense que ce procédé facile pourrait être employé utilement par les habitans d'une ville bombardée, quoique les craintes en doivent devenir plus rares désormais, d'après les motifs généraux exposés ci-dessus.

CINQUIÈME MÉMOIRE.

FORTIFICATION DU CHATEAU DE VINCENNES.

Est-il à propos d'avoir une citadelle, polygone ou fort à portée des capitales, pour couvrir un grand parc d'artillerie?

Sous-directeur du génie à Paris, depuis 1795, l'auteur a reçu l'ordre, en 1810, de mettre le fort de Vincennes à l'abri d'un coup de main. Ces travaux furent confiés, après lui, aux officiers du génie *extrà muros*, qui en ont tiré tout le parti possible, dans la sphère bornée où on les a restreints; mais les plans que M. de R** commença à exécuter en 1810, étant en partie ceux qu'il avait proposés dès 1792, pour la sûreté du Roi et pour soutenir l'Assemblée nationale contre les factieux, il regrette vivement que ce projet si utile n'ait pas été exécuté à cette première époque de la révolution; car on aurait prévenu (il ose le croire) les malheurs du 20 juin, du 10 août et du 2 septembre, en terrassant l'hydre affreuse des jacobins et de la commune infernale de Paris, qui en étaient la source. Bonaparte, premier consul, avait si bien reconnu cette vérité et l'influence décisive d'un grand parc d'artillerie placé sous sa main, qu'il n'a pas hésité à ordonner la mise en état du seul fort qui fût à portée. Ses ordres coïncidant avec ceux que l'auteur avait sollicités en 1792, tant pour les motifs politiques que pour les plans tracés alors et exécutés ensuite en partie, le Mémoire de M. de R**, sur ce point, pourra offrir quelqu'intérêt au lecteur, par les souvenirs et les regrets qu'il laissera peut-être aux royalistes constitutionnels.

Nécessité de fortifier le château de Vincennes, et d'en faire le grand parc d'artillerie et dépôt d'armes de la 17e division (Paris); Mémoire remis par l'auteur au général Vittinghoff, général en chef, le 1er août 1792.

« L'artillerie est le véritable étouffoir des insurrections.

» Sa marche rapide, écrasante, décisive, pulvérise les révoltés, que les chocs corps à corps favorisent, par la séduction des troupes; il faut leur parler *de loin, mais d'une voix de tonnerre.*

» La prise de la Bastille n'eût point eu lieu si l'on eût eu quelques batteries en état, et de bons canonniers au lieu d'invalides terrifiés.

» L'insurrection des pensées et des cœurs en faveur du bien public, est juste et légitime; mais l'insurrection armée est un crime qui flétrit la plus sainte des causes. La première se manifeste par la presse foudroyante, par l'indignation publique, enfin, par le silence même et la consternation du peuple, plus éloquens cent fois que la force sur un roi sensible; la seconde flétrit, empoisonne, dénature la vérité, le droit, et leur donne le caractère de l'arbitraire.

» La justice, la fidélité à leurs promesses, sont les premières armes des bons rois; mais quand leur voix est constamment méconnue, il faut employer enfin *l'ultima ratio regum.*

» Cette antique légende des foudres d'airain français, y semblait gravée exprès pour nos temps de troubles. Oui, quand le Roi a parlé en vain, la foudre du pouvoir doit parler à son tour, mais toujours dirigée par le pouvoir constitué, par la loi consentie, auxquels tout est soumis.

» Cette voix terrible et décisive impose silence

aux tribuns des places, aux ambitieux de carrefour, aux intrigans de toute espèce qui exploitent à leur profit les passions, les espérances, la philosophie même, et jusqu'aux désastres du monde entier.

Cinquante pièces d'artillerie légère bien approvisionnées, vivement servies, et surtout bien appuyées et escortées, voilà, après la raison et le droit, *vox Dei* (1)!

---

(1) Outre mille exemples étrangers qu'on peut citer, je rappellerai les plus récens, passés sous nos yeux.

Huit misérables pièces des marseillais firent abandonner le château des Tuileries, le 10 août. L'inverse eût eu lieu si l'on eût été en mesure par l'artillerie soutenue à propos. (Voyez *fig.* 69, le *Plan de défense des Tuileries.*)

Deux pièces de 4 jointes aux batteries des ponts, suffirent à Bonaparte, au cul-de-sac Dauphin, le 13 vendémiaire, pour faire déserter Saint-Roch et anéantir la juste insurrection des sections de Paris.

Cinq pièces suffirent à Murat pour soumettre le faubourg Saint-Antoine, le 21 brumaire. Il commandait le 21e de chasseurs à cheval. Sa brillante intrépidité et quelques canons lui suffirent pour mettre en déroute Santerre et ses adhérens. L'auteur les a vus fuir à l'aspect seul des mèches de nos canonniers!

Dix pièces amenées contre la commune, le 7 thermidor, par la rue du Mouton, recrutées ensuite de dix autres sur la place, et d'abord favorables à Robespierre, suffirent en-

Mais cent pièces d'artillerie ou caissons exigent un grand parc ; ce parc exige une enceinte couverte, à l'abri des surprises ; cette conséquence amène la nécessité d'un fort ou polygone au moins palissadé ou couvert de lunettes en terre.

Malheureusement, *Paris* offre fort peu de choix à ce sujet. *Montmartre* serait une assez bonne position pour un fort, en supprimant tous les moulins à vent. Le grand parc pourrait y être placé convenablement, et un tracé de fortifications serré, quoique difficile sur les escarpemens, pourrait en faire une citadelle respectable ; mais, politiquement, ce fort menace trop Paris ; d'ailleurs, les abords par des rampes fort courtes seraient pénibles pour le parc. On ne renonce pourtant à ce point que sous le rapport politique (2).

---

semble, tournées contre l'hôtel-de-ville, pour anéantir ce parti, et décider la mort ou la fuite des bourreaux de la France.

C'est l'artillerie de Murat qui décida la soumission des habitans de Madrid, en 1810 (triste, mais exacte citation).

Naples, *Rome*, *Milan*, *Venise*, ont vu toutes leurs insurrections apaisées à l'aspect de l'artillerie française.

Le château Saint-Ange, à Rome, le fort Saint-Elme, à Naples, le *Prado* fortifié à la hâte, à Madrid, ont joué le même rôle répressif dans les insurrections populaires, uniquement par l'effet de leur artillerie.

(2) On a fortifié Montmartre en 1815 ; on y a tiré parti

L'École militaire est trop dominée par Passy, surtout *le Champ-de-Mars*. On pourrait cependant avec son fossé couvert de quelques lunettes, y établir un parc passager, et protéger ses longues courtines; mais, on le répète, Passy le domine beaucoup trop.

Vincennes, avec son enceinte gothique, incorrecte et trop saillante sur la plaine de *Bercy*, offre néanmoins le point le plus avantageux par sa distance, ses arrivages et la facilité d'en faire un point résistant; mais il faut y pratiquer les changemens suivans, sans cela le poste est nul (voyez *fig.* 89, p. v.):

1° Raser deux étages des tours formant bastions, jusqu'à la hauteur du cordon du rempart; y construire des plates-formes pour deux pièces à chaque flanc, battant les courtines;

2° Attendu que des parapets en terre, de quinze pieds d'épaisseur, ne laisseraient pas de place pour manœuvrer les pièces sur les tours, on est forcé

---

fort habilement des escarpemens et des positions; mais le défaut total d'équilibre dans les diverses parties de l'enceinte de Paris, la facilité de forcer les deux faibles petites lunettes de Saint-Denis, près de la rivière, rendaient peut-être l'exagération de forces de Montmartre assez inutile, car l'ennemi pouvait aisément entrer par l'ouest et le midi de la capitale, qui étaient presque sans défense.

d'adopter des parapets *en bois* de charpente de trois pieds d'épaisseur, comme les bordages de vaisseaux, et qui permettront alors de manœuvrer les pièces (voyez les notes à la fin, nº 8);

3º Exhausser les contrescarpes et chemins couverts jusqu'à la ligne de défilement nécessaire pour empêcher le corps de place d'être vu et battu en brèche de la campagne; cette précaution est de première nécessité, malgré les grands remblais qu'elle occasionnera;

4º Pratiquer un petit terre-plein en terre autour du corps de place, où il n'existe qu'un chemin de rondes en pierre;

5º Disposer le donjon de manière à servir de magasin à poudre voûté, à l'épreuve de la bombe; il y aura peu de chose à faire pour achever cette mesure, et en faire l'arsenal;

6º Couvrir par un fort réduit en maçonnerie crénelé, et avec fossé à chacune des deux portes, celle du village et celle du bois;

7º Placer une lunette en terre en avant du donjon, et une en avant de la tour correspondante sur la face opposée du côté de Fontenai-sous-Bois, pour défendre les longues courtines;

8º Les rez de chaussée des vastes tours offrent d'excellens magasins des vivres, voûtés, et des hôpitaux; les cours serviront de parcs, et les casernes, en bon état, suffiront à une garnison de 1,200 hommes, sans compter l'artillerie;

9° Fermer avec soin les poternes de sortie, trop multipliées sur le fossé, et ne conserver que celles du donjon et celles des communications aux lunettes projetées (3).

---

(3) Quel souvenir pénible rappelle cet article! La poterne près de la caserne dite *Pavillon du Roi*, pouvait sauver l'infortuné duc d'Enghien, le 22 mars. Le 23, de grand matin, le garde du génie de Vincennes, Bourdon, vint rendre compte à M. de R**, comme à son chef, des horribles événemens de la nuit. « Ah! mon commandant! nous aurions » pu le sauver, disait, les larmes aux yeux, ce brave » homme! On avait placé le prince, en arrivant dans une » chambre de la caserne du *Pavillon du Roi*; il était peu » gardé et si tranquille qu'il m'a demandé des livres; il » comptait aller simplement prisonnier au fort de Ham. » Quand on est venu le chercher en force pour le jugement, » il était nuit close depuis long-temps. Il n'y avait que » deux sentinelles perdues au bout du corridor; j'aurais pu » un instant plutôt le faire descendre par le petit escalier » du milieu, ensuite par la poterne, et le faire sauver par » le fossé et le bois. Quels regrets! le prince les a bien vus; » mais cela ne me suffit pas. »

Cet honnête employé avait encore et montrait le petit carlin du prince, qu'il lui avait donné en allant au tribunal de sang, croyant sans doute ne pouvoir mieux placer l'emblème de la fidélité.

SIXIÈME MÉMOIRE.

EXPÉDITION D'ÉGYPTE.

Projets et préparatifs au comité des fortifications et au dépôt de la guerre. Réflexions.

Attaché au comité des fortifications pendant quinze ans, l'auteur a été témoin, en partie, des préparatifs occultes et moraux de l'expédition d'Egypte. Quelque secret qu'on y mît, travaillant au dépôt de la guerre, à rédiger les cahiers d'instruction de l'école du génie, conjointement avec Horace Say (frère du célèbre économiste de ce nom), et qui était destiné à cette nouvelle croisade, le lieutenant-colonel de R** eut alors, sur ce point, des entretiens particuliers avec cet ingénieur estimable; et ils pourront, étant analysés dans une lettre (espèce de Mémoire relatif à l'expédition), offrir quelqu'intérêt au lecteur.

Caffarelli Dufalga, colonel du génie, qui avait perdu glorieusement une jambe au passage du Rhin, en 1793, officier d'une instruction et d'une intrépidité rares, venait chaque jour dans un cabinet particulier du dépôt, rédiger ses notes pour l'expédition, d'après les meilleures cartes d'Afrique, d'Asie, et des Mémoires choisis sur l'Inde et l'Égypte.

Les ouvrages de *Bruce*, *Volney*, *Savary*, etc.,

étaient ardemment consultés, ainsi que les plus célèbres voyageurs anglais. En un mot, les matériaux s'accumulaient ; les notes, les projets, les espérances volaient dans l'espace avec l'imagination brûlante de Caffarelli, excitée par Bonaparte, mais réagissant sur ce dernier avec plus de violence encore ; car Caffarelli a été, on n'en doute point, le principal moteur de cette entreprise romanesque.

Pressant un jour en particulier Horace Say de lui ouvrir son ame, le lieutenant-colonel de R** sut alors, sous le sceau du secret, une partie du projet; et il croit pouvoir, aujourd'hui, en divulguer innocemment quelques détails après l'insuccès et tant d'événemens qui ont annullé ce beau rêve.

Horace Say désirait d'ailleurs engager son collaborateur parmi les nouveaux argonautes. Quelqu'amitié, des rapports journaliers, l'y portaient peut-être; et M. de R** ne peut mieux faire connaître ces détails et le premier projet d'expédition, que par sa note confidentielle et critique, ou réponse aux insinuations de son estimable camarade (1).

---

(1) Au surplus, on ne hasarderait point l'aveu de cette opinion précoce, si elle ne s'accordait pas avec celle que manifestèrent les meilleures têtes du comité des fortifications, MM. *de Saint-Paul*, *de Senermont*, *Morlet*, etc., dès que l'expédition fut connue; car ces officiers étaient aussi remarquables par leur sagesse politique que par leur profond savoir.

Note ou lettre confidentielle.

« C'est avec regret, mon cher Horace, que je ne puis être des vôtres; mais, vous le savez, une infirmité incurable m'interdit le cheval et le service des camps. D'ailleurs, ma famille entière, ruinée ou mitraillée à Lyon, s'indignerait de me voir servir ses persécuteurs. L'oubli et un travail modeste, ignoré, voilà ce qui convient, depuis 1793, à ma triste position ; je m'y résigne. Vous n'avez pas les mêmes motifs! mais, d'autre part, *l'expédition* en elle-même sourit-elle à votre sagesse et à votre esprit d'analyse? J'en doute.

» Raisonnons brièvement, sous le rapport politique et militaire.

» Sous le premier point de vue, on veut s'emparer de l'Égypte pour parvenir dans l'Inde, y détruire la domination anglaise, tout en conservant à Alexandrie une voie de communication avec la France, et peut-être créant au Caire un état nouveau gouverné par qui de *droit* ou de *fait*.

» Mais pensez-vous, mon ami, que les Anglais, rois des mers et prévenus bientôt de nos projets, malgré le mystère qu'on croit y mettre, les laissent paisiblement accomplir? Non; n'en doutez pas, une flotte nombreuse nous fermera les ports d'Égypte; il faudra la combattre, vaincre nécessairement; et, dans tous les cas, arriver à Alexandrie avec une armée affaiblie par ces combats, ou bientôt après, par l'impossibilité de communiquer avec Toulon et les ports de France.

» Accordons même que vous soyez établis en Égypte avec quelque solidité passagère, quel est votre but? L'expédition de l'Inde. Par où y arriverez-vous? Par l'isthme de Suez, la Syrie et la Perse? Malheureux! vous serez fondus avant d'être à Bagdad! Vous embarquerez-vous sur la mer Rouge? mais, outre la navigation périlleuse de cette mer, songez qu'une flotte anglaise vous attend au débouché et au détroit de Babel-Mandel.

» En un mot, de toutes parts je prévois l'impossibilité de parvenir, dans l'Inde, même avec une armée réduite au dixième de son effectif; et cela, pour y combattre les Anglais dans toute la vigueur de leur puissance, soutenus d'une armée fraîche de 20,000 Européens et de 100,000 Cipayes bien organisés.

» N'oublions jamais les déplorables croisades et la mort de Saint-Louis, à Damiette. Cette terre de feu dévore tout, même le génie et la vertu : c'est un volcan où vont s'abîmer de tout temps les armées et les espérances chrétiennes. Mais, direz-vous, « il
» ne s'agit plus de trouver en Egypte un Saladin
» puissant, un soudan victorieux renforcé de Sa-
» trapes terribles, tels que les adversaires de nos
» anciens preux; nous n'y trouverons que de mi-

» sérables mamelucks, cavaliers intrépides, mais
» milice incohérente, sans politique, sans nœud ;
» ennemie même des Turcs, et notre discipline en
» triomphera facilement. »

» Soit. Supposons ce succès absolu, quoiqu'encore fort problématique, d'après les secours que les mamelucks tireront nécessairement des Arabes et de la Haute-Egypte ; vous vous bornerez donc au royaume de Memphis, à y ressusciter les arts et le beau siècle des Ptolomées, suivant vos projets académiques ? Mais comment communiquerez-vous avec la France, et même avec l'Europe ? Vos ports d'Alexandrie et de Damiette sont comblés ou en ruines ; point de marine, point de communications, surtout étant bloqués par les Anglais, ennemis constans de cette expédition.

» Vous objecterez qu'il existe, en cas de non succès du côté de l'Inde, un projet de coloniser une partie des côtes de la Barbarie, aux environs de Tripoli, d'y planter la canne à sucre, et de remplacer ainsi la perte de Saint-Domingue et de nos îles occidentales. Mais croyez-vous cette idée brillante de Dufalga exécutable ? Non. On colonise des îles, et non un continent de sable brûlant, où l'on a contre soi l'islamisme, le climat et la férocité constante des Maures. N'espérez pas que les deys de Tunis, d'Alger et de Tripoli vous laissent paisiblement établir ; Charles-Quint et plusieurs souverains d'Espagne y ont échoué. Vous verrez fondre sur vous latéralement, et même du cœur de l'Afrique, des nuées d'ennemis et de santerelles musulmanes du désert; enfin, vos établissemens précaires seront anéantis, si même ils peuvent jamais naître.

» De tous côtés, mon ami, je vois un beau rêve, une création romanesque, et nulle solidité durable. J'admire les conceptions hardies, je dirai même le génie de Dufalga; mais il perd trop de vue, suivant moi, les complications locales ou les résistances européennes; et il serait plus facile à un tel homme d'être un *Christophe Colomb*, avec des peuples neufs et sans alliés, que le créateur d'un empire dominé indirectement par les maîtres des mers. Songez que les Anglais sont partout pour nous nuire; ce sont les vampires de la politique : ils sucent les peuples vivans et même les cadavres putréfiés, tels que l'Egypte; ils ne voudront pas vous le laisser.

» Enfin, le projet de créer un institut oriental, de faire faire un pas immense aux sciences et aux arts, dont ce sol classique fut le berceau, est une idée vaste et sublime; mais elle suppose *à priori* la victoire, et une possession paisible. Je conviens que le philosophe *Monge*, *Bertholet*, etc., et tant d'autres savans illustres, promettent là une moisson abondante et précieuse, même en cas de domination passagère. Ces pyramides d'Egypte, ces ruines de Thèbes, ces canaux du Nil!... que de vestiges et de mystères célèbres nous seront dévoilés! mais peut-être sera-ce là le seul résultat. Il est beau, il est consolant pour la science, mais nul pour la politique, qui est ici le point déterminant.

» Tel est, mon cher Horace, mon opinion sincère. Je serais fâché de décourager le nouveau Jason; mais la vérité est ma première loi en toutes choses; et j'avouerai que si mon esprit hésite et doute encore par fois du résultat de ce projet, d'après le haut mérite de ses auteurs, mon cœur ne peut hésiter entre la gloire idéale qui attend mon ami et le bonheur certain qu'il lui sacrifie (2). »

Chacun sait le résultat de cette guerre héroïque, où Bonaparte, malgré son génie et son courage infatigable, ne put soumettre et dépasser Saint-Jean-d'Acre en Syrie. Là son beau rêve de l'Inde s'évanouit, et le retour du nouvel Alexandre fut arrêté en secret. Mais que de faits mémorables et d'actions d'éclat rappelèrent ceux de nos anciens paladins! *Kléber aux Pyramides; Junot à El-Arisch; Desaix dans la Haute-Égypte!* enfin,

---

(2) Horace Say venait de se marier à une personne charmante, pleine de talens et de vertus. Tout lui promettait le sort le plus fortuné en Europe, où il pouvait servir honorablement.

l'armée française toute entière prouva là, comme elle l'a prouvé depuis en Russie, qu'elle vaincra toujours, à moins qu'elle n'ait contre elle le climat, des ennemis imprévus, et surtout un faux calcul fondamental dans quelques parties du plan ou des obstacles de l'expédition (3).

---

(3) Quant à la note et aux objections préliminaires, pour toute réponse Horace Say partit le lendemain; mais son œil triste et mélancolique en nous quittant, parlait assez clairement. Quant à Dufalga, il monta avec Horace en voiture, au dépôt de la guerre, promenant au loin ce regard de feu, ce coup-d'œil d'aigle qui le caractérisait, et qu'il lançait déjà avidement sur l'Inde. Oui, dans ce moment, son regard franchissait deux mille lieues! Pour Horace Say, son sourire touchant et son œil terne semblèrent dire : « Adieu! je pars entraîné, non convaincu; je laisse une » épouse charmante.... des amis, le bonheur en Europe, » pour une chimère; mais le sort en est jeté.... » Il partit; notre cœur se serra.... Ses amis ne l'ont plus revu et le regretteront toujours.

Quant à Caffarelli, il mourut, comme on sait, au siége de Saint-Jean-d'Acre, avec une nouvelle blessure très-grave, et refusant, dit-on, tous les secours de l'art, désespéré, ajoute-t-on, du non succès de sa nouvelle croisade. Ce nouveau trait, au reste, prouve encore la grande ame de Dufalga. C'était un vrai preux, un ancien croisé transplanté au temps moderne; bon gentilhomme, excellent ingénieur, écrivain distingué, étincelant de verve et de franchise; en un mot, rempli d'enthousiasme et de talens; on voyait en lui le *Renaud* et le *Joinville* du siècle.

Au reste, les officiers du génie de l'armée d'Egypte ont

SEPTIÈME MÉMOIRE.

Observations sur le projet d'organisation des compagnies d'exécution militaire et d'incendie nocturne en Espagne, pour le paiement des contributions, en 1810 (*d'après le système du maréchal de Saxe, deuxième volume de ses* RÊVERIES.)

Nota. Parmi un grand nombre de Mémoires particuliers sur lesquels l'auteur a été chargé de faire un rapport pour Bonaparte, par le major-général vice-connétable, il choisit ceux qui offrent un intérêt général et un rapport plus direct à l'art ou à des questions militaires.

Ce Mémoire incendiaire a été remis à regret, à

eu, en général, un sort honorable, mais malheureux. Plusieurs ont péri à la révolte du Caire, d'autres à Saint-Jean-d'Acre; le lieutenant-colonel Malus, qui a remplacé l'auteur à la sous-direction de Paris, depuis membre de l'Institut en France, a échappé par miracle à la peste en Égypte, par son courage stoïque et son sang-froid. Enfermé dans un lazaret au Caire, il allait chercher tranquillement sa nourriture au guichet des pestiférés, revenait travailler froidement à son *Traité d'optique, sur la double réfraction*, et ne s'occupait nullement de sa position dangereuse; aussi ses bubons ont séché, et il a survécu. Est ce un effet de l'imagination, ou une erreur des médecins. C'est une question à résoudre.

l'auteur, par le prince de Neuchâtel, avec demande d'un prompt rapport exigé par Bonaparte. Il était écrit de la main du major-général, *sous la dictée de l'empereur*, en marge dudit Mémoire : « Je ne « voudrais pour projet d'organisation que l'idée » du maréchal ***, pour que chaque maréchal » puisse l'exécuter suivant les localités et les cir- » constances. »

M. de R** a saisi cette hésitation et ce rapport demandé pour écrire et soumettre à la hâte au major-général, sous le titre d'*Observations*, le Mémoire de réfutation ci-joint qui, il ose l'espérer, a contribué à faire rejeter ce projet odieux (1).

Voici d'abord le projet d'Exécution.

« La guerre doit nourrir la guerre.

» Tous les moyens militaires sont permis dans ce but.

» Les corps d'exécution qui agissent en plein jour, ne produisent rien ou que peu dans un pays tel que l'Espagne. Le bruit de leur arrivée se répand, les habitans fuient, les guérillas harcelent les détachemens et s'emparent des vivres et contributions.

» Une terreur salutaire, prompte, et qui frappe

(1) Toutes ces pièces sont en nos mains en original, avec les notes marginales du major-général, qui, au surplus, expriment également son désaveu de cette mesure atroce.

au sein de la nuit, peut seule engager les habitans des villages à obéir aux ordres de contributions.

Sommations.

» 1° Suivant les besoins de l'armée et la connaissance exacte du pays, le général en chef fait parvenir aux corrégidors des circulaires où sont cotés les montans des rôles imposés, soit en nature, soit en argent, aux divers cantons de leur arrondissement.

» 2° Sur les circulaires sont fixés les termes où les contributions doivent être payées, avec menace *d'exécution militaire et d'incendie nocturne*, pour les villages qui ne pourront produire aux partis la quittance du commissariat de l'armée qui en tient note. C'est sur ces derniers, ceux en retard, que doivent être dirigées les exécutions nocturnes.

Organisation.

» 1° Il sera créé, par corps d'armée, *vingt compagnies d'exécution militaire nocturne.*

» 2° Ces compagnies seront commandées chacune par deux officiers braves et intelligens.

» 3° Ces vingt compagnies réunies forment un *bataillon* d'exécution qui ne marche jamais en corps qu'en cas d'alarme ou de retraite forcée des partis qui se réunissent alors au rendez-vous donné.

» 4° Les volontaires qui forment ces compagnies sont tirés de tous les régimens du corps d'armée; ils font toujours partie du régiment et y reprennent leur service après chaque expédition nocturne.

» 5° Les compagnies d'exécution n'ont point d'uniforme particulier, mais seulement un mot d'ordre et un cri, ou un signal de reconnaissance variable à chaque expédition, et convenu au moment du départ seulement.

» 6° Dans les pays de plaine il sera formé, en outre, cinq *compagnies d'exécution à cheval*, tirées des régimens de cette arme, lesquelles formeront un *escadron d'exécution*.

Service.

» 1° En cas *d'exécution nocturne* ordonnée, les officiers commandant les compagnies ci-dessus sont mandés à l'état-major à la chute du jour. Là ils reçoivent le mot d'ordre, le signe de reconnaissance, et rassemblent chacun sa compagnie, qui se met immédiatement en marche à l'entrée de la nuit.

» 2° Le plus grand secret est prescrit aux hommes d'exécution, sous peine d'être punis et privés des primes. Défense expresse est faite, sous même peine, de faire part de l'ordre de marcher.

» 3° Le lieu d'exécution militaire est connu de

l'officier commandant la compagnie *lui seul;* il ne le confie à la troupe qu'à l'arrivée et dans l'obscurité.

» 4° Parvenus au village, les 50 hommes se divisent en deux parties; 20 hommes et un officier prennent poste à l'entrée, et le chef, suivi de 30 hommes, entre sans bruit dans l'intérieur.

» 5° Un sergent et quatre hommes se font conduire par le premier habitant qu'ils saisissent, à la demeure du principal du lieu.

» 6° Ils demandent à ce dernier d'exhiber la quittance de contribution du village. Si elle est produite en bonne forme, l'officier la vise et se retire avec sa troupe.

» 7° Si le chef du canton ne peut la produire et que le paiement n'ait point eu lieu, l'alcade est saisi et emmené en ôtage, PUIS LE FEU EST MIS DE SUITE AU VILLAGE.

» 8° Défense la plus expresse est faite (sous les peines portées à l'article *Discipline*, ci-dessous), aux volontaires de rien prendre ou emporter.

» 9° Les exécutions militaires nocturnes ne peuvent avoir lieu, pour l'infanterie, à plus de trois lieues des postes avancés, pour que les compagnies puissent être rentrées au jour, et plus de quatre à cinq lieues, pour la cavalerie.

» 10° Le même habitant qui a servi pour désigner la maison du maire, est conservé pour servir de guide, et répond, sur sa tête, de la direction de la troupe au rendez-vous fixé.

Discipline et récompenses.

» 1° Les volontaires des compagnies d'exécution sont astreints au silence le plus profond, au bon ordre, à la sobriété et à une rapidité extrême dans leurs opérations. Ces titres, joints à la bravoure, seront pour eux ceux de l'avancement.

» 2° La prime revenant aux compagnies d'exécution est fixée à *cinq centimes par franc* des contributions arriérées qu'elles font rentrer, d'après le tableau arrêté à l'état-major, la nuit du départ.

» 3° Les hommes des compagnies d'exécution héritent les uns des autres de toutes primes résultantes du relevé des registres à chaque exécution. Les remplaçans n'héritent qu'à dater du jour de leur entrée au corps.

Réfutation sous le titre d'Observations sur le projet d'organisation des compagnies d'exécution militaire et d'incendie nocturne en Espagne, en 1810.

Il paraît qu'on a cherché, dans ce projet, à développer une idée du maréchal de Saxe, qui elle-même, au surplus, n'est que l'imitation d'un point de la politique du *tribunal secret* qui frappait ainsi en Allemagne, au sein de la nuit et en tous lieux, ses ennemis. *Mais, ce projet est-il applicable à l'Espagne? remplit-il le but qu'on se propose? et, au contraire, n'augmente-t-il pas le mal?*

Telles sont les trois questions qui se présentent.

1°. *Ce projet est-il applicable à l'Espagne?*

On ne le croit pas; car la base de ce projet du maréchal de Saxe, est l'incendie nocturne des habitations des chefs des villages, en cas de non paiement.

Or, le maréchal avait en vue l'Allemagne et la Pologne, où l'habitant, étranger à la guerre comme à la politique, est soumis et prompt à s'exécuter à la vue du châtiment redouté.

Le maréchal de Saxe, dans son projet, menaçait des magnats, des chefs influens, et possédant l'autorité suffisante pour faire obéir, et sauver même leurs subordonnés; tandis que, en Espagne, au contraire, l'insurrection est générale, les alcades sont sans pouvoir, partisans des rebelles, ou chassés par eux s'ils agissent contre l'opinion publique. Nul ne veut être alcade; nul ne peut donc être saisi ou poursuivi comme tel; car presque partout ailleurs qu'en Aragon, en Andalousie et dans le royaume de Grenade, où l'on obéit encore, ils ont quitté leurs demeures.

Sévira-t-on contre le plus riche habitant après

l'alcade? Nouvelle erreur; c'est ordinairement le plus disposé à se soumettre, celui qui a payé son contingent, et que tous les gens sans aveu voient enlever sans regret et sans être plus disposés à la soumission.

2° *Le moyen d'incendie nocturne remplit-il le but qu'on se propose?*

Non; car cet incendie, déjà exécuté en mille endroits, et en plein jour, n'a produit que la désertion des habitans, leur réunion en corps sur les montagnes, et le désespoir, plus terrible en ses effets de détail que ceux des corps d'armée.

L'incendie nocturne projeté par le maréchal de Saxe, peut frapper de terreur quand il est rare, prévu et justement appliqué.

En Espagne, il est déjà presque général. La Galice entière, des parties de la Catalogne ont éprouvé provisoirement ce châtiment; on sait ce qui en est résulté : l'organisation de bandes désespérées, et l'évacuation forcée de la Galice, par suite de l'impossibilité pour nos troupes d'y subsister après ces désastres.

3° *L'exécution de ce projet n'augmentera-t-elle pas le mal?*

On doit le craindre. Tous ces moyens outrés n'ont rien produit en Espagne; chaque incendie a centuplé les forces des insurgés et formé de nouvelles bandes; les vrais rebelles sont les moins fortunés; et dans le projet du maréchal de Saxe on ne frappe que les riches.

Ajoutez que chaque village en retard pour les charges réitérées qu'il lui serait impossible de payer, prévoyant l'incendie général qui suivra toujours l'incendie particulier ordonné par le réglement, sera déserté en entier; de-là, multiplication des rebelles et nullité du résultat pour la caisse de l'armée.

Qu'il soit permis de le dire, un examen approfondi des causes de l'accroissement des bandes depuis deux ans, donnerait la solution de grandes questions, et écarterait ou modifierait beaucoup celles qui font l'objet de ce Mémoire.

Sans oser les détailler toutes, on ferait observer, en général, que ce sont moins les contributions *arriérées*, que celles qu'on réitère (au profit de tel ou tel individu), qui épuisent le pays, l'exaspèrent, et perpétuent les besoins et la guerre. On prouverait facilement que la plupart de ceux qui font faire un pas en avant par la force des armes, rétrogradent de dix en résultat, par les concussions et les abus dont ils donnent l'exemple.

On ferait remarquer que l'Aragon ne doit son obéissance et la tranquillité étonnante qui le fait déjà appeler en Espagne *la nouvelle France*, qu'à la justice sévère qui l'administre après le succès, et surtout à la gestion, dès le principe, des vieux intendans espagnols, adroitement conservés, hommes intègres, toujours plus obéis, plus respectés que certains jeunes intendans français qui y ont déjà gâté la besogne; on ferait mieux encore : on les emploierait simultanément pour régulariser ou adoucir les mesures trop rigoureuses.

On reconnaîtrait enfin qu'une grande justice administrative appuyée d'une grande force, est le seul moyen de ramener un peuple aussi fier, aussi sauvage et aussi jaloux de conserver son rang politique et le caractère espagnol.

En un mot, au nom de l'honneur des français, toujours loyaux et généreux, au nom de la véritable gloire, au nom même du succès, unique et triste mobile du siècle, l'humanité réclame à grands cris qu'on éteigne ces horribles torches d'incendie dont l'affreux souvenir empoisonna les derniers momens du vertueux Turenne (2).

Nota. Ce projet d'incendie nocturne a été abandonné, et l'on n'en parle ici que pour que cette question militaire, cet horrible moyen de guerre et d'approvisionnement, proposés même par le maréchal de Saxe, se trouvent jugés et bannis à jamais de la *Statique militaire*, puisqu'ils ont été rejetés, même par Bonaparte, quoique fort irrité de ses revers dans la péninsule.

---

(2) L'incendie du Palatinat.

Ils prouvent, en même-temps, la sagesse du principe contraire, adopté par Mgr le Dauphin, en Espagne, en 1823, *la justice et la modération.*

Au surplus, on doit au major-général de déclarer qu'il se hâta d'envoyer le Mémoire de réfutation; sa lettre à l'empereur est en minute, de sa main, en marge du Mémoire de l'auteur, qui l'a conservée.

HUITIÈME MÉMOIRE.

FUSILS ET FAUCONNEAUX A VENT ET A VAPEUR.

Nouvel armement de l'infanterie légère; projet d'abord ordonné, puis ajourné par Bonaparte, pour les mineurs et sapeurs.

L'auteur de ces Mémoires a été chargé, en 1810, par le général Marescot, premier inspecteur du corps du génie, de l'examen et de l'utilité du projet d'armer les mineurs attachés à ce corps, avec des *fusils à vent*, pour la guerre souterraine. On lui a remis à cet effet un fusil modèle ou carabine à vent prise sur les tirailleurs autrichiens et tyroliens, qui s'en servaient fréquemment. En conséquence, le lieutenant-colonel de R** a fait faire des essais de cette arme par le sieur Lepage, arquebusier de Bonaparte, et des expériences réitérées. Elles ont amené des résultats si prompts, si précieux pour la guerre, que l'auteur s'est déterminé à proposer d'en armer non-seulement les mineurs, mais *toute l'infanterie légère*, et à produire un Mémoire à l'appui de cette innovation.

Bonaparte, partisan d'abord de cette idée, lut ce Mémoire avec attention; puis, brusquement, et sans ajouter une seule réflexion militaire, il fit ordonner à l'auteur de n'en plus parler, même pour les mineurs, et *de déposer sur-le-champ tous les fusils à vent, même les modèles*, au muséum d'artillerie (1). Quel était son motif? fut-il frappé des conséquences effroyables des attaques nocturnes et sans bruit, qui changeaient tout le système de guerre moderne, en donnant toujours l'avantage au plus vigilant, et non au plus brave? fut-il entraîné par quelqu'autre crainte sociale ou personnelle? le lecteur prononcera; on se borne aux faits (2).

---

(1) Le général d'artillerie Saint-Laurent nous avait fourni le modèle autrichien pris au muséum d'artillerie placé sous sa direction. M. Capitaine, officier du génie fort instruit, avait travaillé avec l'auteur à des perfectionnemens dans l batterie sujette à faiblir. Tous ces travaux ont été perdus par suite de la décision de Bonaparte; mais M. de R** en a gardé les matériaux.

(2) Bonaparte, d'après un rapport confidentiel du maré-

Voici le Mémoire.

« Depuis plus de trois siècles on se sert, pour l'infanterie, du fusil ordinaire, arme lourde et compliquée, sujette à toutes les difficultés du mécanisme, de la composition chimique et des variations de l'atmosphère. En effet, que l'on considère ses élémens, sa manœuvre et ses résultats :

» Ses *élémens* sont le fer, le bois, l'acier, le silex et la poudre enfin, combinaison souvent inégale et altérée dans sa fabrication, par l'humidité ou d'autres causes accidentelles.

» La *manœuvre*, quoique merveilleusement perfectionnée depuis la charge en douze temps, est encore fort longue pour un résultat fort médiocre.

» Les *résultats* sont douze coups par minute, un tir inégal, par les inégalités du calibre et de la poudre, un recul qui trompe ou gêne les recrues; et, plus que tout enfin, un effet souvent nul, par

---

chal B***, parcourait ce Mémoire et celui du général Marescot, en chassant au bois de Boulogne. Il s'assit seul dans une halte et les lisait, quand un bruit léger se faisant entendre dans le feuillage derrière lui, il aperçut quelques têtes de curieux.... Peut-être pensa-t-il alors avec quelle facilité des malveillans pouvaient l'atteindre sans bruit, au moyen de l'arme dangereuse dont il s'occupait, et cette idée influença-t-elle sa décision subite.... Ce n'est qu'une supposition; mais tant de grands effets tiennent à de petites causes!

le tir inexact, par l'humidité, qui altère et la poudre et les tubes; enfin, on en jugera, en observant que les plus expérimentés tacticiens évaluent, en général, un coup de fusil portant au but, sur mille cartouches.

» Au lieu de cette arme compliquée, et consacrée par la routine, qu'on remarque les résultats d'une autre arme plus simple, vingt fois plus énergique, et qui, par son nom et sa forme, se rapproche cependant de celle qu'adoptent les usages si difficiles à déraciner; *c'est le fusil à vent ou à vapeur, perfectionné.*

» A ce nom j'entends se récrier une partie de l'armée, comme fit Bayard, lors de l'invention de la poudre et du mousquet; c'est ainsi que se récrieront, dans tous les temps, les guerriers braves et vigoureux, qui regretteront le combat corps à corps. Mais puisque ces temps sont à jamais passés pour l'infanterie; puisqu'aucune nation ne répugne à adopter enfin les mesures de destruction contraires à son ennemi; puisque l'initiative procure toujours la victoire; puisqu'enfin les premiers canons la donnèrent à Créci, à Azincourt, les premières mines au siége de Naples, les premiers mousquets à Pavie, pourquoi hésiterait-on à saisir avidement, en ligne, une arme que ses avantages portent déjà isolément dans les rangs des tyroliens?

Dira-t-on que cette arme silencieuse et terrible

frappe sans avertir? Préjugé ridicule; les armes de trait des anciens, l'arc, la javeline, prévenaient-elles leurs adversaires? D'ailleurs, si le bruit est de première nécessité pour certains guerriers, ignorent-ils que le coup a déjà frappé quand le son parvient à l'oreille et quand on voit la lumière du canon ou du mousquet.

» Concluons que, sous le rapport de la délicatesse militaire, cette arme ne doit pas même éprouver les objections qui furent faites lors de l'invention de la poudre.

» Ajoutons que le fusil ordinaire n'est réellement qu'un mauvais fusil à vent très-compliqué; et cela est clair, car la balle n'est poussée que par l'air dilaté par l'explosion de la poudre, comme elle l'est, dans le fusil à vent, par un air dilaté bien plus simplement : la seule différence pour le fusil ordinaire, git donc dans un moyen de dilatation plus long, plus cher, plus sujet à faillir, et dans le bruit et la lumière, qui ne font qu'avertir que le coup est porté; ce qui n'apprend rien au blessé, qui l'est déjà quand il entend le coup.

» D'après ces motifs, l'auteur propose l'armement complet de toute l'infanterie légère avec des fusils à vent ou à vapeur, tirant trente coups par minute, à la distance de trois cents pas, avec une justesse parfaite; tels qu'il les a fait exécuter pour modèles, chez Lepage, arquebusier, pour en armer les mineurs.

» Ce fusil (*fig.* 73) est composé ainsi qu'il suit :

» 1° Un canon léger A B de vingt-huit pouces de longueur ;

» 2° Un tube parallèle B C renfermant trente balles ;

» 3° Un conduit de communication du tuyau au canon, qui s'ouvre au moyen d'un ressort, et fait passer, en une seconde, la balle nouvelle, après le coup tiré ;

» 4° Une culasse en cuivre étamé B F (*fig.* 75 et 76) renfermant deux onces d'air comprimé, laquelle se visse au canon, et percée d'un orifice B avec soupape *i*, dans le sens de l'axe du tube, de manière que la pointe d'acier *i r*, mue par la détente, frappe et fait ouvrir la soupape *i*, qui se referme aussitôt ;

» 5° Une baïonnette de dix-huit pouces A F, qui ne gêne pas le tir.

» La culasse peut fournir trente coups presque sans décliner ; en outre, le fantassin porte, en guise de giberne, une seconde culasse chargée qui lui fournit trente coups encore, ce qui est plus que le soldat n'a jamais à tirer ; ajoutons que des caissons portent des culasses chargées en plus grande quantité, et avec moins d'inconvéniens que des cartouches, et que même les avant-trains de ces caissons servent de pompe à charger.

Exercice du fusil à vent ou à vapeur.

» Cet exercice, extrêmement rapide, se compose de cinq temps à mouvement simple, au lieu que l'exercice ordinaire se compose de douze mouvemens composés, au point que celui de prendre la cartouche dans la giberne consiste seul en six mouvemens du bras. Les temps du fusil à vent, au contraire, sont seulement :

» *Haut les armes! passez balle! armez! joue! tir!*

» Chacun de ces temps, excepté le premier et le quatrième, s'exécute par le jeu d'un seul doigt, tandis que, dans le fusil ordinaire, tous les membres sont en mouvement, soit pour la baguette, soit pour faire agir le fusil de bas en haut et de haut en bas pour bourrer. Il en résulte d'abord que chacun de ces temps ne demande pas la moitié de chacun des temps du fusil ordinaire ; or, le nombre des temps est à celui-ci comme 5 à 12 ; de plus, chacun d'eux n'est que la moitié de l'unité de temps, on a donc $\frac{5}{12} \times \frac{1}{2}$ pour expression, c'est-à-dire que notre charge, quant aux temps, est à l'ancienne comme 5 est à 24, et que le soldat armé du fusil à vent tire à peu près cinq coups contre un de son adversaire.

» Qu'on ajoute à cela une plus grande justesse dans le tir, et trente coups consécutifs sans que l'arme s'échauffe ou éclate jamais. On peut être assuré que, homme contre homme, il y a vingt contre un à parier que le fantassin armé du fusil à vent ou à vapeur tuera son adversaire, et que ces avantages seront encore plus sensibles de bataillon à bataillon.

» Une expérience bien facile achèvera de convaincre de cette vérité. Qu'on place (*fig.* 74) un bataillon armé de fusils à vent perfectionnés, à trois cents pas ou à cent vingt toises d'un bataillon figuré à hauteur ordinaire, en volige peinte ou en carton; qu'on fasse tirer sur le bataillon postiche le bataillon ordinaire, par salves simulées et le plus promptement possible, pour juger de ce que ferait le corps postiche, et qu'on compte le nombre de coups tirés. On supposera si l'on veut, un dixième des coups portant ou tuant leur homme (ce qui n'est pas, à cent près, puisque l'on ne peut accorder qu'un sur mille). N'importe ; prenons cette base quelconque.

Première charge.

» On aura, dans la première charge, cinq coups pour un, de la part du fusil à vent, comme nous l'avons démontré. En supposant donc les bataillons de 1000 hommes chacun, au lieu de 910, pour simplifier, on aura pour le bataillon à fusil ordinaire de 1000 hommes, 100 hommes tués; resteront 900 hommes; il faut déduire encore ceux tués par quatre coups de plus du fusil à vent par charge (chaque coup emportant un dixième des hommes de fusils ordinaires tirant); ainsi, puisqu'il ne restait également que 900 hommes au bataillon à vent, les quatre coups suivans n'emporteront chacun que 90 hommes (dixième des 900 hommes tirant à poudre), c'est-à-dire, 360 hommes, qui, ajoutés à 100 perdus du premier coup, forment un total de 460 hommes.

Deuxième charge.

» Reste *au bataillon à vent.* . . . 900 hommes.
au bataillon à poudre. 540

» Le premier coup de la seconde charge du bataillon ordinaire tuera 54 hommes, qui sont le dixième des 540 hommes tirant à poudre.

» Le bataillon à vent, au contraire, en abattra encore 90 (dixième des 900 coups tirant à vent); restera 450 hommes au bataillon à poudre; ajoutons en sus les effets des quatre coups excédens par minute qu'a le fusil à vent dans cette deuxième charge, et qui emporteront encore 336 hommes. Il ne resterait donc que 540 moins 426, ou 114 hommes du bataillon à poudre; il s'ensuit qu'à la troisième charge à peine commencée, le bataillon à vent aurait fait disparaître son ennemi, et qu'il lui resterait, à lui, 846 hommes.

» Or, je le demande, est-il de proportion plus effroyable, plus décisive que celle-ci! En adoptant même toute autre proportion qu'un dixième, qui est forcée, on trouvera toujours un avantage immense.

» Toutes les manœuvres d'infanterie s'appliqueront de même aux corps ainsi armés, et ne feront qu'accélérer leurs avantages, établis pour les attaques à courte portée. Nous détaillerons plus bas les avantages des manœuvres.

» On ne peut dissimuler, cependant, qu'au bout de quinze coups tirés du fusil à vent, les portées et la force diminuent progressivement; mais comme nous avons démontré que ces quinze premiers coups détruiraient en entier le bataillon opposé, on a moins à craindre après la diminution des portées; et l'on peut marcher en avant presque sans risque, pour compenser les différences décroissantes. »

Fauconneaux à vent et à vapeur, remplaçant les pièces à la suédoise.

Les pièces à la suédoise (*fig.* 77) ont eu un grand crédit, dans le temps, pour appuyer les feux de bataillon, et se transporter légèrement sur les ailes. Ici l'avantage est plus saillant encore. On propose d'établir des obusiers O R (*fig.* 77) à vent ou à vapeur, et à mitraille (par bataillon, et suivant la ligne); pour appuyer, par une mitraille également rapide, les salves du mousquet à vent. Ces obusiers à vent sont composés ainsi qu'il suit (*fig.* 77).

1° Un tube cylindrique R S, de deux pouces de diamètre, et de six pieds de longueur;

2° Une culasse absolument semblable, au volume près, à celle du fusil à vent, vissée de même manière, avec une soupape différente, attendu qu'il n'est pas de ressort en acier pour faire jouer la soupape, qui pût lutter avec le ressort de l'air comprimé, au point de pouvoir lancer la cartouche à mitraille;

3° Cette soupape différente, par le motif ci-dessus, est telle qu'on la voit au détail (*fig.* 78); elle se compose d'une grosse culasse ordinaire A, d'un tuyau parallèle B D, de même diamètre que celui de la soupape D du fauconneau, et fermé à son extrémité par une soupape d'un diamètre que nous fixerons, et formant queue de la soupape D; de sorte que ces deux soupapes peuvent se faire équilibre et pirouetter autour de la charnière C, dans le sens de D en A seulement. Le tuyau *b o c*, communiquant à la culasse A, est fermé en *i* par un robinet ordinaire bien adapté, bien clos en cuir, et sa clef reçoit une petite chaînette *i o m*, de telle sorte, qu'un demi-tour du robinet ouvre à la fois le robinet et fait partir la détente.

Cela posé, examinons ce qui se passe dans cette manœuvre, et ce qu'il a fallu obtenir. Il est clair que la force de percussion qui fait ouvrir la soupape dans le fusil à vent, est ici insuffisante. J'ai pensé qu'on pouvait y joindre l'effet puissant d'une parcelle du même air comprimé dans la culasse A, qui doit faire partir le coup. Ainsi, quand on ouvre vivement le petit robinet *i*, et qu'on le remet en place, il passe, autour de la branche C dudit robinet, un échappé d'air comprimé qui frappe fortement la soupape O C, la fait tourner autour de l'axe ou charnière C, fait mouvoir et ouvrir ainsi la soupape égale D C, déjà frappée par le ressort de la détente; excès de choc qui l'emporte, la fait pencher un instant indivisible, et laisse passer l'air comprimé, qui chasse le projectile comme dans le fusil à vent. La seule différence est, ici, que la détente du ressort ne pouvant suffire, il a fallu y joindre le choc d'une partie de l'air même comprimé, par un procédé adroit, et qui suivît le degré de compression de l'air intérieur de la culasse, puisque la résistance de la soupape D C en dépend.

Ces bases admises pour les avantages des *fusils et fauconneaux à vent*, les perfectionnemens qui ont eu lieu dans les machines à vapeur grandes ou petites, et les applications de tout genre qui en ont été la suite, m'ont engagé à remplacer l'air comprimé dans les culasses des fusils, ou des couleuvrines à vent, par la vapeur comprimée au même degré, et susceptible d'y être introduite beaucoup plus vite que par les nombreux coups de pistons nécessaires dans les pompes à charger.

En conséquence tout ce qui a été dit ci-dessus pour les fusils et fauconneaux à vent, tant pour leur utilité que pour leur manœuvre et leur supériorité en ligne, a lieu, sans contestation, pour les mêmes armes à *vapeur;* d'autant qu'elles sont encore plus énergiques alors, la vapeur pouvant être coagulée à un degré plus grand que l'air, et produire des effets plus violens au besoin.

Ainsi, je proposerais qu'on eût au lieu de caissons à cartouches destinés jadis à alimenter les gibernes d'infanterie, au lieu de la pompe à charger que je leur substituais depuis pour les fusils et les fauconneaux à vent, qu'on eût, dis-je, une machine à vapeur légère et volante, comme il s'en fabrique aujourd'hui, mais avec les modifications nécessaires pour charger nos culasses de fusil à vapeur (3).

---

(3) M. Perkins propose, dit-on, en Angleterre, une artil-

Voici l'exposé de cette machine à charger (*fig.* 79).

Elle se compose, du char, d'une chaudière ordinaire A, à vapeur, avec son fourneau, d'un cilindre vertical B, susceptible de s'emplir de la vapeur, et terminé par une calotte en couronne circulaire cilindrique CD, d'un grand diamètre, et percée de cinquante orifices auxquels s'adaptent et se vissent cinquante culasses à soupapes des fusils à vapeur, pour être chargées par le moyen suivant.

A la première ascension du piston dans le cilindre, il y monte et s'y dévelope une masse de vapeur, calculée sur la quantité nécessaire pour la première introduction dans les cinquante culasses à charger. Cette vapeur s'introduit dans les orifices des culasses, et force les soupapes qui se referment aussitôt; car le jeu du condensateur réduisant la vapeur interne, le piston redescend pour une nouvelle charge. Une deuxième dose de vapeur remonte donc bientôt, mais un peu plus forte cette fois, et le jeu du piston un peu plus lent alors, est calculé dans ce but.

---

lerie de ce genre, et y fait des expériences. Au reste, mon Mémoire sur ce point date de 1810, et ce n'est pas la seule de mes inventions que j'aye vu se propager ou se perfectionner ailleurs; mais les dates des ouvrages font foi pour l'initiative.

Cette vapeur plus dense force donc de nouveau les soupapes des culasses qui se referment encore par le même procédé; et ce jeu alternatif croissant, il suffit de *cinq* mouvemens *crescendo* du piston pour charger cinquante culasses. On les dévisse, et on les remplace par cinquante autres. Ainsi, en supposant une minute nécessaire par coup de grand piston, cinq minutes suffisent pour charger cinquante culasses, et cinquante minutes pour cinq cents; de sorte qu'en une heure deux tiers, on fournit trente coups à tirer à mille hommes, et qu'une pareille machine à vapeur volante, suffit pour alimenter dans la journée le tir de dix mille hommes, remplaçant ainsi vingt caissons, quatre-vingt chevaux, et les dépenses et inconvéniens innombrables, suite de cet attirail.

Ces avantages reconnus, examinons ceux qui résultent de cette nouveauté pour les opérations militaires. Ils sont immenses. En effet, tout devient surprise et avantage pour le premier qui adopte cette arme en grandes masses. Car, non seulement son arme de trait décuple ses coups, mais encore elle agit sans bruit, la nuit, toujours la nuit, en des points imprévus; et sitôt que l'ennemi s'y porte, averti par lui seul, par sa propre destruction et par son sang coulant à flots, et en silence, notre *infanterie à vapeur*, comme une vapeur légère elle-même, disparait au premier feu, va frapper, écraser l'ennemi sur une autre point, où il se portera trop tard encore et quand le mal sera fait.

Ainsi, de surprise en surprise, ripostant toujours tardivement à nos coups et en nombre inférieur, *l'infanterie à poudre* se verra détruite par un ennemi invisible, et sans cesse renaisssant.

Mais, dira-t-on, « la riposte de nos armes à feu « avertira toujours du danger, et du point où il « existe. » Oui, mais ce sera justement pour vous mieux tromper encore. Car, dès l'instant même, il entre dans nos manœuvres de l'infanterie armée de fusils à vapeur, de se porter de suite, et dès votre riposte, à un autre point, pour que les vôtres accourant toujours au bruit de vos armes à feu seul indice pour eux, ne trouvent plus que vos morts, tandis que nous sommes ailleurs occupés et dans un point inconnu pour vous, à en faire tomber de nouveaux que vous viendrez encore secourir trop tard.

Toute la guerre devient donc, pour ainsi dire, nocturne; car la vue étant le seul avertissement contre les corps armés à vapeur, ils doivent chercher l'obscurité qui les favorise. Ainsi les opérations doivent en être notablement changées, puisque tout l'avantage consistera dans les surprises, les attaques de flanc par les vallées et par les points où l'on pourra se soustraire à la vue, seul avertissement à défaut du bruit.

Il est donc certain que l'initiative procurera d'abord des succès marquans, outre la célérité et la supériorité du nombre de coups en un temps donné. Après l'adoption par l'ennemi, les chances deviendront égales, il est vrai, et la guerre en sera plus vive et plus sanglante, on ne peut se le dissimuler; mais, telle est la marche de cet art cruel depuis son origine. Au surplus, la destruction est la même en définitive, puisqu'elle se réduit aux limites du nombre possible, et à la population proportionelle des États. Seulement elle a lieu en un temps plus court, ce qui abrége au moins les guerres et les souffrances des pays qui en sont le théâtre.

On ne peut nier, en même temps, un grand nombre d'inconvéniens de détail pour la discipline; par exemple, un soldat mécontent peut tuer son chef, non seulement dans la mêlée, mais en marche, en surprise, à chaque instant, sans être aperçu; et même les révoltes peuvent être terribles en ce cas. A cela on répondra que les armes de trait des anciens aussi silencieuses au moins, la flèche, la javeline étaient aussi perfides, et que cependant les Grecs et les Romains n'en n'étaient pas pour cela plus assassins de leurs généraux ou de leur centurions.

Tout tient donc à la bonne discipline et à la grande surveillance à exercer.

Il n'en est pas moins vrai que l'initiative sur ce point paraît devoir procurer le plus grand succès à l'armée qui adoptera en partie ce moyen imprévu, brusque, silencieux et terrible d'attaquer son ennemi à l'improviste, surtout la nuit, et de décupler ses coups avant qu'on ait pu lui répondre.

NEUVIÈME MÉMOIRE.

Outils de campemens et nouveaux caissons.

Membre de la commission du comité des fortifications à Paris, chargée d'examiner les modèles d'outils et de caissons envoyés de Metz et d'Alexandrie, par MM. les colonels du génie Prost et Liédot, chargés en chef de ces fabrications, le lieutenant-colonel de R** a été à portée de faire quelques observations ou modifications sur les caissons, et, en général, sur la partie des parcs, quoique parfaitement traitée dans tous ses détails par ces deux habiles officiers.

Ce sont ces variantes, proposées dans le temps au comité, et élaborées depuis, qu'on soumet aujourd'hui, brièvement, aux militaires instruits.

Il est inutile de détailler les divers outils si connus, tels que *pioches*, *pelles*, *louchets*, *pics à rocs*, *haches*, *coignées*, etc., ainsi que les légers changemens proposés par nous, pour quelques-uns de ceux de Metz. Toutes ces modifications de détail, basées sur le calcul mécanique, ont été approuvées par le comité.

L'auteur ne s'occupera, et brièvement, que des caissons, partie faible encore des parcs, partie dont on a constamment démontré le vice sans y pouvoir trouver le remède efficace, mais dont il convient d'énoncer constamment les défauts actuels, en proposant le seul palliatif praticable.

Cette observation est d'autant plus essentielle, que le caisson du parc du génie, sauf les compartimens intérieurs, est, quant au train et avant-train, absolument le même que le caisson d'artillerie, et que c'est là que gît le vice radical.

En effet, il est reconnu que l'avant-train, dans les caissons actuels (*fig.* 80), ne tourne pas, si la roue de devant est trop haute; ou bien que cette roue s'embourbe en campagne, et ne peut franchir le moindre fossé, si elle est assez basse pour tourner sous les caissons : c'est une expérience constante et un cri général à ce sujet. Sur les grandes routes, on s'en aperçoit moins; mais dans la moindre traverse, par la saison des pluies, et surtout s'il faut se jeter dans les terres, et suivre les troupes dans leurs positions, presque tous les caissons restent en chemin et s'embourbent, car la roue de devant n'ayant que dix-huit pouces de rayon (moyeu compris), à la moindre ornière d'un ou deux pieds, chose fréquente, le moyeu touche, et le caisson reste là (1).

On a voulu remédier à ce vice par les grandes roues; mais alors l'essieu ne tourne plus, et l'on ne peut faire des avant-trains à col de cigne pour les caissons, même en bois, en soulevant les armons; ce serait se jeter dans une dépense et une fragilité impraticables à la guerre.

Néanmoins, les caissons autrichiens et anglais

---

(1) Il n'est pas un officier qui n'ait été témoin de ces graves inconvéniens en Saxe, en Pologne, dans les terres grasses; la plupart des caissons n'ont pu arriver à leurs pièces; à Polotsk, principalement, et surtout en Silésie, à la bataille sur la Bobor, après les inondations et la pluie; tout y est resté.

D'autre part, à Ivrée, un caisson en travers arrêta toute l'armée, la veille de la bataille de Marengo, pendant une heure, dans une rue fort étroite, l'unique par laquelle on pût passer, parce que ce caisson à haute roue (nouveau système à l'autrichienne) ne tournait pas; qu'il fallait absolument le tourner à force de bras, par l'arrière, et que la rue étant fort étroite, cette manœuvre par la queue devenait impossible; il fallut le mettre en pièces. On pourrait citer mille exemples de ce genre.

ont cependant des roues de devant beaucoup plus hautes que les nôtres ; on y a préféré l'inconvénient de tourner par fois à bras les caissons par la queue, à l'inconvénient de s'embourber sans cesse et indubitablement avec les roues de dix-huit pouces de rayon : routine détestable, contre laquelle on ne cesse de s'élever en vain. Ces caissons à grandes roues d'avant-train, sont, d'ailleurs, plus roulans, franchissent mieux les fossés et les haies, et fatiguent moins les chevaux.

Mais, quoi qu'il en soit, ces deux systèmes sont encore évidemment vicieux ; et, tout bien examiné, l'auteur a pensé que le caisson *à deux fortes roues*, et simple brancard (*fig.* 81), avec trois chevaux de front, dont un limonier et deux de volée, était préférable aux systèmes ci-dessus.

Il a proposé, dans le temps, cette rectification, à laquelle on a opposé l'usage, la dépense et d'autres objections qui se sont trouvées sans valeur par l'expérience ; car l'année suivante les opposans ont pu voir que ces caissons mêmes étaient à peu de chose près ceux de l'artillerie de la garde impériale russe, dont la simplicité, la légèreté et la bonne pratique, parfaitement calculée, ont fait l'étonnement des connaisseurs.

On doit les préférer même à ceux de l'artillerie anglaise, si vantés, et dont les détails brillent plus par le fini et la tenue parfaite que par le calcul primitif et mécanique, que les Russes ont parfaitement saisi dans sa simplicité. En effet, leurs légers caissons à deux roues, déjà moins coûteux, n'exigent que trois chevaux au lieu de quatre et six; ils roulent partout avec une facilité extrême, ils franchissent tous les fossés pour suivre leurs pièces et remontent du même élan sur le talus opposé, ce qui est impossible aux caissons à quatre roues; en un mot, ils réunissent économie, légèreté, célérité et possibilité d'aller partout et de pirouetter sur eux-mêmes.

L'auteur ne réclame donc point cette idée, qu'il a trouvé réalisée, et il préfère une expérience faite et confirmatrice à toutes les inventions à confirmer: l'utilité étant son but unique, il engage seulement à adopter ces caissons volans en France, et ose croire qu'on s'en trouvera bien sous tous les rapports, à moins que messieurs de l'artillerie, seuls bons juges en cette partie, n'y fassent des objections qu'on n'a pas prévues.

Car il faut avouer que, dans chaque art, il y a par fois certaines notions et difficultés particulières qui sont décisives; comme aussi des préjugés et des routines auxquels le calcul ne peut rien.

On pourrait prendre, au surplus, un *mezzo termine*, en ayant quelques *caissons-magasins* à quatre roues, sur les grandes routes, et le reste en *caissons volans à deux roues*, pour suivre les pièces dans les terres; mais alors il faudrait rectifier les caissons à quatre roues existans, et prendre le modèle du colonel du génie Liedot, qui exhausse les roues de deux décimètres, et qui ne pèse que 1600 livres. C'est, sans contredit, le meilleur des caissons à quatre roues, non-tournans sous l'avant-train (2).

DIXIÈME MÉMOIRE.

Tombeau du maréchal de Vauban, érigé sous le dôme de l'hôtel des Invalides, à Paris; et translation de l'épée du Grand-Frédéric, au même hôtel, le 17 mai 1807.

Le tombeau d'un grand homme de guerre est encore du ressort de cet ouvrage; moins comme architecture militaire que comme monument de gloire et noble stimulant pour nos jeunes guerriers. C'est sous ce point de vue qu'on place ici le mausolée de Vauban, que l'auteur a été chargé de faire élever sous le dôme des Invalides, à Paris, en face du mausolée de Turenne, et sous l'inspection du général du génie Samson.

Ce monument se compose (*fig.* 82) d'un sarco-

---

(2) Le général Alix fait en ce moment, à Vincennes, des expériences qui jetteront un grand jour sur ces matières.

pilage élevé sur six marches, et surmonté d'une pyramide ou obélisque en stuc bleu foncé, adossé à une colonne corinthienne en marbre noir, sur le chapiteau de laquelle est une urne en marbre blanc où est déposé le cœur du héros. Au pied de la colonne et de l'obélisque sont de grands trophées d'armes composés en majorité de celles que Vauban a ajoutées au domaine de la guerre, telles que les nouveaux *mortiers à perdreaux*, les armes *défensives dans les sièges*, *etc.*

Ces trophées ont été fondus sous nos yeux, et d'après les dessins du lieutenant-colonel Muriel secrétaire général du dépôt de la guerre, par MM. Micheli, fondeurs piémontais, alors à Paris, et sous la direction de M. Masson, sculpteur célèbre et membre de l'Institut.

Quant au monument en lui-même, qu'il soit permis de hasarder quelques réflexions, tant sur sa simplicité extrême que sur la conduite politique de Bonaparte en cette circonstance. D'abord cette simplicité parut en général analogue à celle du héros. Exposer ses inventions d'un coup d'œil, sans emphase, sans métaphore, était préférable à l'étalage ordinaire de ces figures mythologiques, allégoriques ou cadavéreuses dont on surcharge les tombeaux. A quoi bon, en effet, ces squelettes, ces faulx, ces parques éternelles? C'est la vie immortelle qu'il faut montrer aux jeunes guerriers, au dehors, par le tableau du plus beau fait d'armes du défunt ; et au-dedans, en leur persuadant que tout élément terrestre disparaît pour les héros, et qu'on ne trouve plus, sous ce marbre silencieux, que le génie, sublime auteur de tant de merveilles. Quant à la cérémonie et à la place du monument, il parut étonnant, dans le temps que Bonaparte, qui ne reconnaissait pour grands hommes de guerre, que des généraux en chef ayant commandé d'immenses armées, eût laissé placer, en pendant de Turenne, Vauban, qui n'avait commandé que des siéges et jamais d'armée de campagne. Il fallait donc que le mérite inouï de ce grand homme, sous tous les rapports civils et militaires, compensât aux yeux de Bonaparte, ce déficit de commandement absolu ? et, cet aveu de sa part est peut-être un des plus brillans éloges de Vauban.

Peut-être entrait-il dans le projet de Napoléon de s'attacher par là, de plus en plus, le corps du génie dont il avait le plus grand besoin alors, vu l'immensité des places et des travaux qu'il faisait exécuter dans toute l'Europe (Voyez la note à la fin, numéro 10.).

On a lieu de le penser : d'abord, d'après l'ordre donné pour l'exécution du monument, mais surtout par la modestie presque outrée de l'inauguration. En effet, la cérémonie se borna à convoquer les principaux inspecteurs du génie, alors à Paris, une partie de l'état major de la division, et de celui des Invalides; et là, presqu'à huis-clos, M. le comte Le Pelletier D'aunay, l'un des héritiers, descendans du héros, et possesseur de son cœur embaumé, le déposa dans l'urne placée sur la colonne de l'obélisque; le premier inspecteur du génie Marescot prononça ensuite un discours où sa modestie l'empêcha de remarquer plus d'un rapprochement honorable qu'on faisait entre lui et son héros; puis l'assemblée se sépara.

Il n'en fut pas ainsi lors de la translation de l'épée du *grand Frédéric*, déposée avec une pompe extraordinaire à l'Hôtel des Invalides, le 17 mai 1807. Il est vrai qu'il s'agissait ici de Napoléon tout entier, en présence de son illustre antagoniste: aussi la cérémonie fut-elle des plus brillantes. Chargé, par le ministre d'en reviser le programme l'auteur soumet au lecteur les réflexions qu'il se permit de faire alors, en réponse à l'ordre qu'il reçut.

Observations à M. le Secrétaire-Général.

1° Dans le programme de la cérémonie on a supprimé entièrement les ministres; est-ce oubli ou déférence pour l'opinion de deux grands hommes qui savaient s'en passer?

2° On a confondu mal à propos dans les groupes, les armures de François Ier, reprises en Espagne avec nos trophées de Berlin. On devrait les séparer, écrire peut-être, pour les premiers : *Victoria restituit*, et sous l'épée de Frédéric : *Rupto fœdere Rupta Gallis.*

3° Il serait plus généreux de laisser quelques vestiges de laurier désséchés sous l'épée du grand Frédéric, qu'on montre aussi par trop nue et trop solitaire ; ce serait rehausser notre propre gloire.

4° Ne conviendrait-il pas d'éloigner du cortège nos vieux guerriers qui ont fait la guerre de 7 ans ? ils auraient trop à souffrir du parallèle des généraux et des résultats des époques ?

Nota. Le reste consiste en observations de préséance ou détails matériels, et l'on ne rappelle ici ces deux cérémonies, que parce que le premier objet, le monument de Vauban, est simple, peu dispendieux, et peut servir peut-être de type dans l'occasion, pour un grand mausolée militaire, en variant les détails; et, quant à la deuxième cérémonie, parce qu'elle prouve, par cette triste série d'épées souveraines, tour à tour prises ou reprises, et passant sous nos yeux comme des ombres, toute l'instabilité de *la gloire de la force;* tandis que *la gloire de la raison,* celle des grandes vérités mathématiques ou morales est seule immuable et sans regrets.

ONZIÈME MÉMOIRE.

Pontons en tôle forte, servant de fours, pour la campagne de Russie; projet remis au major-général, en 1812.

On partait pour la campagne de Russie, en 1812; on devait manœuvrer sur des terres fortes, coupées de rivières, lacs, ruisseaux, de forêts privées de ressources alimentaires; il fallait réduire le nombre des chevaux, déjà si multipliés.

L'auteur pensa à faire servir les pontons à un double emploi, celui de *ponts* et de *fours*; voici son Mémoire.

« Les boulangeries entraînent un attirail immense et incompatible avec une expédition gigantesque, en des régions presque désertes; d'autre part, les pontons y sont indispensables pour passer les rivières nombreuses qui arrêteraient les colonnes.

» Si on utilise ce dernier équipage de manière à servir à deux fins, on aura épargné moitié de la dépense, des difficultés et des agens.

» Pour cela, au lieu de pontons en cuivre très-dispendieux, et qui seraient mal sains pour la cuisson du pain, qu'on construise des pontons de tôle forte, bien recouverts aux sutures, et bien cloués. Ces pontons (*fig.* 90) auront de longueur dix-sept pieds, comme à l'ordinaire, cinq pieds de largeur, deux pieds trois pouces de profondeur; le bec *d'avant* sera un peu plus saillant que de coutume, pour permettre d'y pratiquer la moitié de l'ouverture nécessaire pour enfourner; l'autre moitié de la bouche devant être formée par le sol même entaillé dans ce but.

»Veut-on faire servir le ponton de boulangerie? on se sert du corps AB du charriot pour pétrin; il est construit pour cet usage (*fig.* 90); puis on enlève, on retourne et place le ponton sur le sol le plus sec qu'on peut trouver, et, s'il se peut, en des parties AC (*fig.* 91), qui offrent une saillie naturelle pour enfourner, tels que les bords des fossés, des ravins, etc. L'on excave ensuite le sol sur une profondeur de six pouces FG, seulement, et bien également, pour encastrer le ponton; on relève, en outre, la terre tout autour des bords G, puis on recouvre la totalité du ponton de sable sec ou de terre la plus sèche des environs, ou enfin de gazonage, le tout pour prévenir la déperdition du calorique intérieur; enfin, on glisse par la bouche deux demi-plaques en tôle sur le sol du four, pour porter les pains et prévenir l'humidité.

D'après toutes les notions physiques, ces fours doivent remplir leur but : la cuisson y sera plus longue que dans les fours en briques; mais néanmoins, elle y est sûre, égale et suffisante, d'après le temps qu'on aura à chaque bivouac ou repos, le soir. Au surplus, l'expérience des *fours en tôle*, en général, a été faite à l'administration de la guerre, par le général Dejean (voyez note 9, à la fin). On y a proposé et expérimenté des *charriots-boulangers*, portant à la fois *magasins-pétrins*, *fours en tôle*, et même cuisant en marche; mais ils ne sont pas, comme ceux-ci, à deux fins; ils n'épargnent pas deux tiers de chevaux et d'équipages; ils perdent les deux tiers de la chaleur, n'étant pas recouverts en sable ou en braise pour la cuisson : en un mot, ils ne cuisent pas la moitié du pain que ceux-ci procurent par leur grand volume; mais, quoi qu'il en soit, ils suffisent pour prouver que les *fours en tôle* sont praticables. Ceci est donc un perfectionnement essentiel qui bénéficie de l'expérience, en assurant, en outre, le service des pontons.

Dans les temps trop humides où l'on manquera de sable sec et même de terre convenable, on ne garnira de terre que les bords, et non le dessus du ponton renversé; on le couvrira, au contraire, de bois enflammé et de braise ardente, comme les fours de campagne de nos cuisines, qui cuisent parfaitement. Le bois ne manque pas dans le Nord. On peut l'y prodiguer, et le feu de chaque four servira ainsi, en outre, de feu de bivouac de la troupe, et produira alors trois résultats.

DOUZIÈME MÉMOIRE.

Petit Agenda défensif à l'usage des troupes de nouvelles levées et des partisans.

Rappelé de la Belgique à Paris, en 1794, pour être l'un des répétiteurs, à l'école polytechnique, des leçons sur l'*art de la fortification*, données par le vénérable général Darçon, et par le modeste général Campredon, connu depuis par sa belle défense de Dantzick (1), l'auteur essaya là de tracer, par analogie, en particulier, les premiers élémens de la *Statique de la guerre*. La *fortification permanente* ou *celle de campagne* et *des positions*, était la seule carrière qu'ouvrait le général Darçon à ses élèves; mais les relations de cet art avec la *tactique générale* ne frappaient que plus vivement les auditeurs, et faisaient sentir la nécessité d'appliquer également quelques principes mathématiques à la stratégie, qu'on semblait traiter entièrement comme un art conjectural qu'on mettait même de côté, quand la fortification était constamment soumise à l'analyse et au calcul positif.

---

(1) Nous y avions pour collègue répétiteur le lieutenant du génie Bertrand, général célèbre depuis par ses grands talens militaires et par son dévouement touchant au prisonnier de Sainte-Hélène.

C'est ce travail, faiblement ébauché dans le temps, mais constamment revu et annoté depuis 1808, époque où il parut, que l'auteur soumet au lecteur, dans la première partie du présent traité, avec les modifications que le général Carnot et les généraux les plus instruits ont bien voulu lui suggérer depuis.

Il se borne, dans la deuxième partie, aux Mémoires qu'il croit neufs ou intéressans, et il en retranche même tout ce qui pourrait être connu ou avoir été traité dans d'autres ouvrages.

Ainsi, l'*Agenda défensif* récapitulant nécessairement les principes de Clairac, dans l'*Ingénieur de campagne*, et en d'autres traités sur ce sujet, on retranche ici tout ce qui a rapport à la *petite guerre* et aux *fortifications de campagne*, pour se borner aux moyens nouveaux et aux *procédés d'industrie* qu'on peut ajouter à la défensive ordinaire.

Ainsi, l'auteur supprime :

1° *La formation des troupes de nouvelles levées*, projet qu'on peut trouver bien plus développé et parfaitement combiné dans *la formation des légions* du général Rogniat, ouvrage aussi bien pensé que rempli d'érudition.

2° La petite guerre *de positions* et *les retranchemens de campagne*, pour lesquels on renvoie à *Clairac*, *Vauban*, *Gay-Vernon*, etc.; et on se borne aux *moyens d'industrie* qu'on croit nouveaux, pour couper les communications de l'ennemi, annuller ses routes, ponts, etc., enclouer ses chevaux, détruire ses subsistances, son artillerie et ses convois, tous moyens aussi destructeurs que les combats, et souvent plus efficaces contre les armées d'invasion; en voici les principaux :

Nouvelles fougasses à trappes enflammées par l'ennemi même (2).

Si l'on trouve un moyen simple et facile de contreminer et faire sauter par l'ennemi même, des parties considérables de chaussées, des ponts entiers, en un mot, tous les points essentiels par lesquels il est obligé de passer et d'attaquer, quel avantage inappréciable n'en retirera-t-on point par l'obligation où il sera réduit souvent d'abandonner les chaussées et de se voir arrêté dans sa marche?

Soit *a b c d* (*fig.* 46) le profil d'une tranchée transversale ou diagonale à une route. L'on donne à cette tranchée triangulaire six pieds d'ouverture et six de profondeur, pour le mécanisme du levier; l'on place à la moitié de la largeur, du côté de France, un fort pieu de six pouces sur huit d'é-

(2) Je crains bien que cette fougasse n'ait donné l'idée de la machine infernale du 3 nivôse; mais un auteur n'est pas plus responsable des abus des machines de guerre qu'il propose, que de celui du pistolet par des assassins.

paisseur, à fourche, et traversé d'un boulon servant d'essieu à un levier de cinq sur six, reposant sur un chevet, et, du côté de l'ennemi, suspendu à trois pouces de distance de la pièce destinée à servir de chevet de repos après le choc. Dans cette tranchée on place un baril de poudre armé d'un saucisson et d'un bassinet sur lequel porte un briquet à détente, mu par une chaînette aboutissant à l'autre extrémité *a* du levier.

D'après cet exposé, l'effet est facile à concevoir (*fig.* 46 *et* 47). Dès que le pied touche cette bascule, la chaînette tirée fait partir la détente; de-là l'explosion du baril. Qu'on imagine à présent un système de barils placés de trois toises en trois toises, dont les augets communiquent par des saucissons; on sent qu'il suffira qu'une seule bascule en tête s'abaisse pour que l'éruption soit totale, aussi étendue que les fougasses seront prolongées, et suive toutes les directions que l'on voudra. Il ne reste donc plus, le système d'explosion étant donné, qu'à tracer les lignes du plus grand effet en plan.

Sur une route (*fig.* 48), qu'on trace les tranchées parallèles à la chaussée, sous les accotemens; qu'on dispose ensuite deux des bascules sous la chaussée même, de manière que le premier rang de troupes arrivé à ces deux bascules fasse sauter les fougasses.

Sur un pont (*fig.* 49), la tranchée des bascules sera placée du côté de France, près de la culée. L'effet de la détente, lorsque le premier rang a passé et que la colonne est engagée, sera évidemment la communication, par les saucissons, à toutes les fougasses, et la chute de tous les pied-droits des arches, la confusion du feu, des débris et des hommes précipités dans les eaux. On sent qu'il suffit de deux bascules en tête, pour tout un système, et du briquet phosphorique pour les autres.

Au reste, depuis l'invention de la *poudre fulminante*, et des *briquets phosphoriques*, je me suis empressé d'adopter ce procédé, bien préférable à la *détente de pistolet*, et je l'ai proposé au comité des fortifications, comme une amélioration essentielle sous le rapport de la célérité et de la dépense. Un simple levier suffit donc désormais pour presser la poudre fulminante, sans avoir besoin du fossé et de la bascule.

Sur un flanc d'armée peu forte en cavalerie (*fig.* 50), la tranchée devra suivre la forme d'un retranchement ordinaire bien composé, pour se trouver parallèle et servir de fossé. La première ligne de cavalerie ennemie chargeant, touche les leviers à briquets phosphoriques ou ceux de poudre fulminante; elle est culbutée. La deuxième ligne se précipite dans les entonnoirs où on la détruit, et où notre infanterie trouve ensuite un bon retranchement contre de nouveaux assaillans. On peut affirmer qu'après de tels essais la cavalerie sera prudente, et que cette incertitude la tiendra en un juste respect pour les parties faibles et pour le valeureux fantassin (3).

Suite des moyens d'industrie (*fig.* 83); *enclouer les chevaux.*

Le but constant des partisans doit être de détruire les chevaux de l'ennemi, car presque tout dépend des chevaux, d'après l'immensité des parcs d'artillerie et des corps de cavalerie.

Le moyen le plus simple est de les enclouer; on a par-là l'avantage de les refaire à son profit, et de les annuller pour l'ennemi, à l'époque des batailles. Les chausse-trappes anciennes sont trop grandes, se dispersent aisément, et nuisent autant à nous qu'à l'ennemi : il faut de nouveaux procédés. Prenez de la toile à voile de six à sept pieds de largeur; piquez-y des clous sans tête, en échiquier et en grand nombre; rivez-les par le côté sans tête; clouez cette toile à un rouleau de bois blanc creux; enfin, roulez ce cylindre à terre pour envelopper le tout en couchant les clous.

---

(3) M. Legris, dans sa *Mécanique militaire*, publiée en 1825, propose aussi des fougasses à poudre fulminante. Il est évident que c'est la même idée que j'ai produite il y a seize ans, et si simple, qu'il est aisé de s'y rencontrer.

Dans l'occasion, déroulez rapidement ce rouleau à terre, avec le pied ; vous aurez un *tapis-chausse-trappe* terrible, avec lequel on peut braver toutes les charges générales ou partielles ; car les chevaux ennemis s'encloueront et tomberont les uns sur les autres. Quand les nôtres voudront charger, le même mouvement, avec le pied seul, fera replier ces rouleaux de chausse-trappes qu'on retendra après, à volonté.

Les toiles chausse-trappes auront cinq toises de longueur et trois de largeur ; roulées, elles pèseront soixante livres environ, et se porteront par paires sur le bât d'un mulet, ou comme le faisceau d'un licteur par un voltigeur robuste. L'infanterie de ligne pourra s'en servir très-utilement, en attachant, les jours de bataille, quelques escouades *d'encloueurs* aux régimens.

En bataille, les voltigeurs-encloueurs se porteront alignés quarante pas en avant de la ligne, jeteront leurs toiles enclouées rapidement, en poussant les rouleaux sur le sol avec le pied, et les releveront de même, au besoin ; il sera impossible de charger et d'aborder les bataillons ainsi couverts, et sur une largeur enclouée de dix-huit pieds.

Au reste, les manœuvres d'enclouage n'auront jamais lieu, en bataille, que sur l'ordre du général de la division engagée, mais en manœuvre particulière et sur les routes, par l'ordre du chef des voltigeurs seulement.

Les voltigeurs n'ayant pas toujours le temps et l'argent nécessaires pour *l'enclouage particulier*, fort utile aussi ; voici ce qu'ils feront :

Prenez dans les villages de vieilles toiles, des tapisseries, de vieilles couvertures, etc. ; lardez-les de clous avec profusion, suivant le système ci-dessus indiqué ; jetez ces grands chiffons encloués, par centaines, et recouvrez-les d'une petite couche de terre ou de sable sur les routes, aux endroits étroits, aux ponts, aux défilés inévitables ; semez-les surtout en échiquier et épars, pour que plusieurs rangs de chevaux soient encloués avant qu'on ne s'aperçoive du piége.

Guettez les marches des convois d'artillerie surtout : une seule voiture arrêtée paralyse la colonne ; que sera-ce donc en estropiant plus de cent chevaux à la fois ?

Enclouez par tous moyens les côtés du pavé déjà armé lui-même, parce que les autres voitures voudront prendre le côté, et que leurs chevaux pourront alors s'enclouer aussi.

Enfin, éparpillez ces enclouages innombrables sans symétrie ; mais *laissez toujours des partisans, pâtres ou paysans, sans apparence, pour avertir les nôtres et faire replier à propos les toiles chausse-trappes ou les autres piéges qu'on retend après.* Un piquet avec un signe convenu au bout, un papier, un chiffon rouge, peut servir à indiquer les piéges; on relève ou abat ce piquet à propos.

Quand on manquera de vieilles toiles, chiffons, paillassons, etc., on se fournira de voliges ou planches très-minces de peuplier ou de sapin, lardées de clous, et qu'on enterrera à fleur de terre sur les routes et les ponts, toujours à profusion, mais en des endroits bien connus et marqués.

Toujours *des partisans habillés en villageois seront là pour avertir les nôtres, pour abattre ou relever les piquets indicateurs, et s'éloigneront quand ils verront venir l'ennemi.*

Nouveaux cordons de schakos ou chausses-trappes-chaînettes à étoiles en fil de fer, au lieu des cordons inutiles pour toute l'infanterie française.

L'idée précédente conduit naturellement à celle-ci, plus facile à exécuter. Ces chaînettes forment ornement guerrier pour les schakos, démontent la cavalerie ennemie, et ne reviennent qu'à 50 centimes pièce, moins cher que le cordon blanc, qui ne sert à rien. La chaînette a six pieds de long, deux lignes de diamètre et est en fil de fer; les étoiles des pointes sont de 15 lignes et très-aiguës.

A l'ordre donné en retraite, ou quand on est chargé en carrés, les compagnies et bataillons décrochent leurs chaînettes, et jettent ou sèment par spirales (*fig.* 85) ces chausse-trappes; il en résulte sur les routes, les fronts des carrés, et surtout aux défilés et aux entrées des villages, des tapis de pointes presqu'invisibles, où une foule de chevaux ennemis s'enclouent, sont hors de service et arrêtent les parcs et les charges.

En faisant jeter ces chausse-trappes par les derniers bataillons dans les retraites, il est impossible que la cavalerie ennemie nous suive et traverse surtout les défilés, ponts et villages où elle ne pourra pas éviter la route. On marquera à la craie, d'un signe convenu, sur les arbres du côté de la retraite, les emplacemens encloués, pour avertir les nôtres dans les retours offensifs.

Au surplus, deux voltigeurs intelligens par bataillon, avec des guidons noirs le jour, et des briquets la nuit, indiqueront l'extrémité des *chaînettes-chausse-trappes*, et les momens où il faudra les relever, les éviter ou les rejeter au commandement, qu'ils répèteront par signaux.

Dans les grandes manœuvres de batailles, les bataillons font trente pas en avant, vont relever leurs chaînettes aussitôt les charges de l'ennemi repoussées, et les rejettent au nouveau commandement, suivant les nouvelles positions et les incidens. Ainsi, nos propres manœuvres n'en sont jamais contrariées, et celles de l'ennemi le sont sans cesse.

Un avantage très-grand encore de ces chaînettes

à étoiles, est qu'on peut les accrocher quatre par quatre, les unes aux autres, par le crochet *porte-mousqueton* de leur extrémité (*fig.* 86), elles forment ainsi des chaînettes traînantes de vingt-quatre pieds de longueur, qu'une troupe laisse flotter après elle en marchant et à la queue de la colonne en retraite ou sur les flancs, en prenant le pas oblique si on la charge de flanc.

Ces tapis mobiles aigus rendent très-difficile l'attaque de la cavalerie ennemie, et le rapporteur du comité des fortifications a partagé cet avis; enfin, il utilise l'armement du schakos, qui aujourd'hui ne sert à rien.

Procédé pour faire sauter à volonté les caissons qu'on abandonne.

Dès que les partisans et voltigeurs voient des caissons abandonnés et prêts à tomber aux mains de l'ennemi, ils cherchent à en faire une arme et à priver l'ennemi de la prise du caisson.

Pour ce, ils clouent sous le caisson une petite boîte infernale A B (*fig.* 80) qui renferme une batterie de pistolet ou un briquet phosphorique, mus par une chaînette, qu'ils accrochent à la roue. Le moindre mouvement que lui fait faire l'ennemi en s'en emparant, fera sauter les preneurs avec le caisson. Quand les partisans auront la boîte infernale n° 4, qui fait partir la détente sans chaînette et par un ressort monté, après un temps donné á volonté, ce sera encore mieux. On ne saurait trop multiplier les briquets phosphoriques en terre de pipe dans les mains des partisans : c'est le moteur le plus terrible et le plus perfide, en ce que l'ennemi le met toujours en jeu lui-même, et se trouve en contact direct avec la mine ou la fougasse qui saute sous ses pas.

On le répète, il faudra toujours laisser une petite traînée de poudre autour du briquet phosphorique, et que cette poudre communique bien avec la fougasse, pour que l'effet ne manque pas.

Ce procédé sera excellent sur les ponts, surtout pour crever les dos des voûtes par un fourneau que l'ennemi même fait partir en passant. Au surplus, les mêmes piéges par la poudre fulminante sont encore plus faciles.

Moyen pour submerger les barques, quand l'ennemi y entre en grand nombre.

Outre *les faux gués, les fausses ornières*, à l'abord des rivières, et que nous avons conseillé de pratiquer pour tromper l'ennemi qui s'y précipite; outre les trous recouverts en parchemin et goudronés que nous avons indiqués, pour submerger les petites barques, quand l'ennemi y entre, on emploierait les moyens suivans pour les grandes dont il s'empare pour les passages ou les ponts.

On percera avec la grosse tarière du tonnelier, force trous sous les gîtes et dans le fond des barques; on bouchera ces trous avec des bondons de tonneau sans étoupes, fermant les orifices sans efforts, et résistant à une forte poussée du doigt seulement; on collera au dedans du bateau, sur ces bondons, du parchemin à la colle-forte, et on en enduira l'orifice entier qui n'est pas vu sous les gîtes. Ces bondons, retenus par le parchemin collé et par un léger gonflement du bois, résisteront d'abord à la poussée de l'eau dans l'état ordinaire; mais quand trente ou quarante ennemis entreront brusquement dans la barque, la poussée du fluide en dessous deviendra si forte qu'elle fera sauter en dedans tous les larges bondons collés, et que quarante ou cinquante grosses voies d'eau à la fois la feront chavirer.

On fera toutes ces voies du même côté du bateau, pour le faire chavirer plus sûrement.

On pourrait indiquer aussi des soupapes en cuir, qui s'ouvriraient sous une pression donnée, en tournant et quittant le rivage; mais cela est plus long à exécuter et plus dispendieux.

On pourra aussi se servir du pétard caché sous les gîtes, avec un briquet phosphorique.

Petits brûlots de campagne pour faire couler les ponts et barques de l'ennemi.

Prenez une pipe ou tonneau (*fig.* 87) de 240 pintes, bien sain, défoncez un de ses côtés; placez dans le fond qui reste, six pouces de gravier ou sable bien sec pour lester; posez sur ce sable, et enterrez-y de trois pouces un baril de poudre défoncé; placez le grand tonneau debout sur l'eau, et jetez du sable autour du baril jusqu'à ce que le tout flotte de huit pouces au-dessus de l'eau. Cela fait, reposez le premier fond ôté du tonneau, et adaptez une verge de fer passant dans le milieu de ce fond, et façonnée comme il suit :

Cette verge porte par une des extrémités, en dedans du tonneau et sur le baril, deux briquets phosphoriques en terre de pipe, qui touchent deux broches *fixes* susceptibles de les casser, dès que les briquets les heurteront. Par l'autre extrémité, cette verge est enfilée à un volant en bois ou une croix de Saint-André parallèle à l'eau, et qui plane au-dessus du tonneau. Il est clair qu'en lâchant ces tonneaux au cours de l'eau (*fig.* 88), leur volant ou moulinet horizontal touche bientôt les barques et les pontons, casse les briquets phosphoriques en dedans, et fait sauter ou crève les pontons.

Cet effet est encore plus sûr, en attachant plusieurs de ces tonneaux entre eux, par des cordes;

et les lâchant au fil de l'eau ; les cordes s'accrochent alors, et font adosser les tonneaux aux flancs des barques, en abîmant bientôt le pont sous les eaux, par les explosions des barils qui crèvent ces barques.

Quand on aura de ces brûlots de reste, on pourra s'en servir utilement de fougasses excellentes sur les routes et ponts en pierre, car le volant horizontal étant caché à fleur de la terre grattée à cet effet, le moindre choc d'une roue ou du pied d'un cheval tirera assez une branche du moulinet pour casser les briquets phosphoriques et mettre le feu aux poudres (4).

Télégraphes de campagne.

Il est essentiel de prévenir, rassembler ou disperser à propos les corps par des signaux vus du pays.

---

(4) Ces brûlots, très-peu coûteux, sont vivement approuvés et recommandés dans le rapport au comité des fortifications du colonel Pâris. Au surplus, le prince de Schwarzemberg m'a dit, en 1814, qu'il avait été question de pareils brûlots pour détruire nos ponts du Danube, lors de la bataille d'Essling. Il est possible que mon *Agenda des troupes légères*, qui a été imprimé à Paris, ait été connu en Autriche, comme l'était le *Mécanisme de la guerre*, que tous les généraux des alliés connaissaient parfaitement.

Pour ce, un partisan intelligent et robuste porte toujours sur le sommet des hauteurs qui dominent les routes, défilés et marches de l'ennemi, le télégraphe suivant.

En plaine, il se placera aux clochers pour faire les mêmes signaux et y planter son instrument.

Ce télégraphe très-simple est composé de deux grandes perches de dix pieds, liées par une broche à leur milieu, de manière à tourner à volonté; elles sont portées à ce même point par un léger poteau en sapin, très-mince, pointu par le bas, et de huit pieds de hauteur.

A chaque extrémité des perches sont des ficelles pour faire jouer, approcher ou éloigner les extrémités de ces perches autour du pivot central.

A chaque extrémité de perche sont des flammes en serge de trois pieds de long, l'une rouge, la seconde bleu clair, la troisième noire et la quatrième blanche.

Voilà tout l'équipage des signaux.

Le *porteur* suit les sommités, s'arrête quand il voit de loin l'ennemi, plante son pieu, et fait jouer ainsi le télégraphe :

Si l'ennemi avance en masses serrées, *serrez en faisceau les perches debout, les flammes réunies.*

S'il marche éparpillé, *séparez-les en éloignant les flammes.*

Si c'est de l'infanterie, *flamme rouge en haut.*

Si c'est cavalerie, *flamme bleue en haut.*

Si c'est artillerie, *flamme noire en haut.*

Si c'est équipages, *flamme blanche en haut.*

S'il faut attaquer ensemble, *mettez les perches horizontales, toutes flammes réunies.*

S'il faut attaquer isolément, *mettez les perches en croix de Saint-André.*

Si l'ennemi reçoit des renforts, *faites jouer et tourner en rond toutes les perches avec leurs flammes.*

Si c'est secours d'infanterie, *flamme rouge reste en haut.*

Si c'est cavalerie, *bleu en haut.*

Si c'est artillerie, *noir en haut.*

S'il faut faire retraite et se disperser, *ôtez le tout; bas le télégraphe.*

La nuit, mêmes signaux, en ajoutant une petite lanterne de la couleur de la flamme.

Les combinaisons de toutes ces flammes aux quatre points cardinaux, et deux à deux, fournissent encore une foule de combinaisons qu'on supprime pour donner les plus utiles; les autres seront le secret des chefs.

Ces télégraphes si simples seront très-utiles encore aux jours de bataille, pour avertir des mouvemens de l'ennemi, et nous faire agir en conséquence.

Des agens du télégraphe seront détachés, à cet effet, à l'armée, et opéreront sous les yeux d'un aide-de-camp, sur les hauteurs, les clochers ou les arbres élevés.

Sabres-lances et pistolets-masses-d'armes ; nouvel armement de la cavalerie.

Ne pourrait-on pas concilier à un certain point l'avantage reconnu de la lance avec celui du sabre, de telle sorte qu'on pût porter, en chargeant, le coup de lance, et sabrer ensuite dans la mêlée? Je proposerais pour cela *le sabre-lance* dont voici la forme et la manœuvre (*fig.* 65).

C'est une lance en frêne léger, d'un pouce et demi, en tête, de largeur, et se réduisant à six lignes à l'extrémité en trait aigu, le tout sur une longueur de huit pieds.

Cette lance sert de fourreau à un sabre droit A I, de trente-six pouces, dont la poignée et la garde A forment la queue de la lance, y étant retenus par un ressort G.

Le cavalier, chargeant, prend sa lance et la tient en équilibre jusqu'au moment où, arrivé à portée de son adversaire, il la pousse avec vigueur et la retire aussitôt, en laissant glisser sa main droite jusqu'à la poignée, où, arrêtée par la garde O, il est le maître, ou bien de relever sa lance pour porter un second coup, ou de tirer le sabre qui est dans le corps de la lance, pour sabrer dans la mêlée; il passe alors le *fourreau-lance* dans sa main gauche, où il ne gêne point la manœuvre de la bride, et sert même à parer; tandis qu'il frappe à volonté et avec plus de fermeté de la droite. Le pis-aller serait de jeter *le fourreau-lance*, si l'on était serré de trop près ou qu'il fût saisi par l'adversaire; il resterait encore le sabre qui était dans la lance, et les pistolets.

On proposerait encore un *sabre-lance* plus régulier, un peu plus dispendieux, mais d'un meilleur usage (*fig.* 65 *bis*).

C'est un sabre de quarante-deux pouces, avec fourreau très-épais en fer; à l'extrémité de ce fourreau s'ouvrirait par un ressort pareil à celui d'un simple couteau, mais bien plus solide, une lame ou pointe ronde en fer, de la longueur de ce fourreau; de manière que, ce développement fait, donnerait au cavalier, sabre à la main, une lance véritable de quatre-vingt-quatre pouces ou sept pieds, très-légère, et qui lui serait d'un grand avantage en ligne. Il la manœuvrerait, de reste, comme la précédente, et elle aurait, de plus, l'avantage d'être plus portative, étant ployée, et de servir de fourreau en toute occasion.

Il est facile de voir que ce sabre se pend comme un autre à un ceinturon, mais avec une base très-ouverte en entonnoir, de manière que le *fourreau-*

lance vient avec le sabre, auquel il tient d'ailleurs par la garde.

Quant aux pistolets, on proposerait pour le cavalier *le pistolet à vapeur ou à vent*, portant vingt coups sans recharger, après lesquels prenant le pistolet par le canon, la forte culasse sert de massue; attendu que, par un ressort, on en fait sortir trois pointes aiguës, et qu'on peut en faire ainsi l'ancienne masse d'armes, si terrible jadis entre les mains des vrais preux, par exemple, du connétable de Montmorenci, à la bataille de Saint-Denis.

Abatis foudroyans.

Recreusez à la tarière les troncs d'arbres employés en abatis; farcissez l'intérieur de poudre; multipliez ces troncs épars et ainsi armés; appliquez-y des briquets phosphoriques. Les efforts de l'ennemi pour déranger les abatis dans les attaques, le feront sauter avec tout ce qui l'entoure; mais on ne doit placer les amorces et briquets qu'au moment de l'attaque.

Arbalètes incendiaires pour les magasins et dépôts.

L'ancienne arbalète peut être utilisée. Qu'on adapte au trait un briquet phosphorique attaché en croix à l'extrémité de la flèche; cette flèche, lancée dans les meules, les fascines, les dépôts des parcs et des magasins ou des siéges, y brisera nécessairement son briquet et y mettra le feu incontestablement.

Nouveaux chevaux de frise servant de charriots de bataillons.

(*Fig.* 52.) Les Russes se servent avantageusement de chevaux de frise portatifs, dans leurs guerres contre les Turcs. On propose ici des chevaux de frise servant de charriots de bataillon, et qui, se développant en une seule ligne, forment une haie de piques, solide, et aussi facile à déployer qu'à transporter en tous lieux. Sans avoir plus de poids que les chevaux de frise des Russes, ils couvrent beaucoup plus de monde à proportion. Le transport de la machine ne se fait point à vide et sans utilité préliminaire, comme chez les Russes; et ces charriots de bataillons, légers, après avoir transporté les effets, et même les soldats malades deviennent subitement, en cas d'affaire, par un développement facile, un rempart de quinze toises hérissé de piques, consolidé par les gîtes devenues arc-boutans, et derrière lequel les effets peuvent être disposés en bastingage, ce qui réunit le double avantage de prémunir contre l'arme à feu et le choc violent de la cavalerie.

La figure 52 donne le plan et les profils du charriot. On voit, à l'inspection seule, combien l'exécution en est facile : l'essieu, quoique se divisant en deux parties dans le sens de son épaisseur, est consolidé de manière à ne craindre aucune rupture, et la simple soustraction des écrous suffit pour le déploiement de la machine; les gîtes, mobiles sur des charnières à l'une de leurs extrémités, s'enfoncent naturellement en terre, par l'éloignement de la bande opposée, et le charriot peut être remis en sa première forme avec autant de facilité.

Quatre charriots suffiront pour les bataillons ordinaires de sept à huit cents hommes, sur trois rangs. Ce nombre de charriots est celui qui leur est affecté d'ordinaire.

On objectera en vain qu'en cas de défaite la difficulté de rassembler la machine obligera à l'abandonner; outre que cet inconvénient n'aurait lieu que sur une petite partie de la ligne, on observera que les chevaux de frise dont on se servirait exigeraient un abandon beaucoup plus certain, puisqu'il faudrait ajouter au transport de l'obstacle celui de son véhicule, d'un traîneau ou charriot quelconque; tandis qu'ici la machine réunit les deux objets, et n'exige qu'un transport.

Observateurs aériens. Reconnaissances.

J'ai proposé, dans le temps, ce moyen d'observation pour les généraux en chef; il a été employé à *Fleurus*, par le général Jourdan, et exécuté par des officiers du génie. Quoiqu'une première application n'ait pas paru procurer tous les avantages qu'on attendait des compagnies d'aérostiers, l'auteur persiste néanmoins à reproduire une partie du Mémoire qu'il présenta, il y a trente ans, sur l'emploi des ballons à la guerre, et sur leur utilité en plusieurs circonstances.

Péniblement attaché à la terre, un général, dans ses aperçus horizontaux, obstrués par les collines, les bois, la fumée et mille obstacles locaux, lentement informé par des aide-de-camp souvent tués dans leurs courses, arrivant lorsque les nouvelles qu'ils apportent sont ou dénaturées ou sans remède; un général, enfin, qui ne peut se déterminer que par des rapports interceptés, ou faux ou tardifs, perd souvent, en dépit des plus belles dispositions primitives, une victoire qu'un incident secondaire lui arrache. Qu'il s'élève par lui-même ou par des agens sûrs, qu'il plane sur le champ de bataille, et dès lors ce tableau présente d'un coup d'œil les opérations nécessaires; dès lors plus d'embuscades, de mouvemens cachés, de batteries couvertes, de parties faibles qu'il ne puisse renforcer : en un mot, unités de vues, ensemble, remèdes prompts, tout lui assure des succès! Frédéric observait ses armées du haut des clochers; mais le peu d'élévation de ce point, relativement à la distance, son immobilité quand la scène change, étaient bien loin des avantages que peuvent procurer les ballons.

Qu'on établisse dans chaque armée *trois ballons observateurs* (*fig.* 53) retenus par des cordes de longueur indéterminée et dépendante de la force du vent. La hauteur de cent toises est suffisante pour qu'en s'élevant à la distance horizontale de six cents toises en arrière de la première ligne, l'angle visuel ne soit pas trop aigu, et pour qu'on puisse avoir le plus vaste aperçu sans craindre autre chose que des boulets perdus ou des artifices très-incertains. D'après les calculs les plus simples, il est évident que le ballon sera stable lorsque la résultante A G horizontale, de la force ascensionnelle G F et de la tension G D de la corde sera égale à la force A B du vent, et que le ballon prendra cette position de lui-même. Il suffira donc de filer plus ou moins de corde pour tenir le ballon à peu près à la même hauteur. Il serait facile de soumettre au calcul l'inclinaison et l'étendue de corde à donner pour conserver le ballon dans la même couche d'air; mais l'inégalité des coups de vent, leur changement de direction ne permettent là-dessus que des hypothèses; et il suffira, dans la pratique et sous un vent modéré, de donner ou retirer de la corde, à l'inspection des mouvemens du ballon.

Cela posé, voici la manière de disposer chacun

de ces observateurs. Le ballon sera fixé par deux cordes neuves attachées au filet qui ceint la machine. Ces deux cordes aboutiront à deux points différens sur la terre, soit pour donner moins de mobilité au ballon, soit pour porter les avis en des postes différens, en cas que l'un d'eux soit forcé, soit pour se suppléer, en cas que l'une des deux cordes soit coupée par le feu de l'ennemi ou autre accident. Deux cordes minces et aboutissant à la nacelle, au même point que les précédentes, seront les lignes directrices des avis. Les observateurs auront dans la nacelle un certain nombre de cartouches en carton très-blanc, ouvertes dans le sens de leur longueur, se refermant par leur élasticité, et auxquelles sera attachée une balle. Chaque avis sera écrit au crayon, en gros caractère, dans le sens de l'axe de la cartouche, qui sera aussitôt enfilée à la corde et précipitée dans les mains du général par le poids du métal. Quelle célérité alors pour les informations et les mesures à prendre! Un ballon au centre serait l'aviso du général; aux deux ailes, même indice des objets aperçus! Ces seuls mots : *Telle aile plie, ou elle gagne du terrain; l'ennemi se renforce en telle partie....; je vois du canon, tant de pièces à cet endroit; il marche à telle redoute*, et mille autres avis aussi laconiques suffiraient pour agir conséquemment et avec rapidité. Dans les siéges, que d'avantages pour la connaissance des dépôts, du point d'attaque, des batteries, pour les retranchemens intérieurs, l'embrasement des magasins à poudre; dans les marches, pour connaître les embuscades, rallier des colonnes, faire des signaux de réunion ou d'attaque!

Quels avantages précieux à retirer de cette invention, pour les reconnaissances! Un plan de dix lieues carrées se dessine parfaitement à l'œil. La réfraction des rayons visuels est la même sous un même angle, tandis que dans les levers horizontaux, elle est fort inégale par la multitude de positions à prendre, la variété des angles, et surtout les longueurs des rayons visuels, qui produisent une multitude de réfractions différentes, et conséquemment de petites incertitudes dans la position réelle des points. Qu'on lève les plans par une suite de cônes de lumière dont l'œil est le sommet et dont les cercles concentriques des objets sont la base, il en résultera une réfraction uniforme pour chaque cercle, et conséquemment une position relative plus assurée en même temps qu'elle sera mille fois plus expéditive à lever.

Dans la pratique, avec une grande habitude que l'œil se fera d'évaluer les distances, et même de les corriger, pour le mouvement qu'on éprouve, il n'est point douteux qu'on ne parvienne à faire par-là les reconnaissances les plus parfaites, surtout pour la position respective des grandes masses; les petits détails se feront ensuite, quoique beaucoup puissent l'être ainsi, tels que les gorges, les limites des bois, etc.

On connaitra facilement l'échelle du plan de reconnaissance, par la hauteur de l'observateur connue, qui permettra d'y rapporter, pour première opération, une base mesurée sur le terrain qui sera l'échelle de plan pour cette situation.

On ne s'arrête point aux dispositifs chimiques de ces aérostats; assez d'ouvrages en traitent. Il ne s'agit ici que d'une application (5).

Outres-pontons proposés pour l'armée d'Italie et ses nombreux passages de rivières, en 1799.

La construction des ponts est longue, périlleuse et incertaine; la difficulté du rassemblement des matériaux de tout genre en bateaux, madriers, poutrelles, cables, etc., destinés à assembler, consolider et fixer les ponts, rend cette manœuvre difficile, lente, et, de plus, la public hautement.

D'autre part, la construction sur pontons, praticable seulement pour les rivières moyennes, entraîne de son côté un attirail très-embarrassant. La longueur des chars à ponton, l'éloignement de

(5) On supprime ici les détails mathématiques des levers de reconnaissance qui entraîneraient de trop longs détails pour le lecteur.

leurs roues, la difficulté qu'ils éprouvent pour tourner, surtout dans les mauvais chemins, très-communs aux abouts des rivières que l'armée passe ordinairement en des points peu fréquentés, rendent leur arrivage difficile; en vain on les porte à dos d'hommes en pareil cas; il se forme des fractures, des ouvertures à souder, et la manœuvre en est ralentie.

Ne pourrait-on pas, en songeant aux moyens mécaniques propres à cet objet, revenir avec succès, pour les tirailleurs d'abord, à un moyen bien simple pratiqué par les anciens Gaulois, et étendre ensuite plus en grand ce moyen, en l'appliquant au passage de l'artillerie et des corps pesans?

Ces procédés faciles, que je crois susceptibles de renouveler et d'améliorer en grand avec succès, sont les *outres*.

Je proposerais d'abord, pour les tirailleurs, de donner à ces outres une forme qui réunit l'utile provisoire au but proposé, et ce moyen bien facile serait de remplacer la peau de veau du sac du soldat d'infanterie légère par un sac d'outre, ployé autour des effets, sanglé de même, et enveloppant ces mêmes effets réunis d'avance dans un sac de toile imperméable. Ce dernier sac serait destiné à garantir de la pluie ou du contact de l'eau, les effets, dans le peu de temps où le soldat se sert de son outre, qu'il vide d'air aussitôt le fleuve passé, et dont il enveloppe le sac imperméable en tout autre temps ; le tout ne pèserait pas plus que le sac ordinaire.

Voyons d'abord la manœuvre de cette outre ; nous en donnerons, après, les formes et la construction très-simples.

Arrivé près du fleuve, le tirailleur délie la première sangle, il prend son outre vide aplatie, et formant enveloppe de son sac, il la remplit avec la pompe à vent de son escouade (car il faut une pompe à vent par escouade, pareille à celle des fusils à vent des chasseurs tyroliens). Cette outre remplie, et ne perdant point d'air, au moyen de la petite soupape pratiquée à l'entrée, comme dans les culasses des fusils à vent, on observera, d'après l'expérience, qu'en donnant cent coups de piston, on aura dix outres pleines par pompe d'escouade ; le corps sera donc en état de passer la rivière en quelques minutes.

Actuellement, chaque outre déplaçant cinq pieds cubes d'eau environ, ou un poids de 350 livres, en supposant le pied cube d'eau peser 70 livres, on voit que le tirailleur, à cheval sur son outre, surnagera de beaucoup, et arrivera au bord opposé très-facilement en ramant de la paume de la main, et tenant son fusil en bandoulière. Parvenu au rivage, il ouvre la soupape, appuie le pied sur son outre, la vide d'air, en forme un sac de cuir plat, qu'il roule de nouveau autour du sac de toile imperméable qui enveloppe ses effets, sangle le tout, l'endosse et se remet en marche.

Cette manœuvre fort simple, qui utilise la peau du sac du soldat, inutile jusqu'à présent, me paraît préférable à tous les scaphandres imaginés, attendu que ces derniers sont d'un transport impossible pour le soldat; et qu'à la guerre, le soldat, le tirailleur surtout, doit porter tout avec lui.

Quant à la forme de l'outre, la voici (*fig.* 58): aplatie ou remplie, elle forme une élipsoïde ou ovale, de 3 pieds 6 pouces de long sur 18 pouces de largeur, afin de pouvoir envelopper complètement le sac du soldat, qui a pour moyenne 3 pieds de tour et 15 pouces de largeur; des sangles avec boucles seront cousues à la peau d'outre, de manière que la partie recroisée déduite, il reste juste 3 pieds à l'outre plate, pour envelopper le sac.

On sent, à la seule inspection de la figure, combien la construction et l'application sont faciles (6).

Venons aux moyens d'appliquer les outres, en grand, à la construction des ponts de passage, et de leur faire remplacer les pontons en usage.

---

(6) M. de Courtivron, dans son ouvrage fort piquant, prouve les avantages incontestables *de la natation*, pour le soldat; mais il convient d'y joindre des précautions d'industrie comme celles-ci, et qui ajoutent à sa sécurité.

Je proposerais pour cela de grandes *outres à soufflet*, servant à la fois de pontons et d'outres (*fig.* 59).

Ces outres à soufflets se composent d'une carcasse de fort grillage en fer carré d'un pouce d'épaisseur. Le premier cadre, *a, b, c, d*, est fixe ; aux angles *a, b, c, d*, sont scellées les barres de fer *c m, d n, b o, a p*, sur lesquelles glissent par des anneaux les trois autres cadres égaux et parallèles à *a, b, c, d*, de manière qu'en route, et pour plus de commodité, toute la carcasse se replie sur le cadre *a, b, c, d*. Sur ce cadre est placée la peau d'outre repliée par plis égaux comme les soufflets, de sorte qu'au moment de se servir de *l'outre à pontons*, on n'a qu'à faire glisser les cadres du milieu sur les barres des angles *b o, a p, m c, d n*, les fixer aux points marqués, et faire couler ensuite la peau plissée sur le tout, puis la lier fortement en avantdu cadre *m, n, p, o* : on aura ainsi une outre excellente formant ponton par la seule résistance de ses parois consolidés par la carcasse en fer et par la résistance de l'air enfermé.

Avant de chercher approximativement quelle doit être la force élastique de l'air enfermé dans l'outre, pour résister à la poussée de l'eau sur la peau de l'outre, dans la base inférieure, point le plus pressé par la colonne d'eau, il faut chercher d'abord quelles doivent être les dimensions de l'eau déplacée. Pour les connaître, il faut établir le volume de l'outre et remonter aux plus grands poids à porter. Ce plus grand poids est une pièce de 24 avec son train et avant-train, car au moment où une pièce passe sur un ponton ou sur une outre, les chevaux et partie de l'avant-train portent déjà sur le ponton voisin; de sorte que, à la rigueur, on pourrait prendre pour *maximum* de poids la moitié de la charge totale d'une pièce de 24 avec tous ses accessoires. Mais, pour forcer le calcul, et en observant que dans les trains continus il vaut mieux être en excès qu'en dessous; que, d'ailleurs, les pièces se suivant immédiatement, chaque outre n'aura pas trop de force en la supposant chargée du poids total d'un équipage de pièce, nous établirons ainsi notre calcul :

Poids d'une pièce de 24, environ. .	6,000 liv.
Ses accessoires environ.	2,000
Total.	8,000
Poids de la carcasse en fer de *l'outre-ponton*, en supposant le cadre de quatre pieds de côté; poids du cuir, des poutrelles, madriers, et même de l'air enfermé dans l'outre, calcul fait. . . .	4,558
TOTAL A PORTER.	12,558

Ainsi, le total du poids de l'outre-ponton et du

fardeau à supporter n'est pas de plus de treize milliers. Et en supposant que l'outre s'enfonce seulement de trois pieds, ayant dix-huit pieds de long et quatre de large, elle déplace deux cent seize pieds cubes d'eau, du poids de soixante-dix livres chaque, c'est-à-dire, quinze mille cent vingt livres, ou plus de quinze milliers. D'où l'on voit qu'en ajoutant, pour plus de sûreté, une double enveloppe à l'outre, qui ne pèsera pas plus de trois cent vingt livres on aurait un ponton excellent, bien plus portatif, puisqu'un charriot en porterait six, tandis qu'il ne porte qu'un ponton ordinaire. La manœuvre pour les remplir d'air comprimé, serait très-prompte au moyen de nos grands refouloirs à vent, et la soupape pour les remplir se trouve pratiquée dans la partie supérieure de l'outre.

Remarquons toujours que la double enveloppe, qui n'ajoute que trois cent vingt livres au poids total, prévient toute déchirure ou destruction de l'outre première.

Leur construction exposée et comprise, il reste à expliquer la manœuvre générale pour la construction du pont de passage.

Chaque charriot portant six outres-pontons, six escouades conduites chacune par un sergent de pontonniers, s'appliquent à la manœuvre. On fait glisser les cadres sur les tringles longitudinales; on les fixe, on fait couler la peau plissée en soufflet le long de la carcasse totale, puis on la lie en avant du premier cadre; et, le tout consolidé, on applique la pompe ou refouloir à vent à la soupape placée au-dessus de l'outre, on la fait jouer alors jusqu'au dégré de compression nécessaire, dégré qui sera très-aisément déterminé par un ressort gradué appliqué à la soupape, et qui marquera le dégré de compression par le dégré de force avec lequel la soupape se referme (7).

Enfin, ayant rempli un nombre *d'outres-pontons* égal à celui qui sera nécessaire pour passer la rivière, on les portera sur l'eau, et ils seront remorqués en place, soit par des barques, soit par des outres de tirailleurs. On passe ensuite des cables par les anneaux scellés aux extrémités des tringles d'arètes de toutes les outres, ce qui les aligne, les fixe, et permet de les amarrer toutes en amont par des cables tirant de biais, et retenus au rivage, ainsi que cela se pratique pour les pontons ordinaires.

Tout le reste, quant aux poutrelles, madriers, amarrinages, etc., s'exécute comme aux ponts usi-

---

(7) Le degré de compression est celui d'un poids de deux cent dix livres pour trois pieds d'enfoncement de l'outre; et ainsi de suite, la formule de la machine pneumatique pourrait s'appliquer ici; mais on se borne aux calculs numériques à la portée de tout le monde.

tés, et ces données sont absolument communes. Nous ne faisons donc comparaison que jusqu'à cette dernière manœuvre, exclusivement; et jusque-là c'est assez pour voir qu'on a un pont excellent, très-léger, très-solide, et surtout d'un transport extrêmement facile; ce qui, dans la plupart des cas, est la première considération.

De plus, l'économie en matières, construction, est de moitié au moins; le détail en convaincra aisément. Le transport est six fois moindre, l'exécution aussi prompte. Il paraît donc que tant d'avantages devraient engager au moins à faire cet essai.

MOYENS MARITIMES POUR LES CÔTES.

Nouveaux fourneaux à boulets rouges.

Ce fourneau a été exécuté par l'auteur, au Hâvre, en 1793, dans la guerre maritime de cette époque. Il est construit (*fig.* 51) d'après les mêmes données que ceux des forts de Cherbourg, établi sur les mêmes principes, mais modifié quant aux frais, au relief, et au temps de la construction et de la rubéfaction. La plus grande hauteur de ce fourneau qui est de cinq pieds, le met à couvert parfaitement, en l'épaulant de deux traverses et du merlon prolongé. Le foyer à bois fait partie de la descente en berceau, l'action de la flamme n'en est ni moins vive ni moins réfléchie, le courant d'air, établi par l'ouverture à retirer les boulets, et par celle où on les met, étant physiquement le même, quoique de forme différente de ceux de Cherbourg; même surface dans les sections de l'intérieur qu'à ceux-là; conséquemment même volume à chauffer; même inclinaison pour la rotation et l'échauffement successif des boulets. D'où il suit que les demi-sphères supérieures seront chauffées dans un instant donné, avec la même vivacité que dans le fourneau de Cherbourg; de plus, nos rainures étant ici un gril, les demi-sphères inférieures seront chauffées d'autant dans ce même instant par l'action directe de la flamme, condition essentielle.

Car l'on observe qu'en commençant le feu dans les fourneaux de Cherbourg, les premiers rangs de boulets n'ayant éprouvé aucune rotation sont échauffés fort inégalement, et au rouge blanc en dessus quand le dessous, engagé dans la rainure en briques, est bien loin de ce degré. Il en est de même si l'on cesse de tirer les boulets pour quelques instans : plus de rotation dans les rainures, incandescence dans les demi-sphères supérieures, sans que les inférieures l'éprouvent; inconvénient majeur, s'il faut subitement recommencer le feu, et qui n'existe point dans ce que nous proposons.

L'expérience a été faite, au Hâvre-de-Grâce, sur un fourneau construit d'abord sur les données de ceux de Cherbourg. L'inconvénient prévu de l'inégalité de rubéfaction entre les demi-sphères supérieures et inférieures, s'est montré beaucoup plus fort même qu'on ne l'imaginait, et tel que le dessus était rouge cerise quand le dessous, engagé dans les coulisses en briques, était encore d'un noir enfumé. Le temps nécessaire à rougir parfaitement a été de 52 minutes, puis de 47. J'ai proposé à Messieurs des Ponts et Chaussées, qui faisaient l'expérience, d'introduire seulement un gril, sans rien changer à l'intérieur du fourneau, conséquemment à la masse à chauffer. Un ouvrier adroit a scellé en dedans les barres de fer, qui sont devenues nos rainures, et nous avons vu avec la plus vive satisfaction deux courans d'air et de flamme s'établir en dessus et en dessous du gril, le foyer plus ardent et la rubéfaction égale. En un mot, les boulets ont rougi presque au blanc dans 35 minutes, puis en 28, comme le constatent les procès-verbaux de l'expérience faite entre les corps réunis des ingénieurs militaires, des ponts et chaussées et de la marine.

Contre-mines flottantes, ou batteries sous-marines; moyens de crever la carène d'un vaisseau ennemi, d'une manière plus sûre et souvent plus prompte que par le feu des batteries du vaisseau qui le combat.

(Mémoire remis aux agens grecs et américains.)

Les brûlots de l'intrépide Canaris produisent des effets prodigieux; cependant, par leur volume, leur voilure, et plusieurs causes diverses, ils sont trop en vue et d'un effet moins sûr et bien plus coûteux que les *contre-mines flottantes* ou les *batteries sous-marines*; c'est ce qui a déterminé l'auteur à faire remettre ce Mémoire aux agens grecs (8).

Au lieu d'avoir des flottes de 30 vaisseaux de ligne, coûtant plus de 30 millions, et portant souvent 30,000 hommes et 3,000 pièces de canon en pure perte à l'ennemi, ne pourrait-on pas, avec les dix-neuf vingtièmes de moins en dépense, avoir des flottilles de 3,000 petits cônes ou caronades verticales entre deux eaux, et dont je donne la description plus bas? Ces caronades, plus dangereuses qu'un vaisseau à trois ponts, sont guidées par des pétardiers-nageurs attachés sur des outres voguant à fleur d'eau, et presqu'invisibles à l'en-

(8) M. de Montgéry a cité mes batteries sous-marines dans ses dissertations à ce sujet.

nemi. Ils passent ainsi rapidement par files, en remorquant leur contre-mine à droite et à gauche des navires ennemis (*fig.* 62), qui, successivement heurtés par ces innombrables contre-mines, sont bientôt crevés et submergés, tandis que nos pétardiers-nageurs se voient au plutôt recueillis par des corvettes légères, seuls bâtimens nécessaires aujourd'hui, et que le peu d'hommes qui aura péri dans cette manœuvre hardie ne sera pas la centième partie de ce qu'on perd dans un combat naval, et sans résultat.

En un mot, en mer, mille pétardiers-nageurs suffiront avec six corvettes pour attaquer audacieusement les plus grandes flottes, leur submerger plusieurs vaisseaux, et leur échapper ensuite (9). On peut, en outre, dans les attaques contre nos côtes, se servir avec le plus grand avantage de ce moyen pour éloigner l'ennemi, et même le faire trembler dans ses ports et rades, en y envoyant quelques escouades de pétardiers-nageurs, qui peuvent faire leur expédition dans une nuit, et revenir.

---

(9) Les flibustiers, presque nus et sans canons, attaquaient des vaisseaux de haut-bord qui les foudroyaient; manquera-t-on de pétardiers-nageurs sûrs de submerger leur ennemi, et presque toujours de lui échapper par leurs outres et leurs corvettes?

Cette manœuvre comprise et donnée à dévelop-per aux marins qui voudront bien saisir notre idée et l'adopter, passons au détail de la machine.

La contre-mine flottante est un cône pyramidal *a b c d* (*fig.* 63), caisson en madriers très-solide, calfaté, pour ainsi dire, hermétiquement, et renfermant une caronade en fer du calibre de 48. Cette caronade est disposée verticalement, la bouche en l'air. Sa culasse repose sur un second plancher *m n* très-solide, et reposant lui-même sur un fort chevet arc-bouté P, en chêne de la plus forte dimension, attendu qu'il reçoit le choc du recul.

Cette caronade *f* du calibre de 48, comme nous l'avons dit, porte à sa lumière un bassinet plein de poudre, et sur lequel joue, en temps et lieu, une forte batterie à détente de mousquet *h*. Cette batterie ne se meut que par une percussion et par le tir d'une verge de fer *h i*, verticale et parallèle à l'axe de la caronade; l'extrémité *i* de cette verge est un petit boulon ou charnière liée à l'extrémité la plus courte des leviers courbes *i l*, *i l*; qui, dès que le point *l* éprouve une percussion contre la quille ou la carène d'un vaisseau, s'abaissent à l'instant, élèvent ainsi le point *i*, tirent la verge qui fait partir la batterie et le boulet de 48, lequel perce la carène, à laquelle il touche presqu'immédiatement.

La figure 63 fait voir la coupe pyramidale du

caisson *a b c d*, ainsi que celle de la caronade et de tous les accessoires. On doit remarquer un cylindre de cuir *g h*, qui renferme la verge *h i*, ainsi que le bassinet et la batterie, afin que si, malgré un calfatage exact et la plus scrupuleuse construction, quelques gouttes d'eau pénétraient dans le caisson, elles ne pussent jamais parvenir jusqu'à la batterie ainsi abritée par ce cylindre en cuir bien graissé. Pareille calotte en cuir bien graissé enveloppe les extrémités des leviers, pour que tout soit à sec. Les leviers *l i*, *l i*, doivent être des verges de fer très-minces, dans le sens horizontal, et avoir toute leur force et épaisseur dans le sens vertical pour donner moins de prise aux vagues; d'ailleurs, leur jeu doit être assez roide et assez résistant pour n'être mu que par une forte percussion de haut en bas, telle que celle qui aura lieu quand le coffre heurtera la carène avec la force acquise par sa quantité de mouvement entre deux eaux et à la remorque.

On voit que les contre-mines sont remorquées par de légers cables *o s*, passant par des anneaux *o o*, dans le plan du centre de gravité de la machine (*fig.* 64), et qu'en outre les pétardiers peuvent les mieux guider sous le navire ennemi, au moyen d'un léger cordage qui fera glisser la contre-mine à droite ou à gauche, le long du grand cable, suivant qu'il sera nécessaire pour la faire passer sous la carène.

Je ne donne pas ici le calcul de la solution du problême du volume à trouver du caisson ou contre-mine, pour qu'il soit en équilibre avec le volume d'eau déplacé, et nage ainsi entre deux eaux, me réservant les détails de construction et d'industrie, en cas d'application. Il suffit d'annoncer que, calcul fait de la pesanteur spécifique de la caronade en fer, du boulet de 48, de la poudre et accessoires, ainsi que du poids en chêne à trouver du coffre même, ce cône n'aura pas plus de quatre pieds de base et trois pieds de hauteur, ce qui le rend assez aisé à manœuvrer entre deux eaux, où il n'offre d'ailleurs aucune résistance, pour que les conducteurs aient la plus grande facilité de le diriger ensuite à droite ou à gauche, à volonté.

Il est bon d'ajouter qu'il est plusieurs cas où l'on pourra, sans le secours d'hommes, diriger seules des outres flottantes à voiles et gouvernails en deux directions, dont la résultante calculée portera précisément le pétard sous les vaisseaux ennemis. On sent l'effet de ces flottilles effrayantes lancées ainsi la nuit contre les grosses flottes, et lui portant des désastres certains sans qu'il en coûte un seul homme.

L'auteur s'occupe, en ce moment, de nouvelles inventions puisées dans les effets de la *poudre fulminante*, et surtout de *la vapeur*, et même de l'air pur condensé, et ce, tant pour l'art militaire que pour la vie privée : on y verra des *pluies de feu terribles* dans les siéges, *des explosions d'eau bouillante*, dans les assauts ; des *charriots de guerre* se mouvant seuls ; des moyens nouveaux de purifier les hôpitaux militaires par des *réservoirs et courans d'air pur condensé et refoulé*, qui chassent les miasmes putrides, etc., etc. Dans la vie privée, des *voitures et charriots mus par la vapeur*, des *ballons* dilatés et dirigés par cette même vapeur, mais à peu de distance du sol ; des *tubes chargés d'air pur condensé et portatifs*, pour respirer dans les lieux infects, pendant trois heures, et même des *espèces de pipes et boules portatives* pour aspirer de l'air coagulé *à la glace*, en été ; enfin, une foule d'inventions et d'essais qui seront l'objet d'un nouvel ouvrage.

En terminant celui-ci, qu'il soit permis à l'auteur de déclarer qu'il n'a point prétendu, dans la *Statique militaire*, donner des leçons ni même des conseils aux gens de l'art, formés par l'expérience ; mais seulement poser quelques principes utiles aux jeunes officiers, principes qui sont les fruits de quarante-cinq années de travaux non-interrompus dans la carrière de l'instruction militaire, aux *écoles du génie*, à *celles d'application*, à *l'école polytechnique*, au *comité des fortifications*, *pendant près de vingt ans*; enfin, *au cabinet de divers ministres de la guerre et du major-général*. Dans un temps d'énergie, où l'exécution est tout, la solide théorie n'est cependant pas à dédaigner, quelqu'en soit la source modeste; d'ailleurs, un demi-siècle d'études, d'observations ou de conférences de l'auteur avec les meilleurs généraux de tout pays, et quelques services rendus à la cause royale constitutionnelle (10), équivalent bien, peut-être, pour lui, à quelques campagnes de plus interdites par une infirmité cruelle. Enfin, tout invalide français est assez malheureux de ne pouvoir s'écrier : *J'y étais!* pour qu'on ne lui conteste pas la consolation de dire : « *J'y pensais sans » cesse : j'admirais mes frères d'armes;* et je mo- » tive aujourd'hui, *mathématiquement*, mon ad- » miration. »

(10) Voyez la deuxième partie de l'ouvrage.

NOTES

ET PIÈCES JUSTIFICATIVES

RELATIVES A LA STATIQUE DE LA GUERRE,

ET AUX DIVERS MÉMOIRES.

NOTE Nº 1, *relative aux observations préliminaires, page* 23.

Ces malheureux officiers se réfugiaient-ils aux armées, en 1793? la persécution les plaçait bientôt entre l'émigration et la hache fatale. Attachés aux Bourbons, mais désirant les réformes de l'Assemblée constituante, ils étaient en butte aux exagérés des deux partis.

D'autre part, leurs familles, mitraillées à Lyon, Toulon, etc., leur interdisaient de servir activement. Plusieurs d'entre eux avaient défendu le Roi le 10 août, aux Tuileries (V. *Mémoire* 2e); d'autres avaient été forcés de servir les Vendéens, tel que le savant capitaine du génie d'Obenh***, pris par eux; d'autres, enfin, avaient des infirmités anti-équestres (tels que le général Clark*, et l'auteur même de cet ouvrage, etc., etc.). Après quelques campagnes d'essai, ces circonstances fâcheuses jetèrent forcément ces demi-proscrits dans la carrière de l'administration militaire, ou les rapprochèrent de ministres indulgens, qui crurent pouvoir placer leur confiance en des gens d'honneur malheureux, fidèles à la fois à la France et à leur prince, qu'ils regrettaient au fond du cœur, sans qu'on leur en sût trop mauvais gré. Travailleurs assidus, ils payèrent leur dette en zèle pour le bien public et en projets utiles à la France, sous tous les régimes. En général, ils n'ont pas eu d'avancement, et cela était assez juste; d'ailleurs, tous les grades étaient pris et mérités dans les vieux corps. Mais, ces officiers ont sauvé leurs familles, la fortune patrimoniale de leurs enfans, leur repos, et ont peut-être contribué à celui de la France, en agissant à propos, en 1814, *après l'abdication*, et en proclamant les premiers les Bourbons, notre seul moyen de salut; car l'auteur prouvera, dans des *Mémoires politiques* (ayant travaillé en 1814 avec son beau-père, M. D** de N**, secrétaire-général du gouvernement provisoire), qu'il y eût eu partage, ou, au moins, démembrement de plusieurs provinces de la France, par les alliés, sans l'opposition de l'empereur Alexandre.

Ces officiers, il est vrai, ont éprouvé, depuis, quelques persécutions sourdes; mais ils s'en honorent. Ceux qui, placés constamment à la source des grâces, n'ont jamais rien demandé que pour les braves malheureux, rien obtenu personnellement qu'au titre le plus rigoureux d'ancienneté, des vétérans qui ont suivi depuis trente-trois ans, sans espoir et sans crainte, la ligne droite constitutionnelle, méritent quelqu'estime, malgré les préventions de l'esprit de parti.

D'ailleurs, il existe dans le travail continuel et la méditation, dans la constance d'opinions loyales et pures, un charme consolant que l'ambition ne saurait donner.

NOTE N° 2, *relative au 1er Mémoire, page 242.*

Le comte Louis de Narbonne, qui appela et attacha l'auteur à son état-major du ministère de la guerre, en 1792, fut un des hommes les plus spirituels et les plus gracieusement fermes de notre époque. M. de R** (en garnison à Besançon, en 1789) avait eu l'honneur de le connaître colonel du régiment de Piémont infanterie, et commandant de toutes les gardes nationales de Franche-Comté, poste où M. de Narbonne montra une rare vigueur contre les révolutionnaires outrés; car nous l'y avons vu, malgré les vociférations de vingt bataillons de volontaires ameutés à une revue, à Chamars, et malgré leurs armes chargées, dirigées sur lui, contraindre, par sa fermeté ou ses éloquentes prières, ces forcenés à laisser passer, en trois jours, plus de huit cents voitures d'émigrés, qui se réfugiaient, de toutes les parties de la France, en Suisse, seul et dernier passage qui leur restât ouvert. Toute cette infortunée noblesse, retenue alors, eût été sacrifiée impitoyablement tôt ou tard dans l'intérieur, sans l'admirable énergie du comte Louis. Au ministère de la guerre, il montra la plus grande fermeté contre les jacobins, qui l'attaquaient dans toutes ses opérations. Il prévit le 10 août, tous nos malheurs, et chercha sagement la retraite. Plus tard Bonaparte se l'attacha comme aide-de-camp, et dit avec regret qu'il avait connu trop tard cet homme distingué, surtout pour la partie politique, où son tact et ses talens étaient si remarquables. Le comte de Narbonne est mort en 1813, à Torgau, du typhus et de l'excès de ses fatigues. Il a été regretté universellement.

NOTE N° 3, *relative au 2e Mémoire, page 251.*

Lettre du général de Boissieu, le 9 août 1792.

« M. Reverony voudra bien répondre à cette » lettre, que M. de Wittinghoff ayant donné sa

» démission, il est impossible, dans ce moment de » trouble, à un officier-général de se rendre à Or- » léans; mais que j'ai donné les ordres pour le » commissaire des guerres.

» Je le prie aussi de me préparer les lettres cir- » culaires pour les directoires des cinq départe- » mens, et pour prévenir les chefs y commandant » des troupes, que M. de Wittinghoff a donné sa » démission, et que je reste chargé de la division, » en les priant de m'écrire sous l'enveloppe du » ministre.

» *Signé*, DE BOISSIEU. »

Nota. M. de R** passa la nuit du 9 au 10 août, à écrire ces lettres, au bruit du tocsin, et dévoré de douleurs disuriques qui ne l'empêchèrent pas de se rendre de bonne heure au pavillon de Marsan, où était l'état-major-général.

NOTE N° 4, *relative au 2e Mémoire, page 252.*

C'est à M. Bureau-de-Puzy, trois fois président de l'Assemblée constituante, qu'on doit l'excellente loi ou *ordonnance militaire du 10 juillet* 1791 (qui subsiste encore, et qui règle tout le service des places); on lui doit aussi *la division de la France en départemens*, et une foule de travaux militaires et administratifs qui le placent au rang des hommes les plus distingués et les plus vertueux de cette époque.

Il a donné, en outre, aux Américains, d'excellens plans pour la rade et la défense de New-York, quand il y était réfugié.

NOTE N° 5, *relative au 2e Mémoire, page* 253.

L'auteur supprime et réserve pour des Mémoires particuliers le récit des dangers personnels qu'il eut à courir, poursuivi, le 10 août, après la prise du château, et le 2 septembre, où il fut sauvé par le sieur Delorme, juge de paix, rue Feydeau, chez lequel il demeurait, et qui avait tout crédit sur les agens de la commune. Les malheurs privés ne sont rien auprès d'aussi grands intérêts; d'ailleurs, il suffisait d'avoir vu d'aussi près, au 20 juin et au 10 août, le bon et malheureux Louis XVI, si touchant et si confiant au milieu de ses assassins, pour ne plus songer à soi-même et lui donner mille fois sa vie.

NOTE N° 6, *relative au 3e Mémoire, page* 261.

Il faut penser que la peur et les vociférations du *forum* produisent réellement une espèce de démence communicative; car plusieurs de ces hommes si féroces en politique, gémissaient, au fond du cœur, de l'assassinat du Roi, et le remords anticipé s'exprima, en général, jusque dans l'accent de leur vote; l'auteur en a été témoin. Accouru furtivement de sa garnison du Hâvre, en 1793, espérant contribuer à quelque mouvement royaliste pour sauver l'infortuné Louis, M. de R** vola, en arrivant, à minuit, à la Convention, le 20 janvier. Sa belle-mère, Mme Dup** de N**, voulut absolument l'y suivre (cette respectable mère des pauvres vit encore). Quel fut leur étonnement! presque personne dans les corridors! seulement quelques gendarmes colossaux et clair-semés; pas un seul royaliste connu. A chaque instant le *non* fatal, en réponse à cette question : *Y aura-t-il sursis?* se faisait entendre en frémissant; mais ce *non* déchirant était, à quelques exceptions près, prononcé d'une voix sourde, honteuse, et peut-être avec une douleur concentrée.

Néanmoins l'arrêt fatal fut prononcé sans retour, et les vrais fidèles durent partir désespérés et convaincus que cent conjurés vendéens déguisés et bien armés, auraient pu dissiper, comme d'un coup de foudre, ce cruel tribunal, si mal gardé; et, par suite de l'effroi jeté par ce trait hardi, secourir l'infortuné monarque.

Mais, chose inconcevable, on n'a jamais vu, chez une nation aussi brave au champ de bataille, aussi peu de coups de vigueur personnelle qu'en 1793, pour sauver les êtres qu'on aimait. Sous ce rapport, les siècles de barbarie étaient moins bar-

bares, et les femmes presque seules ont donné des leçons d'énergie.

Au surplus, dans cette séance affreuse, comme dans la révolution toute entière, nous avons vu tant de gens honnêtes jusque-là, faire le mal par peur ou par amour systématique et mal entendu du bien public, qu'il faut trembler de juger le cœur des hommes, et n'abhorrer que les êtres véritablement sanguinaires; tant il est difficile, dans la ligne constitutionnelle, de saisir le juste point où l'on n'est ni royaliste à préjugés, ni patriote inhumain!

NOTE N° 7, *relative au* 3e *Mémoire*, *page* 264.

Si le marquis de Bonchamps eût remplacé le général Danican, au 13 vendémiaire, nul doute que cet officier du premier ordre n'eût, par sa sagesse et sa froide énergie, changé la face des choses. L'auteur l'a connu à Mézières, en 1785, époque où il arrivait de l'Inde, capitaine des chasseurs, dans le deuxième bataillon du régiment d'Aquitaine, réduit à 80 hommes, mais orné de deux drapeaux anglais pris à la bataille de Goudelour. Bonchamps demanda à suivre quelques cours de l'école du génie, où plusieurs d'entre nous ont été à portée d'admirer ses talens, et surtout son grand et noble caractère, dans l'espèce d'intimité où nous vivions; aussi sa fin sublime dans la Vendée ne nous a point étonnés.

TABLE DES MATIÈRES.

Page

MÉMOIRES PARTICULIERS, MINISTÉRIELS OU CONFIDENTIELS, RELATIFS A DES GÉNÉRAUX CÉLÈBRES OU A DES ÉVÉNEMENS MARQUANS DE LA RÉVOLUTION.

FIN DE LA TABLE.

NOTE 8, *relative au 5e Mémoire, page 283.*

Le général Darçon avait approuvé d'autant plus ce projet pour Vincennes, qu'il s'accordait avec des expériences heureuses faites par lui pour des parapets en bois sur les côtes, et pour leurs batteries, en certains cas.

Ces expériences résultaient de sa première invention des *batteries flottantes de Gibraltar*, dont l'exécution fut si funeste, vu la différence extrême qu'il y a d'opérer sous une grêle de boulets rouges ou dans le cabinet. Il avait montré à l'auteur, en 1794, les modèles de ses batteries. Rien n'était plus ingénieux au premier coup-d'œil; on y admirait jusqu'aux pompes multipliées contre l'incendie, et mille précautions de détail; mais tant de petits moyens accumulés contre de grandes causes, firent échouer ce projet en présence de Mgr le comte d'Artois, en 1782. D'ailleurs, eût-on pris la basse ville par un assaut, on eût eu, après, tout le rocher immense de Gibraltar, retranché et casematé, garni en outre de batteries échelonnées, à emporter, ce qui était impraticble. Au surplus, le brave Darçon, qui resta le dernier sur sa prame brûlée et criblée de boulets rouges, entrait encore en fureur quinze ans après, sur ce point, et soutenait qu'il avait été mal soutenu et même trahi par les

Espagnols jaloux. Nous nous taisions par respect, tout en admirant la brillante imagination du nouvel Archimède, et ses idées neuves sur l'art militaire en général. Mais il n'est réellement resté des *batteries flottantes*, que l'utilité des *parapets en bois* peints, et de trois pieds d'épaisseur, que l'auteur applique à Vincennes, vu le peu d'espace qui existe sur les tours, pour les armer.

NOTE Nº 9, *relative au* XIe *Mémoire, page* 332.

Le général Dejean a présidé fort long-temps notre comité central des fortifications. C'était à la fois un excellent ingénieur, un parfait administrateur, et un véritable homme de bien. Des idées nettes, un coup-d'œil rapide, une conclusion toujours sûre, le distinguaient éminemment dans ses avis. Il n'aimait pas beaucoup les idées nouvelles, surtout dans l'art de la guerre, où elles sont si dangereuses. Mais ses réfutations étaient si spirituelles, qu'il était impossible d'être humilié de ses rejets, autant qu'on était flatté de sa rare approbation.

Il avait dirigé avec la plus grande distinction le passage du Rhin, en 1793, les siéges de *Bréda*, de *Newport*, d'*Ostende*, et surtout du fort *l'Écluse*; ainsi, il joignait la pratique à la solide théorie.

Comme ministre de l'administration de la guerre, il s'est montré également au premier rang, par son économie et sa rare probité. En un mot, si je peux m'exprimer ainsi, il y avait dans l'ame de cet excellent homme, un tiers de *Vauban*, un tiers de *Sully*, et un tiers d'*Olivier de Serres*, ce qui fait l'*unité* du parfait ingénieur civil et militaire.

On remarquera peut-être, à ce sujet, que, sans faire tort aux autres, les corps à hautes études paraissent, en général, les plus propres à fournir de grands ministres; car l'esprit d'analyse, l'universalité des connaissances, l'habitude du travail, l'austérité de caractère, je dirais presque *ces mœurs mathématiques* qu'on y puise, rendent alors l'homme d'état plus propre à juger, et même à créer ce qui est bon et vraiment utile au bien public, en déjouant froidement l'intrigue qui les assiége sans cesse. Aussi, pour ne citer que les morts, dans cette classe, quels ministres parfaits n'eussent pas été *Vauban*, *Gribeauval* et le vertueux général *Foy*, que la France entière pleure; mais ils n'étaient pas courtisans!....

NOTE N° 10, *relative au* 10e *Mémoire*, *page* 327.

Bonaparte avait établi des conseils du génie, où il discutait les plans principaux qu'il avait adoptés pour *Anvers*, *Alexandrie*, *l'île de Cadsand*, *Flessingue*, et ses nouvelles forteresses d'Italie et d'Allemagne.

Ce comité se composait de l'Empereur, du prince de Neufchâtel, du premier inspecteur du génie, du secrétaire du comité des fortifications, rapporteur; (c'était M. le conseiller d'état Allent, homme intègre, d'un jugement parfait, et dont les conclusions étaient presque toujours adoptées par Bonaparte); enfin, on y appelait les officiers supérieurs du génie, chargés en chef des travaux des places ou ports en construction.

C'est dans ces séances que Bonaparte se plaisait à montrer toute l'étendue de ses lumières, et à lutter avec les officiers du génie, dans leur art même; aussi les laissait-il parler avec une entière liberté, les provoquant même, ne se fâchant point de leurs objections ou des réfutations de ses idées, par fois trop nouvelles.

C'est là qu'il distingua plusieurs jeunes officiers du génie, remplis de talens, et les nomma officiers d'ordonnance, poste où ils ont justifié ses hautes espérances, par leurs travaux utiles et leur dévouement estimable.

Il fut question aussi de quelques faveurs pour l'auteur de ces Mémoires; mais, faut-il l'avouer, des romans historiques, des ouvrages dramatiques connus arrêtèrent l'effet de cette disposition; et l'on n'en parle ici que pour qu'il en résulte une nouvelle leçon utile aux jeunes officiers des corps studieux: c'est de consacrer leurs talens entièrement à leur état, à des perfectionnemens, à de bons Mémoires, enfin au bien public, et de renoncer à la poésie légère et au théâtre, que les fortes têtes regardent comme incompatibles avec les travaux sérieux. C'est un préjugé, peut-être; mais il existe chez les grands hommes, et il faut le respecter ou opter entre les deux carrières, si l'on est du nombre des vrais élus. En un mot, qu'on se rappelle les chagrins cuisans des *Guibert*, des *Lauzun*, des *Chastelux* et d'autres officiers moins brillans. Ils n'ont eu de ressource contre les méchans que dans leur noble épée : *c'est la logique française*. Mais, hélas! contre les calomnies et les peines de l'ame, il n'est point d'escrime. *Travaillons donc, soyons utiles, et inconnus, s'il se peut :* tel est le dernier avis de l'invalide à ses jeunes amis.

NOTE Nº 11, *relative au* 12ᵉ *Mémoire, page* 333.

Rapport au comité central des fortifications, par le colonel du génie Pâris, et adopté.

« M. le lieutenant-colonel R** de Saint-C** a soumis à l'examen du comité, un *Traité*, ou *petit*

Abrégé devant servir d'instruction, ou manuel des commandans des corps francs et partisans, pour l'emploi des moyens de défense anciennement et nouvellement connus, destinés à ralentir et entraver la marche et les opérations de l'ennemi, *en coupant les routes et les ponts, ruinant les chevaux et convois, etc., etc.*

» Les moyens indiqués pour élever des retranchemens, défendre les églises, les fermes ou donjons, et pour barricader les rues des villages, sont simples; ils sont appuyés d'exemples qui prouvent l'avantage que donnent ces établissemens, la défense dont ils sont susceptibles, et la résistance qu'ils peuvent faire. . . . .

» Nous approuvons beaucoup l'idée de tromper l'ennemi sur l'emplacement des gués, en adoucissant la pente des accotemens, dans les endroits les plus profonds d'une rivière, et y simulant des ornières. Les écluses des moulins nous paraissent aussi devoir être employées pour faire gonfler les ruisseaux et petites rivières. . . . .

» Parmi les moyens indiqués pour enclouer les chevaux de l'ennemi, et arrêter les détachemens et convois, nous trouvons l'emploi des *planches à clous et des toiles chausse-trapes* facile, et pouvant avoir lieu partout et en tout temps. . . . . .

» M. de R** emploie pour faire sauter les ponts, la poudre mise en baril ou en caisse, et placée sur les reins de la voûte des ponts. Il prend le moment où le pont est chargé dans toute sa longueur; c'est alors que les premiers hommes trouvent une bascule qui met le feu aux poudres. Ce moyen, quoiqu'un peu compliqué, peut être employé lorsque l'on a des ouvriers intelligens; cependant nous croyons qu'il ne doit pas dispenser de se servir d'un saucisson destiné à communiquer le feu, afin que si la bascule venait à ne pas faire son effet, l'opération ne soit pas manquée. . . . .

» M. de R** utilise, au détriment de l'ennemi, les caissons chargés que l'on est obligé d'abandonner. Ce moyen de destruction nous paraît simple, mais ne peut être considéré comme infaillible que les premières fois que l'ennemi y aura été pris.

» L'auteur indique deux moyens *de submerger les bateaux laissés à l'ennemi pour le passage des rivières*. Le premier de ces moyens de submersion est simple et praticable en tout temps. Le second est très-ingénieux; mais l'appareil de la soupape est compliqué. Cependant, cet appareil une fois adopté, son effet est sûr; l'emploi peut donc en être recommandé lorsque l'on a des ouvriers à sa disposition.

» M. de R** propose, *pour détruire les ponts de bateaux, de radeaux et autres*, une forme de *brûlots* très-simple et très-ingénieuse, qui nous paraît devoir être adoptée. Ces brûlots sont susceptibles d'être exécutés par un simple ouvrier pourvu d'une intelligence ordinaire. . . . .

» En résumant les divers moyens de défense et de nuire à l'ennemi, indiqués dans l'abrégé, nous pensons :

» 1° Qu'il y a quelques développemens à ajouter aux notions données sur quelques-uns, tels que les *retranchemens à l'entrée des villages*, et *les batardeaux dans les rivières* ;

» 2° Qu'on ne peut user qu'avec beaucoup de réserve de quelques autres, tels que *les abatis foudroyans*, *les caissons abandonnés*, avec les munitions qu'ils renferment, etc., etc.

» *Mais, avec les restrictions énoncées ci-dessus, nous pensons que le Traité ou petit Abrégé rédigé par M. de R**, doit être d'une grande utilité, en indiquant aux chefs de partisans toutes les ressources et les ruses dont ils peuvent user pour nuire à l'ennemi, entraver ses opérations, le fatiguer, et seconder ainsi les opérations des corps d'armée ; il est à désirer que M. de R** complète ce Traité et en fasse paraître la seconde partie qu'il annonce.*

» Paris, le 22 janvier 1814.

» *Signé*, le colonel du génie Paris. »

FIN.

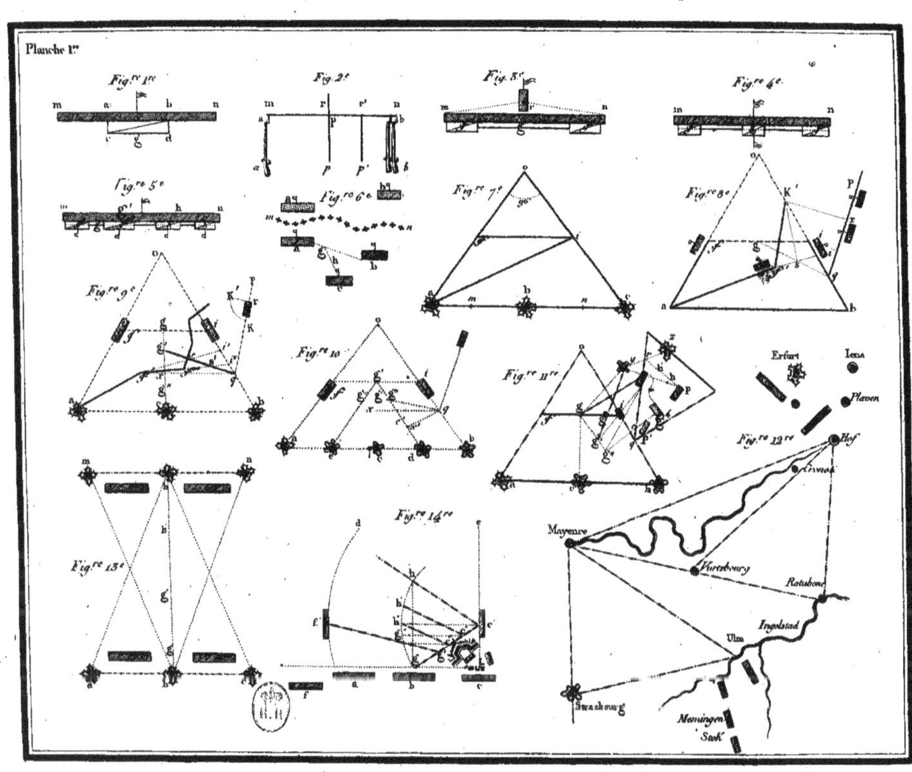

Planche 1.re
Fig.re 1.re
Fig. 2.e
Fig. 3.e
Fig.re 4.e
Fig.re 5.e
Fig.re 6.e
Fig.re 7.e
Fig.re 8.e
Fig.re 9.e
Fig.re 10
Fig.re 11.re
Fig.re 12.re
Fig.re 13.e
Fig.re 14.re
Erfurt
Iena
Plauen
Hof
Mayence
Wurtzbourg
Ratisbone
Ingolstad
Ulm
Strasbourg
Memingen
Stok

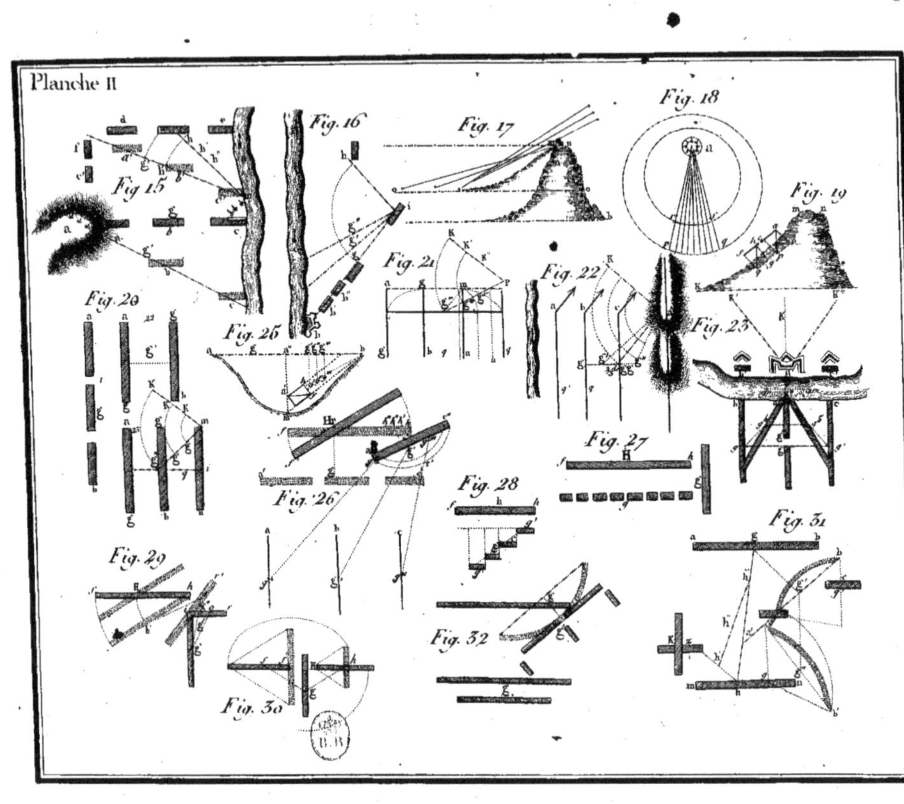
Planche II
Fig. 15
Fig. 16
Fig. 17
Fig. 18
Fig. 19
Fig. 20
Fig. 21
Fig. 22
Fig. 23
Fig. 25
Fig. 26
Fig. 27
Fig. 28
Fig. 29
Fig. 30
Fig. 31
Fig. 32

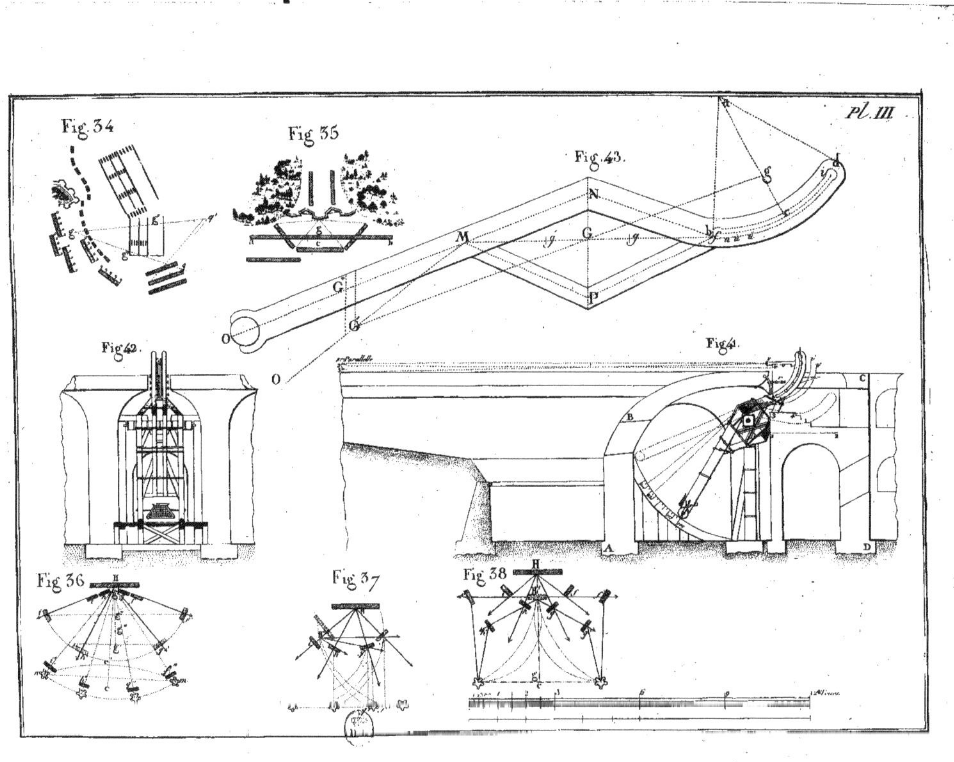

Pl. III.
Fig. 34
Fig. 35
Fig. 43.
Fig. 42.
Fig. 41.
Fig. 36
Fig. 37
Fig. 38

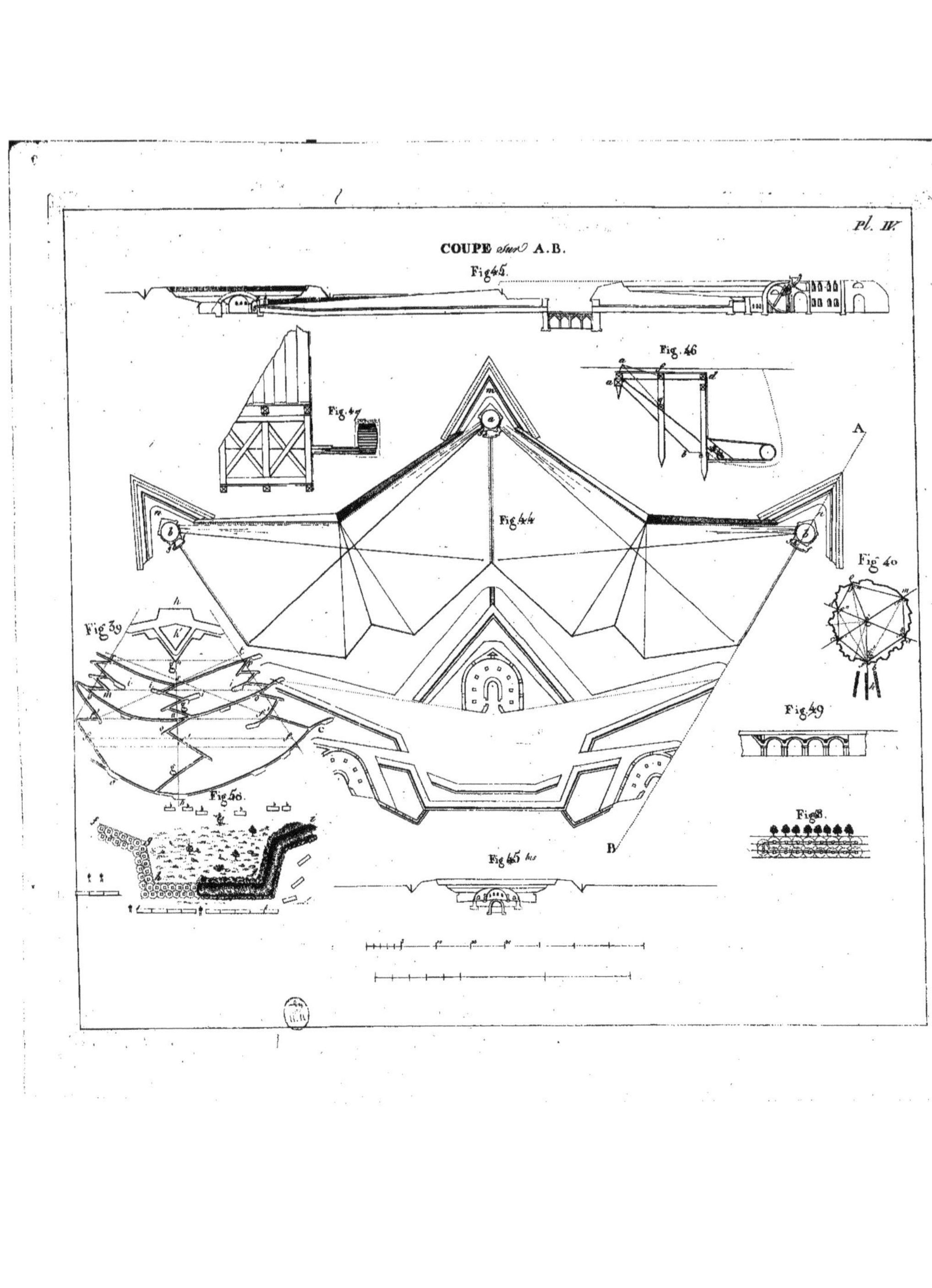
Pl. IV.
COUPE sur A.B.
Fig 45.
Fig. 46
Fig. 47
Fig 44
A
Fig 40
Fig 39
Fig 49
Fig 50.
Fig 48.
B
Fig 45 bis

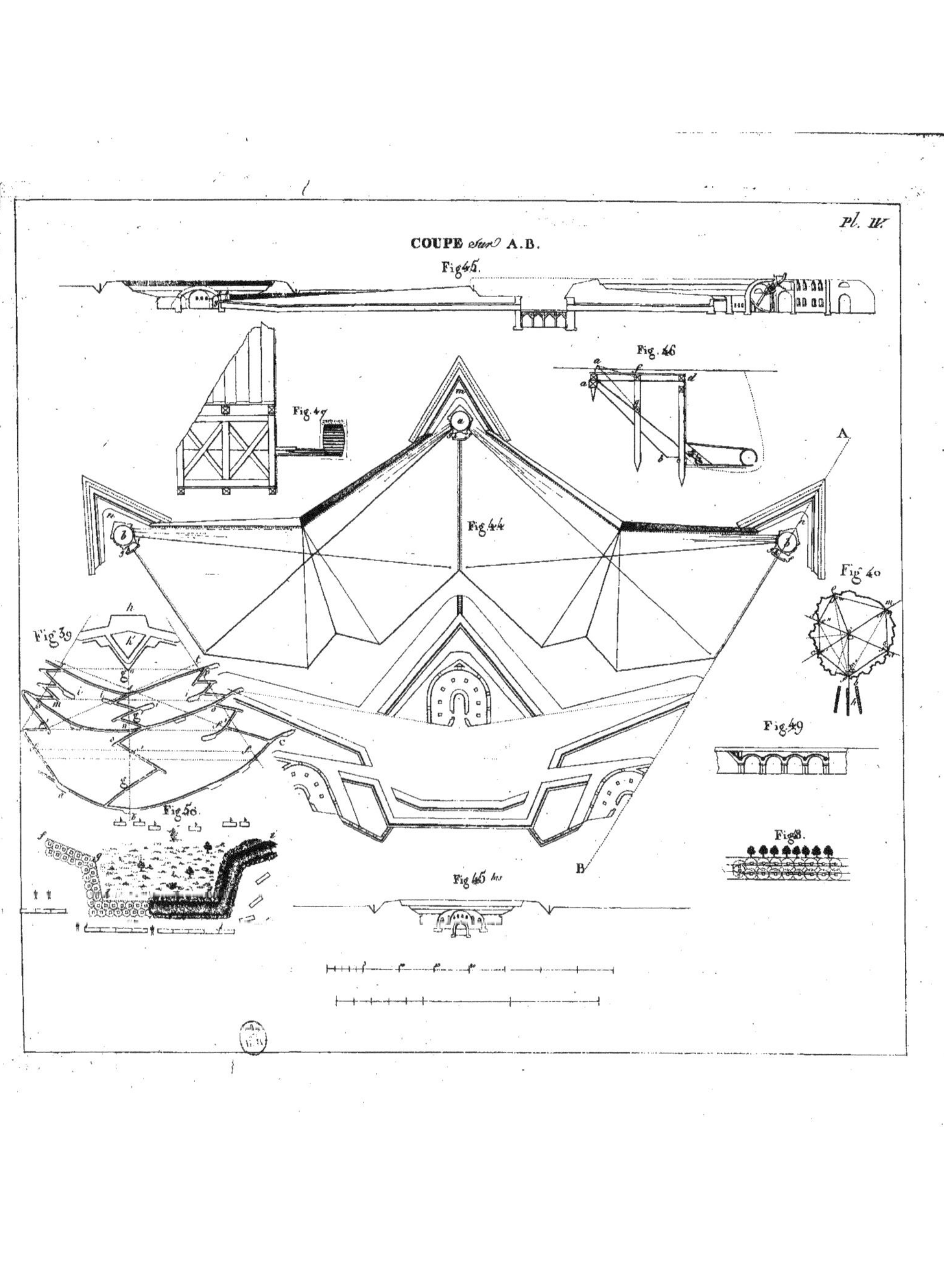
Pl. IV.
COUPE sur A.B.
Fig. 45.
Fig. 46
Fig. 47
Fig. 44
Fig. 40
Fig. 39
Fig. 49
Fig. 50
Fig. 48
Fig. 45 bis
A
B

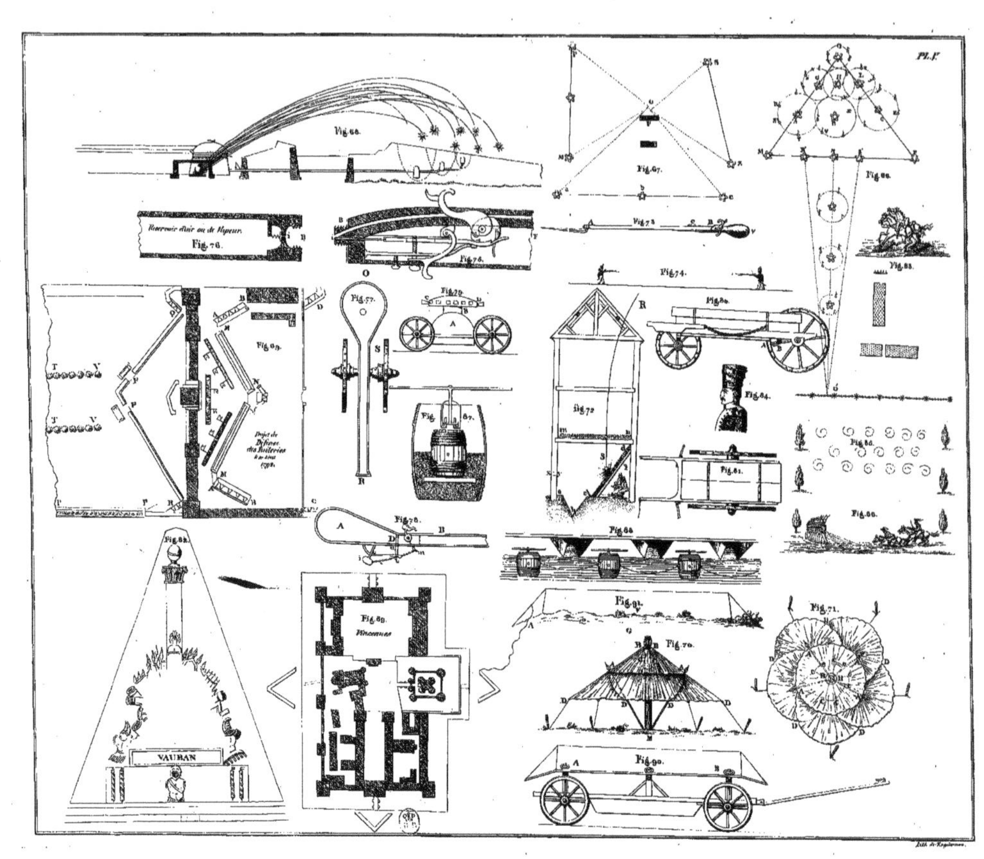
Fig. 67.
Fig. 74.
Fig. 76.
Fig. 77.
Fig. 80.
Fig. 81.
Fig. 82.
Fig. 84.
Fig. 89.
Vincennes
Fig. 90.
Fig. 91.
Fig. 70.
Fig. 71.
VAUBAN

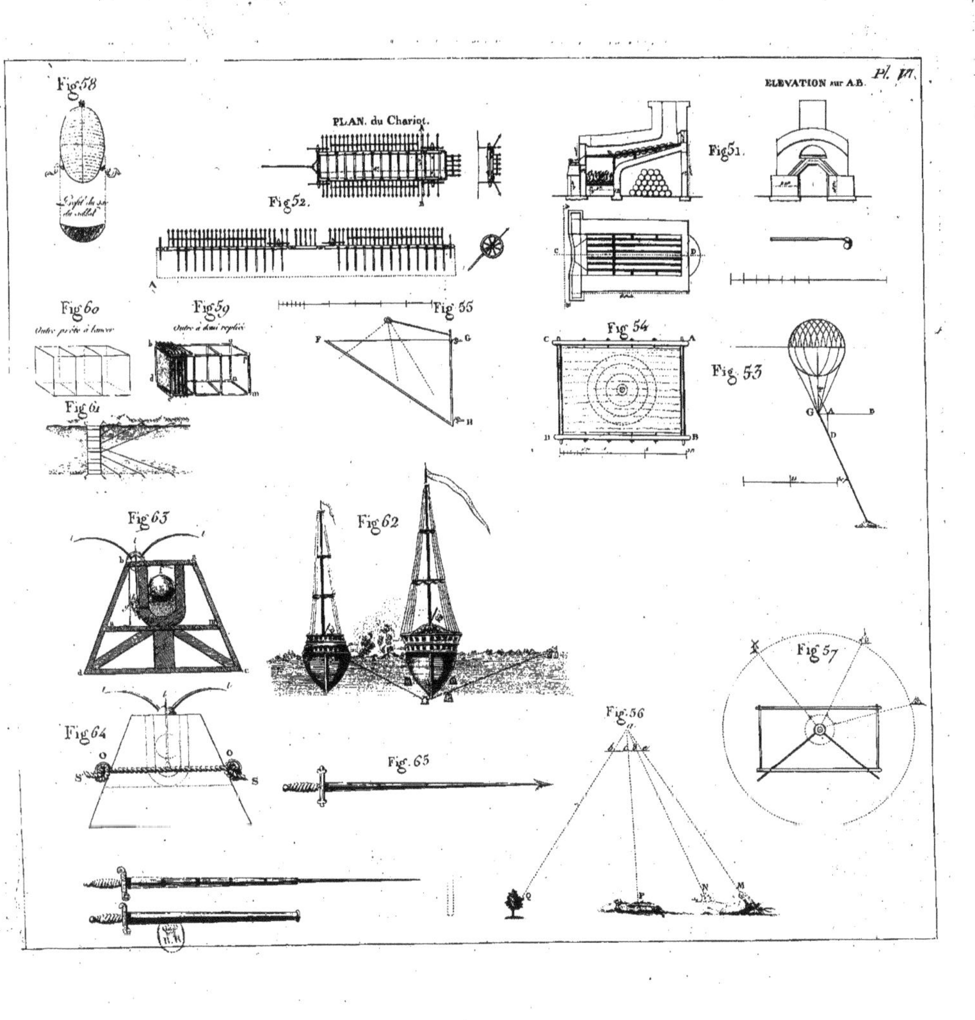
Pl. VI.
Fig 58
Fig 52.
PLAN. du Chariot.
Fig 51.
ELEVATION sur A.B.
Fig 60
Fig 59
Fig 55
Fig 54
Fig. 53
Fig 61
Fig 63
Fig 62
Fig 57
Fig 64
Fig. 65
Fig. 56

www.ingramcontent.com/pod-product-compliance
Ingram Content Group UK Ltd.
Pitfield, Milton Keynes, MK11 3LW, UK
UKHW020257230726
13925UKWH00001B/97

9 782013 689632